X.media.press

Petra Fastermann

3D-Druck/ Rapid Prototyping

Eine Zukunftstechnologie –
kompakt erklärt

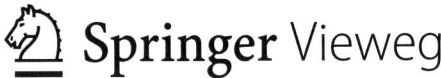 Springer Vieweg

Petra Fastermann
Düsseldorf, Deutschland

ISBN 978-3-642-29224-8   ISBN 978-3-642-29225-5 (eBook)
DOI 10.1007/978-3-642-29225-5
Springer Heidelberg Dordrecht London New York

Die Deutsche Nationalbibliothek verzeichnet diese Publikation in der Deutschen Nationalbiblio-
grafie; detaillierte bibliografische Daten sind im Internet über http://dnb.d-nb.de abrufbar.

Springer Vieweg

Gedruckt auf säurefreiem und chlorfrei gebleichtem Papier

Springer Vieweg ist eine Marke von Springer DE.
Springer DE ist Teil der Fachverlagsgruppe Springer Science+Business Media
www.springer-vieweg.de

Vorwort

Im September 2009 las ich im Technik-Sonderteil des britischen Wochenmagazins „Economist" zum ersten Mal einen Artikel über 3D-Druck. Das Thema faszinierte mich sofort.

Einige Monate später beschloss ich, mir selbst einen 3D-Drucker zu kaufen. Die Entscheidung, einen professionellen 3D-Drucker zu erwerben und damit eine Firma zu gründen, trifft sicher selten jemand von einem Tag auf den anderen.

Ich suchte nach Literatur zu 3D-Druck/Rapid Prototyping, um mich in die Thematik einzuarbeiten. Die meisten Bücher setzten jedoch beim Leser einen wissenschaftlichen Hintergrund voraus. Ende 2009 wusste ich noch nicht, wie man eine CAD-Zeichnung erstellt. Es fehlte mir an Grundkenntnissen der verwendeten Technologien, welche ich mir nach und nach langsam erarbeitete.

Diese habe ich strukturiert zusammengefasst und um das Wissen aus vielen wissenschaftlichen Quellen erweitert. So ist ein Grundlagenbuch entstanden. Es soll Leserinnen und Lesern, die sich für 3D-Druck/Rapid Prototyping interessieren, eine Einstiegshilfe sein.

Ich danke allen, die mir großzügig ihre Fotos für die Veröffentlichung zur Verfügung gestellt haben. Über Modelle und Verfahren zu lesen ist etwas anderes, als sich tatsächlich im wörtlichen Sinne „ein Bild davon machen" zu können.

Mein besonderer Dank gilt dabei Edward von Flottwell, der mich nicht nur mit seinen Vorschlägen und Fotos unterstützt hat. Ohne sein Know-how, seine Geduld und seinen Zuspruch wäre das Buch sicher nicht so schnell entstanden.

Herzlichen Dank an Frau Fischer, Frau Glaunsinger und Herrn Sieben, die dieses Buchprojekt betreut und daraus ein ordentliches, fertiges Produkt geschaffen haben.

Düsseldorf, im Juli 2012

Petra Fastermann

P. Fastermann, *3D-Druck/Rapid Prototyping*, X.media.press,
DOI 10.1007/978-3-642-29225-5_, © Springer-Verlag Berlin Heidelberg 2012

Inhaltsverzeichnis

P. Fastermann, *3D-Druck/Rapid Prototyping*, X.media.press,
DOI 10.1007/978-3-642-29225-5_, © Springer-Verlag Berlin Heidelberg 2012

Abbildungsverzeichnis

P. Fastermann, *3D-Druck/Rapid Prototyping*, X.media.press,
DOI 10.1007/978-3-642-29225-5_, © Springer-Verlag Berlin Heidelberg 2012

Einleitung

1

Zunächst einmal: Vielen Dank dafür, dass Sie sich für dieses Buch über 3D-Druck/ Rapid Prototyping entschieden haben.

Eigene dreidimensionale Objekte entwerfen und sich diese schnell und preisgünstig in Kunststoff, Metall oder Keramik herstellen zu lassen – solche Möglichkeiten wären für Privatpersonen vor wenigen Jahren noch kaum vorstellbar gewesen. Inzwischen hat jeder, der in einem CAD-Programm ein Volumenmodell zeichnen kann, die Möglichkeit, sich bei einem der immer zahlreicher werdenden Dienstleister für 3D-Druck zu einem vertretbaren Preis seine selbst ersonnenen und entwickelten Objekte ausdrucken zu lassen.

3D-Druck ist eine moderne Technologie, welche lange Zeit überwiegend Firmen vorbehalten war, die aber mehr und mehr von Privatpersonen zur Verwirklichung ihrer kreativen Ideen genutzt wird.

Selbst die Maschinen, welche diese Objekte herstellen können, werden nicht nur erschwinglicher, sondern auch immer bürotauglicher und einfacher zu bedienen. Wer nicht gerade ein ganzes Fahrrad drucken möchte, kann inzwischen einen 3D-Drucker, der nicht viel mehr Platz einnimmt als ein gewöhnlicher Desktop-Printer, in seinem Büro oder sogar in seiner Wohnung betreiben.

Die Grundidee dieses Buchs ist es, Sie einerseits möglichst umfassend über diese spannende Zukunftstechnologie des 3D-Drucks/Rapid Prototyping zu informieren. Andererseits möchte ich Sie auch bei Ihren eigenen Bestrebungen, für sich selbst das richtige CAD-Programm oder das geeignetste Druckverfahren zu finden, mit Tipps und Hinweisen unterstützen und zum Ziel führen. Ich habe dabei versucht, eine möglichst ausgeglichene Balance zwischen Theorie und Praxis zu finden.

Zu Grunde gelegt habe ich dabei genau das, was ich selbst gern gewusst hätte, als ich begann, mich intensiv mit 3D-Druck zu beschäftigen. Das habe ich versucht, für Sie verständlich und strukturiert zusammenzufassen.

1.1 Themenauswahl

Es würde den Rahmen sprengen, in einem Buch alle Fragen, die 3D-Druck/Rapid Prototyping aufwerfen kann, alle Themen, welche die unterschiedlichsten Zielgruppen interessieren könnten, im Detail zu beantworten.

P. Fastermann, *3D-Druck/Rapid Prototyping*, X.media.press,
DOI 10.1007/978-3-642-29225-5_1, © Springer-Verlag Berlin Heidelberg 2012

Ich konzentriere mich deshalb mit diesem Buch darauf, den Leserinnen und Lesern einen zusammenfassenden Überblick über das Verfahren zu verschaffen: über die Geschichte, die bisherige Entwicklung und das, was in der Zukunft von 3D-Druck/Rapid Prototyping zu erwarten ist.

Dabei zeige ich, welche Möglichkeiten es für Anwender – seien diese Studenten, Künstler oder Designer – gibt, selbst mit 3D-Druck zu arbeiten. Das beginnt mit Tipps zur Auswahl eines passenden CAD-Programms, geht über Hinweise zu 3D-Druck-Dienstleistern und deren Angebot – bis hin zu den verschiedenen Herstellungsverfahren und zur Auswahl eines eigenen 3D-Druckers.

Den Schwerpunkt habe ich in diesem Buch bewusst auf 3D-Druck gelegt. Die zahlreichen anderen Rapid-Prototyping-Verfahren, die es gibt, stelle ich ebenfalls kurz vor, aber ich gehe auf keines so ausführlich ein wie auf den 3D-Druck. Der Grund dafür ist, dass gerade 3D-Druck unter Privatpersonen eine immer größere Verbreitung und Anwendung findet.

Weil ich sicher bin, dass viele Leser sich aber auch dafür interessieren werden, wie inzwischen ganze Häuser „gedruckt" werden können, möchte ich Ihnen natürlich die Kenntnis solcher Verfahren nicht vorenthalten. Darauf gehe ich aber weniger ausführlich ein.

Wenn Sie Anregungen haben, was als Thema außerdem wichtig sein könnte, was Sie noch interessiert und Ihnen hier fehlt – schreiben Sie mir das bitte gern an: Buch@fasterpoly.de.

Nur so kann ich es in der nächsten Auflage dieses Buchs berücksichtigen. Ergänzungen zu diesem Buch finden Sie auf www.fasterpoly.de

1.2   Aufbau des Buchs

Dieses Buch ist so aufgebaut, dass Sie Schritt für Schritt an das Thema 3D-Druck/ Rapid Prototyping herangeführt werden. An vielen Beispielen versuche ich – auch mit Illustrationen – diese Zukunftstechnologie greifbar, anschaulich und für Leserinnen und Leser ohne umfassende Fachkenntnisse verständlich und anwendbar zu machen.

Zudem gebe ich einen kurzen Abriss über die Geschichte, zeige Entwicklungen und Trends in der Technologie auf und biete einen umfassenden Überblick über den gegenwärtigen Stand der Technik.

Je weiter Sie lesen, desto fachspezifischer wird der Text. Das gilt besonders für die verschiedenen Herstellungsverfahren, welche für Leser, die sich bisher nicht allzu intensiv mit Rapid Prototyping beschäftigt haben und sich erst etwas Allgemeinwissen dazu aneignen wollen, im Moment noch nicht so wichtig sind.

Im Anhang befindet sich eine Liste von Herstellern von Rapid-Prototyping-Maschinen in Deutschland sowie auch einiger im Ausland. Die habe ich der Vollständigkeit wegen hinzugefügt, weil ich oft gefragt werde, wie viele Hersteller es gibt und wo diese sich finden lassen.

An ausgewählten Beispielen vermittle ich Ihnen einen Eindruck davon, was unterschiedliche Rapid-Prototyping-Maschinen an Verfahren bieten. Ich erläutere

Ihnen, was Sie beachten sollten, wenn Sie beabsichtigen, für sich selbst oder Ihre Firma einen bürotauglichen 3D-Drucker zu kaufen.

Falls Sie ein einzelnes Thema nicht interessiert, können Sie das entsprechende Kapitel gern überspringen – und das nächste lesen, ohne das nicht Gelesene zwingend als Verständnisgrundlage zu benötigen.

1.3 Für wen ist dieses Buch?

Dieses Buch wendet sich an alle, die schon von 3D-Druck/Rapid Prototyping gehört haben und gern mehr darüber wissen möchten. Ich versuche, Leserinnen und Lesern, die bisher wenig über 3D-Druck wussten, aber sich vorstellen könnten, Spaß an dieser neuen Technologie zu entwickeln und selbst etwas zu konstruieren, zu zeigen, was jeder Einzelne, der sich ein wenig in die Technologie einarbeitet, umsetzen kann.

Wenn Sie schon dreidimensional konstruieren können, wird dieses Buch Ihre Kenntnisse sicherlich erweitern und Ihnen neue Denkanstöße vermitteln: zu vielem, was sonst noch mit 3D-Druck alles möglich ist und werden wird. Wer wo was macht und welche neuen Entwicklungen und Communities es im Bereich 3D-Druck gibt.

Vielleicht möchten Sie sich bloß einen theoretischen Einblick verschaffen zu einigen Fragen, wie zum Beispiel: Was ist 3D-Druck überhaupt? Wie funktioniert er? Wie hat er sich entwickelt? Was kann er gegenwärtig leisten? Wie wird er in Zukunft die Wirtschaft verändern?

Auch dann ist dieses Buch sehr für Sie geeignet und wird Ihnen sehr nützlich sein.

Viel wird detailliert beschrieben oder mit Hilfe von Illustrationen erklärt.

Dieses Buch vermittelt Wissen für technisch interessierte und versierte Laien – wie ich selbst einer war, bevor ich im September 2010 mein Unternehmen als 3D-Druck-Dienstleisterin gründete. Bewusst verfolge ich einen halb populärwissenschaftlichen Ansatz, um die Technologie einem großen Publikum bekannt zu machen. Es ist ein Grundlagenbuch und es soll Spaß machen, dieses Buch zu lesen.

Als weitergehende wissenschaftlichere und technisch fundierte Lektüre schlage ich Ihnen folgende zwei Werke vor:

Andreas Gebhard, Generative Fertigungsverfahren: Rapid Prototyping – Rapid Tooling – Rapid Manufacturing (Hanser-Verlag), ISBN: 978-3-446-22666-1
und
Michael F. Zäh, Wirtschaftliche Fertigung mit Rapid-Technologien: Anwender-Leitfaden zur Auswahl geeigneter Verfahren (Hanser-Verlag), ISBN-10: 3-446-22854-3, ISBN-13: 978-3-446-22854-2

Beide Bücher befassen sich über Rapid Prototyping hinaus auch mit Rapid Tooling und Rapid Manufacturing.

1.4   In diesem Buch verwendete Konventionen

Die folgenden drei Begriffe finden Sie auch im Glossar – ich möchte sie aber voran-
schicken und erläutern, bevor Sie das Buch lesen. Oftmals gelten sie als Synonyme.
Ich verwende sie im Buch jedoch folgendermaßen:
- Modell: Beschreibung eines Objekts im Computer
- Daten: Struktur der Speicherung des Modells
- Bauteil/Objekt: fertiges Produkt
    Zu den Begriffen:
    Rapid Prototyping/3D-Druck: Rapid Prototyping ist der Oberbegriff für sehr
viele Verfahren, die ich in diesem Buch auch einzeln aufführe und erläutere.
3D-Druck ist ein Rapid-Prototyping-Verfahren.
    Ich verwende in diesem Buch in der Regel die Bezeichnung 3D-Druck, weil das
im gegenwärtigen Sprachgebrauch der am häufigsten genutzte Begriff für das dreidimensionale Drucken ist. In Einzelfällen erwähne ich, wenn erforderlich, die bei
einigen Beispielen genutzte spezielle Technologie, wie zum Beispiel Lasersintern
oder Ähnliche.
    Es scheint mir aber sinnvoll, nicht dauernd mit allzu vielen Begriffen abzuwech-
seln, weil es gerade für Anfänger schwierig und verwirrend ist, die zahlreichen vom
Sinn her sehr ähnlichen Begriffe zu unterscheiden.
    Immer öfter wird der Begriff „Rapid Prototyping" durch den der „additiven Fer-
tigung" ersetzt. Das liegt vermutlich daran, dass es längst nicht mehr nur Prototypen
sind, die mit dieser innovativen Technologie hergestellt werden. Meiner Ansicht
nach kann man sich mit dem Begriff der „additiven Fertigung" leichter eine Vorstellung von dem Verfahren machen. Weil sich „additive Fertigung" gegen „Rapid
Prototyping" bisher nicht überall durchgesetzt hat, heißt es in diesem Buch vorerst
weiterhin „Rapid Prototyping".

Kurzer Abriss der Geschichte des modernen Prototypenbaus

2

Zunächst ein paar Worte zum modernen Prototypenbau: Als Rapid Prototyping wurden in den 1980er Jahren Fertigungsverfahren bekannt, mit denen CAD-Daten möglichst ohne manuelle Umwege oder teure Formen direkt und schnell in Werkstücke oder Muster umgesetzt werden können.

Diese Verfahren sind üblicherweise Urformverfahren, die das Objekt schichtweise aus formlosem oder formneutralem Material aufbauen. Dazu werden physikalische und/oder chemische Effekte genutzt. Man spricht in diesem Zusammenhang auch von der werkzeuglosen Fertigung.

Unter dem Oberbegriff Urformen werden nach der DIN 8580 alle Fertigungsverfahren zusammengefasst, bei denen aus einem formlosen Stoff ein fester Körper hergestellt wird.

Das Urformen wird genutzt, um die Erstform eines geometrisch bestimmten, festen Körpers herzustellen und den Stoffzusammenhalt zu schaffen. Bekannte Urformverfahren sind neben dem Rapid Prototyping der Metallguss, der Kunststoffspritzguss, das Gießen mit chemisch aushärtenden Harzen und das Sintern.

Im Gegensatz dazu stehen abtragende Verfahren, spanabhebend beispielsweise das Fräsen und Drehen oder verdampfend das Funkenerodieren. Bei diesen Verfahren wird zur Formgebung Material entfernt. Natürlich finden diese Herstellungsverfahren auch im Prototypenbau Anwendung. Sie sollen aber nicht Gegenstand dieses Buchs sein.

Kurz gesagt: Rapid Prototyping ist ein Fertigungsverfahren zur schnellen und preisbewussten Herstellung von Modellen, Mustern, Prototypen, Werkzeugen und Endprodukten auf der Grundlage von 3D-CAD-Modellen.

Es wird als generatives Fertigungsverfahren bezeichnet, was bedeutet, dass die Fertigung direkt auf der Basis der rechnerinternen Datenmodelle erfolgt. Da die Rapid-Prototyping-Verfahren ohne eine Gussform oder spezielle Werkzeuge auskommen, ist deshalb oft von einer werkzeuglosen Fertigung die Rede.

Der Grundgedanke beim Rapid Prototyping ist immer, dass durch den schichtweisen Aufbau von Bauteilen das Objekt durch die einzelnen Schichten generativ hergestellt wird. Schicht für Schicht verfestigt sich ein formloses Bau-Material durch Zufuhr von Energie – zum Beispiel durch einen Laserstrahl.

Die einzelnen Schichten werden so miteinander verbunden und formen nach und nach das fertige Objekt. Es gibt auch Verfahren, bei denen die einzelnen Schichten durch dünne Materialien, wie Papier, mit einem Klebstoff verbunden werden.

P. Fastermann, *3D-Druck/Rapid Prototyping*, X.media.press,
DOI 10.1007/978-3-642-29225-5_2, © Springer-Verlag Berlin Heidelberg 2012

Zum Rapid Prototyping gehören folgende Verfahren:
- 3D-Druck mit Gipspulver
- Selektives Lasersintern (SLS)
- Selektives Laserschmelzen (SLM)
- Elektronenstrahlschmelzen (EBM)
- Fused Deposition Modeling (FDM)
- Laserauftragschweißen
- Multi-Jet Modeling (MJM)
- Stereolithographie (STL oder auch SLA)
- Film Transfer Imaging (FTI)
- Digital Light Processing (DLP)
- PolyJet
- Laminated Object Modeling (LOM)
- Polyamidguss
- Space Puzzle Molding (SPM)
- Contour Crafting (CC)

Sie finden im Kapitel „Rapid-Prototyping-Verfahren: eine Übersicht" am Ende dieses Buchs alle verschiedenen hier aufgezählten Verfahren erläutert und deren Möglichkeiten mit ihren Vor- und Nachteilen kurz eingeschätzt.

Wenn Sie das Thema interessiert, lesen Sie bitte das Kapitel am Ende des Buchs. Für Rapid-Prototyping-Laien scheint mir diese Information sehr fachspezifisch, denn die meisten der Verfahren werden überwiegend in der Industrie für spezielle Anwendungen eingesetzt und sind noch nicht der breiten Anwendung zugänglich. Aus diesem Grund habe ich das Kapitel nicht an den Anfang des Buchs gestellt.

An dieser Stelle möchte ich noch einmal darauf hinweisen, dass ich in diesem Buch in der Regel die Bezeichnung 3D-Druck verwende, weil das im Umgang der am häufigsten genutzte Oberbegriff für das Rapid Prototyping ist. In Einzelfällen erwähne ich, wenn erforderlich, die bei einigen Beispielen genutzte spezielle Technologie, wie zum Beispiel Lasersintern.

In ihren Anfängen wurde die 3D-Druck-Technologie hauptsächlich in der Flugzeug-, der Konsumgüter- und der Automobilindustrie und im Maschinenbau eingesetzt. Wenn ein Baumuster entstanden, die Funktion oder Montage überprüft und es mit dem Kunden abgestimmt war, wurden die Bauteile zur Produktion freigegeben und mit herkömmlichen Methoden gefertigt.

Mittlerweile jedoch hat sich die 3D-Druck-Technologie so weit entwickelt, dass die Objekte komplett produziert und nicht mehr nachträglich montiert werden müssen. Da statt mit einer einzigen Gussform jedes Teil individuell hergestellt wird, kann beim 3D-Druck-Verfahren jedes CAD-Modell nach Anforderung oder automatisiert nach Kundenwunsch verändert werden.

So ist beispielsweise ein mit Namen individualisierter Schmuck ohne Handarbeit eines Goldschmieds zu produzieren. Dies ist möglich, ohne dass hohe zusätzliche Einmalkosten für jedes Stück entstehen. Diese Art von moderner Massenproduktion könnte Massenanfertigungen ermöglichen, die sich individuellen kundenspezifischen Anforderungen anpassen. Ob man sich personalisierten Schmuck, passgenaue Schuhe oder typgerechte Brillen auf diese Art individuell entwerfen lässt – den Möglichkeiten sind hier keine Grenzen gesetzt.

Grundlagen und Hintergrund zum 3D-Druck 3

3.1 Wie funktioniert 3D-Druck?

Grundlage für den 3D-Druck ist immer eine am Computer zuvor erstellte dreidimensionale CAD-Zeichnung, die ein Volumenmodell sein muss. Ein Volumenmodell, wie in Abb. 3.1 dargestellt, beschreibt die gesamte Oberfläche eines Objekts, im Gegensatz dazu sind in einem Netz nur die Kanten beschrieben.

Es gibt unzählige kommerzielle, teilweise sehr teure und kompliziert zu bedienende 3D-CAD-Programme, mit denen man die Modelle fertigen kann, aber auch sehr viel kostenlose oder sehr preisgünstige Software, die sich aus dem Internet herunterladen lässt. Für die ersten eigenen Versuche ist es deshalb nicht notwendig, eine teure Software zu kaufen.

Kostenlos sind zum Beispiel Google SketchUp oder Blender erhältlich. Unter dem Kapitel „Software für 3D-Druck" finden Sie weitere Informationen zu sowohl kommerzieller als auch kostenloser CAD-Software.

Die mittlerweile zahlreichen CAD-Programme zum dreidimensionalen Zeichnen haben sich parallel mit Rapid Prototyping immer schneller und weiter entwickelt. So wurden auch die Schnittstellen zum Datenaustausch entwickelt.

Im Folgenden wird die Druckvorbereitung eines dreidimensionalen Modells beispielhaft beschrieben: Die dreidimensionale Zeichnung wird mit Hilfe eines CAD-Programms in ein Netz aus Dreiecksflächen umgewandelt und als STL-Datei exportiert.

Der Export im STL-Format ist dabei nur eine Möglichkeit, wenn auch die gebräuchlichste. Die Abkürzung STL steht – je nach Lesart – entweder für SurfaceTesselationLanguage oder StandardTriangulationLanguage. Beim Dateiformat STL handelt es sich um eine Standardschnittstelle vieler gängiger CAD-Systeme.

Es gibt aber noch weitere Formate – wie zum Beispiel IGES oder STEP –, die auch beliebig gekrümmte Oberflächen in jeder Skalierung gleich gut darstellen können. Die Oberflächen werden dazu mit Hilfe von mathematischen Funktionen, beispielsweise Splines, beschrieben. Auch bei starker Vergrößerung werden so keine Unstetigkeiten sichtbar. Neben diesen stehen viele andere Export-Formate zur Verfügung, so zum Beispiel AutoCAD DWG, DXF, FACT, SAT, VRML, Wavefront OBJ – um nur einige zu nennen. Viele Dienstleister nehmen Dateien neben dem STL-Format auch in alternativen Formaten entgegen. Das ist besonders dann von

P. Fastermann, *3D-Druck/Rapid Prototyping*, X.media.press,
DOI 10.1007/978-3-642-29225-5_3, © Springer-Verlag Berlin Heidelberg 2012

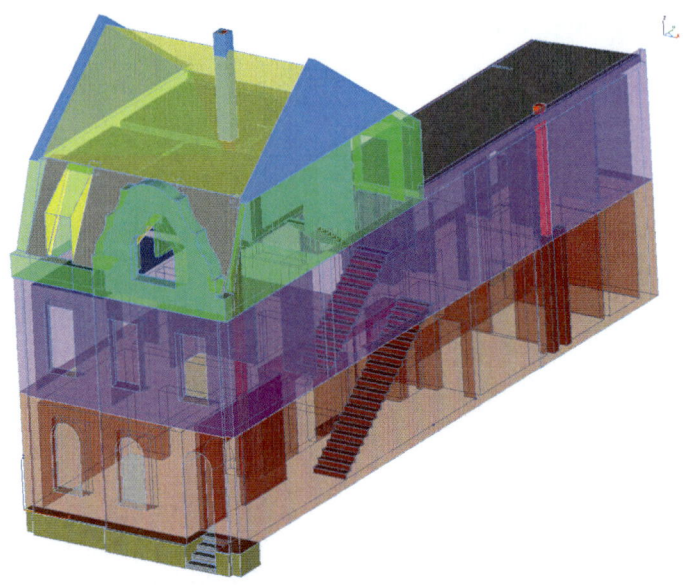

Abb. 3.1 Beispiel für ein Volumenmodell, Quelle: Fasterpoly

Vorteil, wenn die notwendige Auflösung des STL-Formats für den Auftraggeber unklar ist, oder es zu Problemen beim Export der STL-Datei kommt.

Die Beschreibung der Modelloberfläche in Form des STL-Datenformats stellt einen Industriestandard dar und nahezu jede Rapid-Prototyping-Maschine kann dieses Format verarbeiten. Stereolithographie-Anlagen (SLA) waren die ersten kommerziell verfügbaren Anlagen, die mit dieser Geometriebeschreibung betrieben wurden. Aus diesem Grund wird hier nur das STL-Format detailliert erläutert.

Im STL-Format wird die Oberfläche eines dreidimensionalen Körpers mit Hilfe von Dreiecksfacetten dargestellt (Triangulation). Die Dreiecksfacetten an der Oberfläche des Modells werden jeweils durch die drei Eckpunkte und eine dazugehörige Flächennormale beschrieben. Der Normalenvektor wird dazu genutzt, um zu ermitteln, welche Seite der Fläche nach innen oder nach außen zeigt.

Das Einteilen in die Normalenvektoren ist vor dem 3D-Druckprozess zwingend erforderlich, denn die Richtung ist für die weitere Aufbereitung notwendig – wie zum Beispiel das Slicen oder das Positionieren von mehreren Objekten auf der virtuellen Bauplattform. Gekrümmte Oberflächen können durch die Aufteilung in Dreiecke nur angenähert werden. Je geringer die Anzahl der Dreiecke ist, desto größer sind die Abweichungen. An den Kanten der Dreiecke entstehen Unstetigkeiten in der Oberflächenbeschreibung. Die Anzahl der verwendeten Dreiecksfacetten pro gekrümmte Fläche bestimmt die Feinheit der Umsetzung. Das bedeutet: Je mehr Facetten verwendet werden, desto genauer ist die Beschreibung – und desto größer ist jedoch auch die erzeugte Datei.

So muss immer ein Kompromiss zwischen Datenmenge und zulässiger Formabweichung für das zu druckende Modell gefunden werden. Werden beim Export der Datei zu wenige Facetten verwendet, ist die Auflösung zu gering. Was rund und glatt sein sollte und im CAD-Modell auch so aussah, kann im 3D-gedruckten Modell grob und eckig werden.

Je höher die Auflösung des verwendeten 3D-Druck-Verfahrens ist, desto stärker tritt dieser Effekt in Erscheinung. Außerdem kann das STL-Format schlecht größer skaliert werden, denn je stärker das Modell vergrößert wird, umso mehr werden die Abweichungen sichtbar.

Am besten lässt sich auch dies wiederum anhand des Beispiels in Abb. 3.2 beschreiben.

In Abb. 3.2 ist eine Halbschale einmal als verlustfreies NURBS-CAD-Modell sowie als drei Facettennetze mit unterschiedlichen Auflösungen dargestellt. Allen gemeinsam ist, dass die Oberfläche in kleine Dreiecke zerlegt ist. Dadurch bekommen runde Teile kleine Ecken. Gut kann man die entstehenden Fehler bei der zu geringen Auflösung erkennen. Jetzt muss darauf geachtet werden, die Balance zwischen der Anzahl von Dreiecken und damit der Dateigröße und der sichtbaren Ecken zu halten.

In Tab. 3.1 sind die Parameter der drei Halbkugeln mit unterschiedlicher Facettennetzauflösung dargestellt.

Ein sinnvoller Anhaltspunkt ist dabei die Auflösung und Genauigkeit des 3D-Druckers: Liegt der Fehler durch die Dreiecke unter der Auflösung des 3D-Druckers, wird man diese im Ausdruck niemals zu sehen bekommen.

Die Auflösung kann man beim Exportieren in der CAD- oder 3D-Design-Software einstellen. Leider funktioniert jede Exportroutine ein wenig anders und bietet unterschiedliche Einstellmöglichkeiten. Eine gute Kontrollmöglichkeit stellen STL-Anzeige-Programme dar, mit denen man die erzeugte Datei überprüfen kann, so zum Beispiel Netfabb, auf welches in diesem Kapitel später noch eingegangen wird.

Oftmals völlig unmöglich wird das Drucken bei Datei-Fehlern in der exportierten STL-Datei – wie zum Beispiel Lücken zwischen Dreiecksfacetten, doppelten Dreiecksfacetten, falscher Orientierung einzelner Facetten, Überlappungen oder Falten und Dreiecken mit mehr als drei Ecken.

Die Ursachen für die Fehler sind meist in der Programmierung der Exportroutinen oder der internen Verarbeitung der 3D-Modelle in der CAD-Software zu suchen. Leider lassen sich die Fehler beim Exportieren nur sehr begrenzt beeinflussen. Oft hilft es aber, einzelne Körper, die später zusammenhängen, zu einem Gesamtkörper zusammenzufügen. Es ist aber auch nicht auszuschließen, dass es Konstruktionsfehler im Ursprungsmodell gibt, welche erst beim Datei-Export erkennbar werden.

Einige CAD-Programme bieten Reparaturroutinen für die Modelle an, mit denen sich logische Fehler in der Zeichnung finden lassen. Eine weitere Möglichkeit zur Verbesserung der Modellqualität ist der Export in ein Standardformat, wie STEP, IGES oder DWG und danach der erneute Import in die CAD-Software. Dadurch werden die Datenstrukturen des Modells neu aufgebaut und ein Export in eine STL-Datei führt zu weniger oder idealerweise zu keinen Fehlern mehr. Häufig hilft es auch, sehr kleine Strukturen – wie beispielsweise eine kleine abgerundete Kante oder eine Fase mit 0,1 mm – einfach wegzulassen, da die Auflösung des Druckers

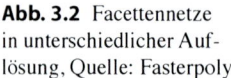

Abb. 3.2 Facettennetze
in unterschiedlicher Auf-
lösung, Quelle: Fasterpoly

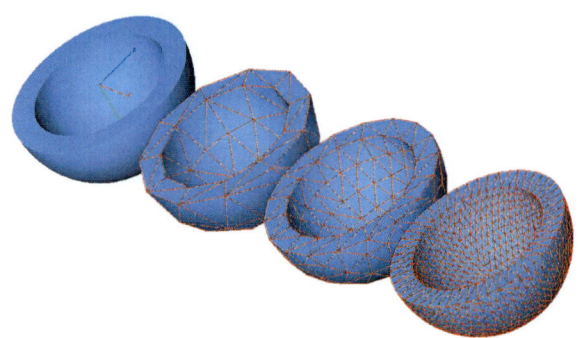

Tab. 3.1 Zusammenhang von Auflösung und Dateigröße

Auflösung	Anzahl Dreiecke	STL-Dateigröße	
Kugel_grob.tif	124	29 kB	
Kugel_mittel.tif	340	70 kB	
Kugel_fein.tif	2.560	524 kB	

für die Ausgabe nicht ausreicht und für den Export eine große Menge winziger
Facetten berechnet werden müssen. Rundungsfehler führen bei diesen sehr kleinen
Facetten zu Rechenfehlern und damit zu den oben erwähnten Fehlern. Die Umset-
zungsfehler können zu einer Verfälschung der gefertigten Geometrie im Verhältnis
zur Ausgangsbasis führen.

Die falsche Orientierung einzelner Facetten kann man sich am einfachsten am
Beispiel eines auf Links gedrehten Strumpfs vorstellen. Stülpt man den „Strumpf"
wieder um, das heißt, dreht man die einzelnen falsch orientierten Facetten mit Hilfe
einer Reparatursoftware um, ist die Datei schnell repariert.

Ein Modell muss, um druckbar zu werden, eine eindeutige Innen- und Außenseite haben. Ist dies nicht der Fall, kann die Software des Druckers mit den Informationen nichts anfangen, da ein unlogisches Objekt entstehen würde. Als Konsequenz ist ein solches Modell nicht druckbar.

Zur Veranschaulichung dient die Abb. 3.3.

Das Modell hat, wie zum Druck erforderlich, eine geschlossene Oberfläche. Außerdem ist in der Abbildung dieser Halbschale die Normalenrichtung dargestellt. Die roten Pfeile zeigen nach außen. Hier ist genau zu erkennen, wie die Orientierung richtig ist. Diese muss bei allen Flächen eines Modells gleich sein. Ist sie das nicht, kann die Software des 3D-Druckers das Modell nicht für den Druck vorbereiten.

Die erzeugten STL-Dateien lassen sich im ASCII- oder im Binär-Format speichern. Es wird bevorzugt im Binär-Format gespeichert, weil Modelle im ASCII-Format zu größeren Dateien führen. Werden trotz Binär-Formats sehr große Dateien erzeugt, beispielsweise mit mehr als 25 Megabyte, so ist meistens die Auflösung der Facettierung zu hoch gewählt. Das bedeutet, es sind Details in der Datei enthalten, die vom 3D-Drucker nicht mehr ausgegeben werden können. Viele 3D-Druck-Dienstleister haben eine maximale Dateigröße, die sie akzeptieren. Diese liegt in der Regel im Bereich von 40 bis 80 Megabyte.

Idealerweise wird die Datei vor dem Druck noch einmal mit einer Reparatursoftware auf mögliche Fehler überprüft. Dies kann zum Beispiel mit Hilfe von Magics, einer kostenpflichtigen Software, geschehen. Sehr gut eignet sich dazu auch Netfabb. Diese Software lässt sich sogar kostenlos beim Hersteller herunterladen. Abbildung 3.4 zeigt eine Datei, die Fehler enthält. Die Software Netfabb weist mit dem roten Ausrufungszeichen darauf hin, dass eine Reparatur erforderlich ist.

Neben den Fehlern in der CAD-Software, die der Anwender nicht beeinflussen kann, gibt es natürlich auch Fehler durch den Anwender selbst.

Ein Irrtum, der gelegentlich beim Export durch CAD-Programme ins STL-Format unterläuft, ist zum Beispiel der Export in Zoll statt in Millimetern als Längeneinheit. Dabei kann es geschehen, dass erst der 3D-Druck-Dienstleister beim Einlesen des Modells feststellt, dass er dieses auf seiner virtuellen Druckplatte kaum finden kann, weil es überraschend klein ist. Um den Faktor 25,4 skaliert, erhält man wieder den gewünschten Wert.

Problematisch ist beim Exportieren, dass die ins STL-Format umgewandelte Datei keine Maßangaben am Modell enthält. Weil im STL-Format das Objekt ohne Angabe der Einheiten wiedergegeben wird, werden solche Fehler wie der gerade beschriebene oft zunächst gar nicht bemerkt. Die Abmessungen des Hüllvolumens, eines gedachten Kastens, welcher das Modell umschließt, sollte man daher in der CAD-Software und in einem STL-Viewer zur Überprüfung abgleichen, bevor man das Modell beim Dienstleister zum Druck freigibt.

Mittlerweile findet man im Internet, beispielsweise in den Modell-Shops für 3D-Animationen, eine sehr große Anzahl von 3D-Dateien zu erschwinglichen Preisen. Zur Überraschung ihrer Käufer sind die erworbenen 3D-Modelle manchmal einfach nicht druckbar, weil sie nur aus Hüllen bestehen, aber keine Volumenmodelle sind. Zwar hat jedes Volumenmodell eine Hülle. Die Hülle eines Volumenmodells ist aber geschlossen und hat keine Löcher.

Abb. 3.3 Ein druckba-
res Modell muss eine
eindeutige Innen- und
Außenseite haben, Quelle:
Fasterpoly

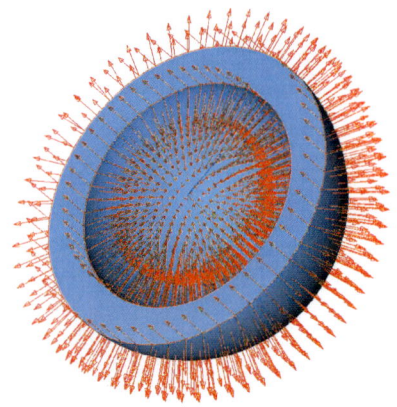

Abb. 3.4 STL-Datei
mit Fehlern, Quelle:
Fasterpoly

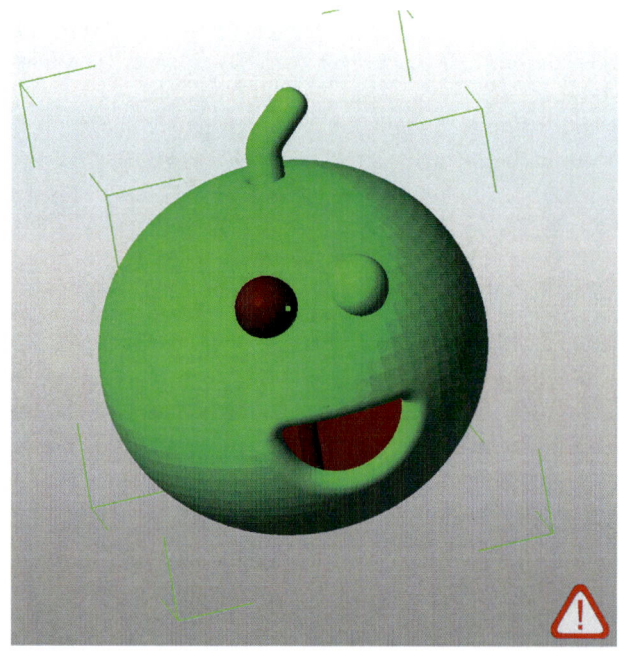

Man kann sich eine Hülle, die kein Volumenmodell ist, so vorstellen: Sie ist wie
ein Pullover, der Löcher für Hals, Hüfte und die Arme hat. Wenn man versuchen
würde, einen Pullover mit Wasser zu füllen, so würde der Erfolg sich in Grenzen halten. Nichts anderes macht aber ein 3D-Drucker: Er füllt das Facettennetz mit Druck-
material. Deshalb spricht man in diesem Zusammenhang auch manchmal von einem
wasserdichten Modell. Unabhängig davon, wie man das gefüllte Modell dreht: Es
darf nichts auslaufen.

Als animierte Figuren für Filme oder Computerspiele reichen solche Hüll-
Modelle aus. Für den 3D-Druck jedoch sind Volumenmodelle eine unbedingte

Voraussetzung. Erst wenn das Reparaturprogramm keine Fehler mehr findet, ist die Datei fertig für den Druck.

In Abb. 3.5 ist zu erkennen, dass die Reparatursoftware Netfabb in dem zu druckenden Apfel-Modell-Kopf keine Fehler mehr gefunden hat – die Angaben unten rechts in der Ecke zeigen als Status zu „Hüllen", „Löcher" und „falsch orientiert" jeweils eine rote Null. Das Modell ist in Ordnung.

Die Abmessungen des Modells werden, wie in Abb. 3.6 mit dem Hasen zu sehen, ebenfalls von Netfabb angezeigt.

So kann die STL-Datei an den Dienstleister übermittelt werden und der 3D-Drucker starten.

3.2   Das Druckverfahren, Schritt für Schritt

An einem einfachen Beispiel wird illustriert, wie die einzelnen Schritte für den 3D-Druck – hier am PolyJet-Verfahren gezeigt – ablaufen und warum bei dem beschriebenen Verfahren Stützstrukturen notwendig sind.

Dieser in Abb. 3.7 gezeigte Körper ist ein Würfel mit einem schräg daran befestigten Zylinder. Er ist in einem CAD-Programm gezeichnet und als STL-Datei exportiert worden.

Der 3D-Drucker arbeitet schichtweise, deshalb wird das Modell in einzelne, sehr dünne Schichten oder Scheiben zerlegt. Diese Scheiben werden auch als Slices bezeichnet, der Vorgang als Slicing. Jede Schicht entspricht dabei der physikalischen Druckdicke. Wie dies aussieht, lässt sich in Abb. 3.8 gut erkennen.

Damit das Slicing problemlos abläuft, darf die Ausgangsdatei keine Fehler – wie beispielsweise fehlende Außenflächen – enthalten.

Wenn das sichergestellt ist, kann die Rapid-Prototyping-Maschine mit ihrer Arbeit beginnen.

In Abb. 3.9 sind nochmals die erzeugten Schichten zu sehen. In der Realität sind die Schichten wesentlich dünner.

Der Drucker druckt – wie ein Tintenstrahldrucker – dünne Schichten aus einem flüssigen Acrylat, die unmittelbar nach dem Druck durch UV-Strahlung aushärten. Nach jeder Schicht wird die Bauplattform um eine Schichtdicke abgesenkt. Daher kommt der Begriff des Schichtbau-Verfahrens. Wie man sich das Schichtbau-Verfahren vorstellen kann, wird in Abb. 3.10 gezeigt.

Es gibt jedoch in jedem Modell Bereiche, die im Bauprozess zunächst keine Verbindung zu dem schon gebauten Körper haben. Diese „Inseln", auf der Abb. 3.11 in Rot dargestellt, würden ohne Verbindung in der Luft schweben und einfach herunterfallen.

Um das zu verhindern, druckt man ein zweites Material als Stütze (in Abb. 3.12 in Gelb eingezeichnet) für die Insel.

Die Stützstruktur darf nicht mit dem Bau-Material verkleben und muss sich vom fertigen Modell leicht entfernen lassen.

In Abb. 3.13 ist schematisch das fertig gedruckte Objekt dargestellt. Nach dem Entfernen des Stützmaterials ist der Fertigungsprozess abgeschlossen.

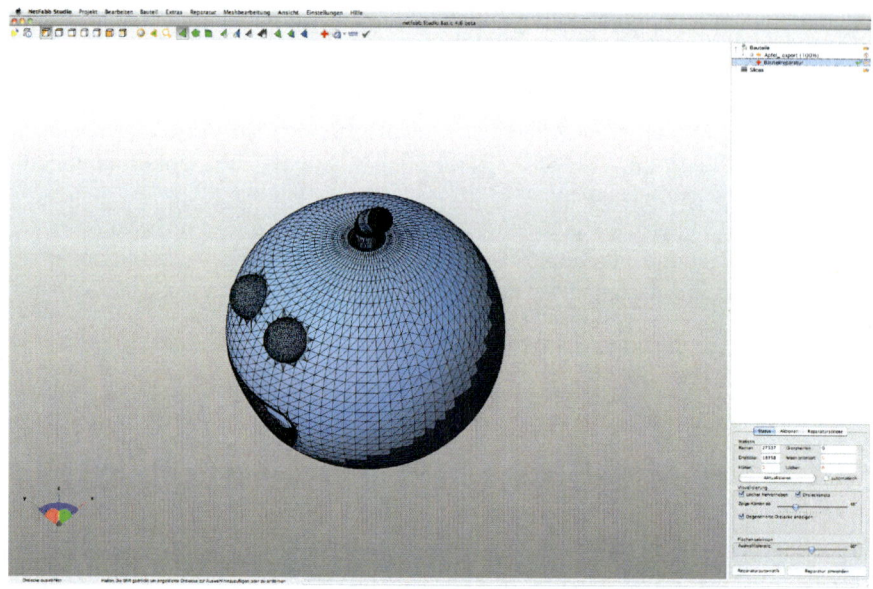

Abb. 3.5 Mit der Reparatursoftware Netfabb reparierte Datei, Quelle: Fasterpoly

Abb. 3.6 Die Reparatursoftware Netfabb zeigt auch die
Abmessungen der Modelle
an, Quelle: Fasterpoly

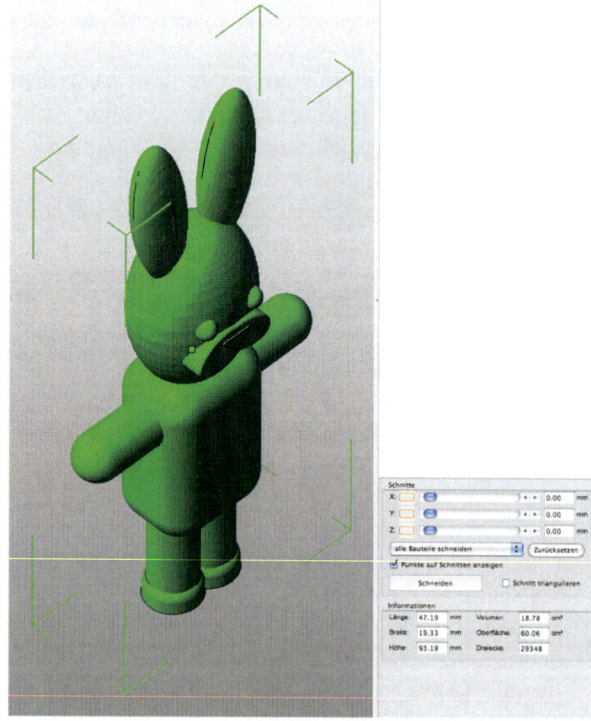

Abb. 3.7 Hier das 3D-CAD-
Modell, das als STL-Datei
exportiert wurde,
Quelle: Fasterpoly

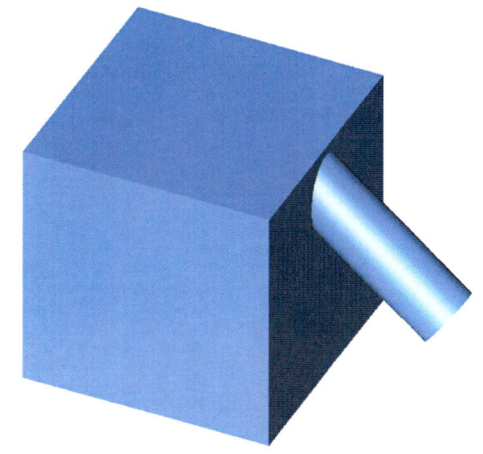

Abb. 3.8 Slicing,
Quelle: Fasterpoly

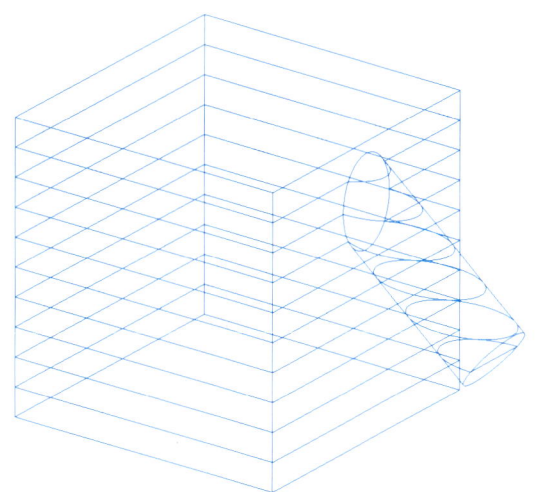

Abb. 3.9 Der 3D-Drucker
druckt dünne Schichten, die
in der Realität viel dünner
sind als hier dargestellt,
Quelle: Fasterpoly

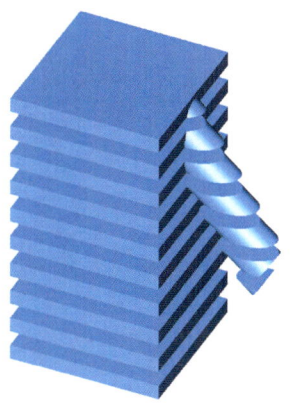

Abb. 3.10 Das Schichtbau-
Verfahren, Quelle: Fasterpoly

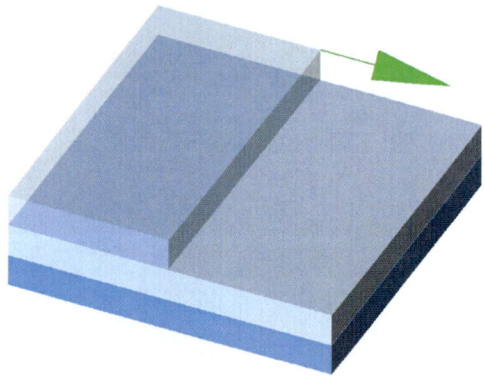

Abb. 3.11 Die roten
„Inseln" würden ohne
Verbindung herunterfal-
len, Quelle: Fasterpoly

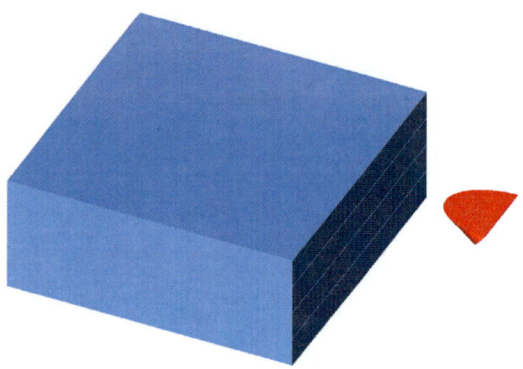

Abb. 3.12 Das Stütz-
material ist hier in Gelb
eingezeichnet, Quelle:
Fasterpoly

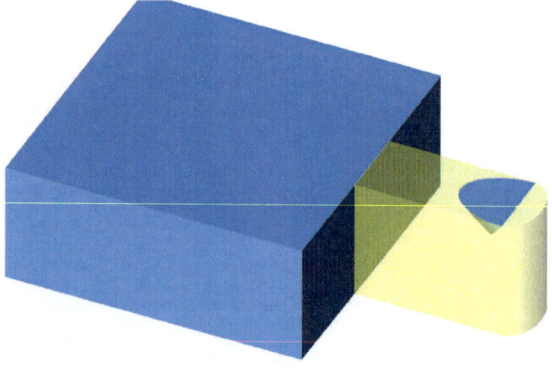

Abb. 3.13 Das fertige
Objekt – das Stützmaterial
(in Gelb eingezeichnet)
muss noch entfernt wer-
den, Quelle: Fasterpoly

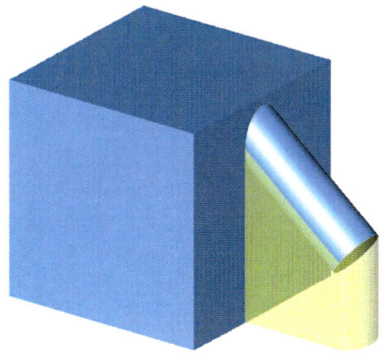

3.3   Der 3D-Druckprozess im PolyJet-Druckverfahren

Damit der 3D-Druckprozess etwas anschaulicher wird, soll er hier am Beispiel des
PolyJet-Verfahrens erläutert werden. Der Grund dafür ist, dass die auf den folgen-
den Abbildungen dargestellten Objekte mit diesem Verfahren gefertigt wurden. Das
PolyJet-Druckverfahren ist eines von vielen, die aber alle sehr ähnlich funktionie-
ren. Weitere Rapid-Prototyping-Verfahren sind in dem Kapitel „Rapid-Prototyping-
Verfahren: eine Übersicht" ausführlich beschrieben.

Bei dem PolyJet-Verfahren ist flüssiger Kunststoff das Ausgangsmaterial für den
Bauprozess. Das Objekt wird im Schichtbauverfahren auf einer Bauplattform aufgebaut. Der 3D-Drucker hat zwei Druckköpfe – einen für das Bau- und einen für
das Support- oder auch Stütz-Material –, die Schicht für Schicht die Konturen des
Modells auf der Druckplattform aufspritzen. Nach jeder Schicht wird die Bauplattform um eine Schichtstärke abgesenkt.

Der dickflüssige Kunststoff wird mit Druckköpfen, die denen eines Tintenstrahldruckers sehr ähnlich sind, tröpfchenweise auf die darunter liegende Schicht in
Voxeln aufgebracht. In der 3D-Computergrafik bezeichnet Voxel einen Datenpunkt
einer dreidimensionalen Rastergrafik, sozusagen den kleinsten Würfel, aus dem die
Objekte zusammengebaut werden.

Das entspricht einem Pixel in einem Digitalfoto. Gut vorstellbar wird die Rasterung auch, wenn man sich jeden Voxel als winzigen Legostein vorstellt. Ähnlich
wie im Legoland, entstehen so aus den kleinen Steinchen große Objekte. Ist jeder
Voxel – oder Legostein – nur klein genug, so verschwindet die Rasterung irgend-
wann für das Auge.

Bei dem Bau-Material, aus welchem die Modelle entstehen, handelt es sich um
Photopolymere, die nahezu sofort mit Hilfe einer neben dem Druckkopf angebrach-
ten UV-Lampe verfestigt werden. Schon unmittelbar nach dem Ablegen auf der
Plattform werden die dünnen Kunststoffschichten ausgehärtet. Der dabei ablau-
fende Prozess wird als Polymerisation bezeichnet: Der flüssige Kunststoff besteht
aus vielen kleinen Molekülbausteinen, den Monomeren. Durch die Einwirkung des
UV-Lichts verbinden sie sich zu sehr langen Molekülketten – den Polymeren. Diese

sind nun fest und bilden ein stabiles Geflecht. Nach jeder ausgehärteten Schicht wird die Bauplattform um eine Schichtdicke abgesenkt. Der Vorgang wiederholt sich so lange, bis der Bauvorgang des Objekts abgeschlossen ist.

Der Drucker kann nicht „in die Luft" drucken. Hier sollte man sich wiederum vorstellen, dass es sich dabei ähnlich wie mit Legosteinen verhält: Auch Legosteine kann man nur auf einem darunter liegenden Stein befestigen. Beim 3D-Druck wird als Grundlage ein weiches, gelartiges Stützmaterial verwendet, das nach der Fertigstellung vom Bauteil entfernt wird. Wie das aussehen kann, lässt sich am besten mit Hilfe einer Zeichnung zeigen.

In Abb. 3.14 kann man sehen, wo bei dem 3D-Druckverfahren Stützmaterial notwendig wird: Damit das Dach gedruckt werden kann, wird das Modell komplett mit Stützmaterial (in Gelb eingezeichnet) gefüllt.

Bei manchen Modellen lässt sich der Druck von Stützmaterial nicht komplett vermeiden. In Abb. 3.15 ist zu erkennen, dass, selbst wenn man zum Drucken das Gebäude auf den Kopf stellt, Stützmaterial gedruckt wird.

Das Gebäude wird zwar nicht komplett mit Stützmaterial gefüllt, aber die roten Bereiche der Fensterrahmen und der Vorsprung müssen abgestützt werden. Ebenso die Rundungen des Dachs.

Die vom 3D-Drucker gefertigten Modelle bestehen aus einem Acrylat. Dieses lässt sich leicht weiterbearbeiten und mit den meisten Farben lackieren. Aggressive, stark lösemittelhaltige Farben sollten nach Möglichkeit nicht verwendet werden, weil viele davon das beim 3D-Druck verwendete Material angreifen könnten.

3.4   Fertigungskette von Modellen: am Beispiel des 3D-Drucks eines Teufels mit einem Drucker der Firma Objet

Auf den nachfolgenden Abbildungen lässt sich sehr anschaulich die Entstehung einer gedruckten Teufel-Miniatur verfolgen. Dieser Teufel wurde mit dem PolyJet-Druck-Verfahren der Firma Objet auf einem 3D-Drucker hergestellt.

Konstruiert wurde er mit dem CAD-Zeichenprogramm ViaCAD.

Abbildung 3.16 zeigt das CAD-Modell des Teufels.

Zu diesem und vielen anderen CAD-Programmen, mit denen Volumenmodelle erstellt werden können, finden Sie mehr im Kapitel „Software für 3D-Druck".

Weil der Teufel sehr klein ist – in einem gedachten Kasten, dem sogenannten Hüllvolumen, lassen sich die Abmessungen von 14 mm Tiefe, 16 mm Breite und 35 mm Höhe erkennen – dauert der eigentliche Druck der Figur nur circa eine Stunde. Zur Veranschaulichung des Hüllvolumens dient Abb. 3.17.

Übrigens ist es hierbei völlig gleichgültig, ob Sie einen oder mehrere dieser kleinen Teufel drucken: Weil die Höhe des Teufels immer gleich ist, bleibt auch die Bauzeit nahezu gleich.

Die Bauplattform des 3D-Druckers, mit dem wir den Teufel gefertigt haben, beträgt rund 300 mm x 200 mm x 150 mm. Das entspricht in der Grundfläche etwa einem DIN-A4-Blatt. Wenn man eine Lage Teufel druckt, passen ungefähr 96 dieser Figuren auf eine Bauplattform. Diese lassen sich gleichzeitig auf einem solchen 3D-Drucker in circa einer Stunde ausdrucken.

Abb. 3.14 Das Modell ist komplett mit Stützmaterial (in Gelb eingezeichnet) gefüllt,
Quelle: Fasterpoly

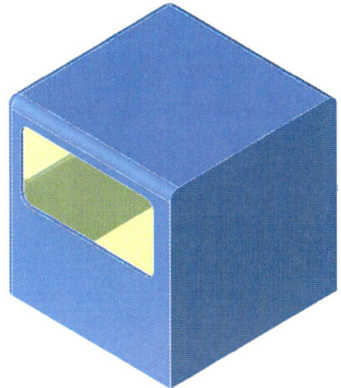

Abb. 3.15 Selbst wenn man das Modell zum Druck umdreht, wird teilweise noch Stützmaterial erforderlich,
Quelle: Fasterpoly

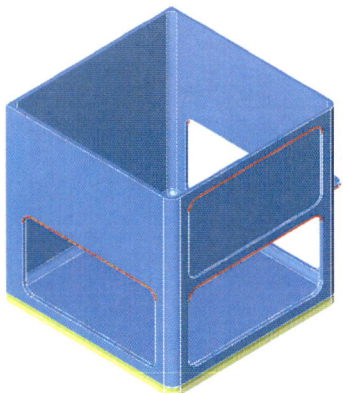

Zum Druck wurde der Teufel mit dem Rücken auf die Druckplatte gelegt. Dadurch, dass er nicht besonders hoch ist, lässt er sich in ungefähr einer Stunde produzieren. Stünde er aufrecht, so würde der Druck des Teufels wegen der größeren Höhe viel länger dauern. Hinzu kommt, dass bei einer Liegendplatzierung der Figur das nach oben orientierte Gesicht glatt und glänzend wird, weil kein Stützmaterial darauf gedruckt wird.

In Abb. 3.18 lässt sich deutlich erkennen, dass das Objekt zunächst auf einer Seite von Stützmaterial umhüllt ist.

Dieses ist sehr weich und lässt sich bei einem solch kleinen Modell mechanisch entfernen. Wenn dann immer noch kleinere faserige Reste des Materials anhaften sollten, löst man sie mit einer leichten Natronlauge. Die Flächen, an denen sich zuvor das Stützmaterial befand, bleiben rau.

Da beim Druck sowohl das Modellmaterial als auch das Stützmaterial flüssig sind, vermischen die beiden Materialien sich in der Grenzschicht ein wenig. Zwischen den beiden Druckvorgängen für Stütz- und Modellmaterial gibt es zwar eine UV-Härtung. Diese UV-Härtung benötigt aber eine gewisse Zeit. Bei einem Durchgang

Abb. 3.16 Das dreidimensionale Modell des Teufels,
im CAD-Programm ViaCAD
konstruiert,
Quelle: Fasterpoly

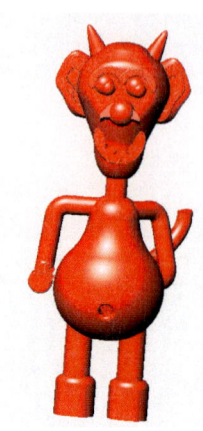

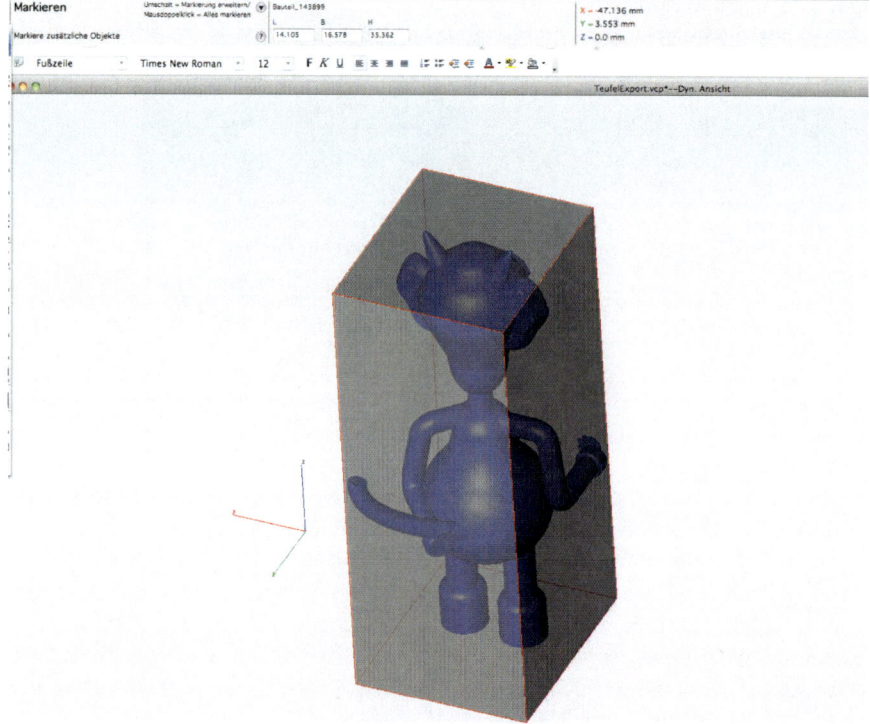

Abb. 3.17 Mit diesem Kasten ermittelt das CAD-Programm ViaCAD das Hüllvolumen des
Teufels, Quelle: Fasterpoly

ist das Material noch zähflüssig, sodass die Material-Vermischung unvermeidlich
ist, wenn man nicht außerordentlich lange Druckzeiten in Kauf nehmen möchte.

Bei vielen 3D-Druck-Verfahren wird zum Druck der Modelle Stützmaterial
benötigt, sodass dies bei der Platzierung der Bauteile auf der Plattform im Voraus
berücksichtigt werden sollte.

Abb. 3.18 Die Teufel-Miniatur, auf einer Seite von weichem Stützmaterial umhüllt,
Quelle: Fasterpoly

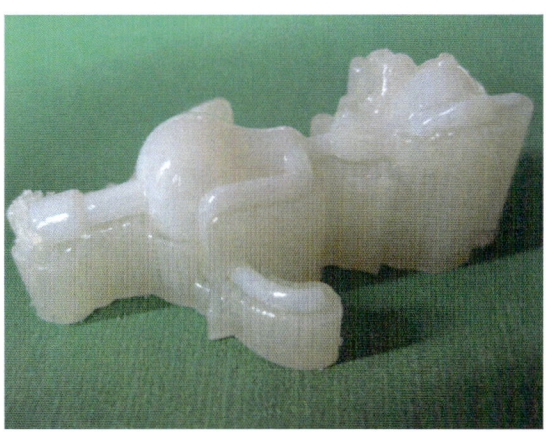

Abb. 3.19 Der Teufel, mit
handelsüblichen Modellbaufarben lackiert,
Quelle: Fasterpoly

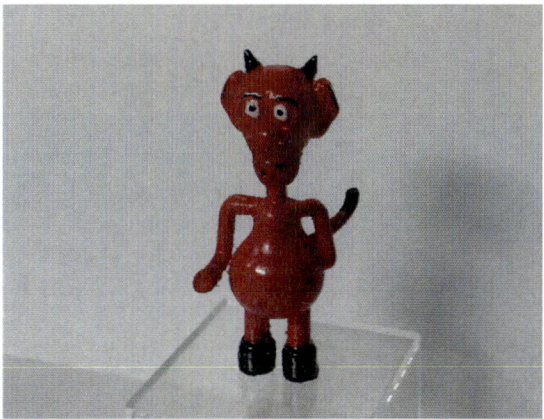

Aus diesem Grund hat auch unser Teufel vorn eine glänzend schöne, hinten eine leicht raue Seite. Wenn er vollkommen vom Stützmaterial befreit ist, lässt er sich sehr leicht mit handelsüblichen Modellbaufarben lackieren – wie in Abb. 3.19 zu sehen.

Dieses Beispiel zeigt, dass man von der CAD-Zeichnung zum fertig lackierten Modell durchaus in drei Stunden gelangen kann.

3.5   Software für 3D-Druck

Um 3D-Modelle zu erzeugen, wird eine 3D-CAD-Software benötigt, mit der Sie Ihre Volumenmodelle konstruieren können. Hier finden Sie eine Auswahl von Programmen, die entweder kostenfrei oder nicht sehr teuer sind. Sie müssen nicht unbedingt industrielle CAD-Software zu für Privatanwender recht hohen Preisen und mit vielen Funktionen für große Entwicklungsteams erwerben, um Ihre Vorstellungen umsetzen zu können.

Mit industrieller Software ist zum Beispiel gemeint: SolidWorks, Solid Edge, AutoCAD, CATIA, Unigraphics oder Inventor – um nur einige zu nennen. In den jeweiligen Industriebereichen, für die sie gedacht ist, ist diese Software natürlich unverzichtbar. Für Privatanwender reicht jedoch eine einfach zu bedienende und preiswerte Software vollkommen aus.

Der Vorteil von nicht industrieller CAD-Software gegenüber industrieller CAD-Software ist neben dem geringeren Preis, dass die nicht industrielle Software oft intuitiver, leichter zu bedienen und vor allem nicht auf eine spezielle Industrie zugeschnitten ist.

Die meisten Privatanwender werden vermutlich außerdem auf eine SAP-Anbindung, automatische Stücklistengenerierung oder Zeichnungsfreigabeprozesse verzichten können.

3.5.1 Kostenlos erhältliche Programme

3.5.1.1 Art of Illusion

Art of Illusion wurde ursprünglich als 3D-Grafik-Programm entwickelt. Dennoch eignet es sich zur Entwicklung von Modellen für den 3D-Druck. Die Strukturen und Oberflächen der erzeugten Modelle werden in Echtzeit angezeigt. Die Oberfläche des Programms ist in vier Bereiche eingeteilt. So kann an den Modellen in verschiedenen Blickwinkeln gearbeitet werden. Geschrieben in Java, ist Art of Illusion plattformunabhängig.

3.5.1.2 Autodesk 123D/Autodesk 123D Sculpt/Autodesk 123D Catch/ Autodesk 123D Gallery

Das Software-Unternehmen Autodesk hat mit 123D eine kostenlose Software für 3D-Volumenmodellierung veröffentlicht. Die Software verfügt über eine intuitive und einfach bedienbare Oberfläche. Auf der Webseite stehen neben Support-Foren auch einige kostenlose Designvorlagen zum Download zur Verfügung. Zahlreiche Video-Tutorials unterstützen die Anwender beim Einstieg in das kostenlose Programm, das sich sehr gut für technische Zeichnungen eignet. Die Software ist für Windows-PCs erhältlich.

Mit Autodesk 123D Sculpt bietet Autodesk außerdem eine Gratis-Software, mit welcher es möglich ist, 3D-Modelle auf dem iPad zu erzeugen. Die Modellierung funktioniert, indem man mit dem Finger auf dem iPad das Objekt erstellt. Die Software kann im App Store von Apple gegenwärtig kostenlos heruntergeladen werden.

Schließlich gibt es, ebenfalls als kostenfreie App, Autodesk 123D Catch. Mit dieser Software, die von den Autodesk Labs noch weiterentwickelt wird, kann man aus einer Reihe von Fotos ein recht detailliertes 3D-Modell erzeugen. Man macht aus vielen unterschiedlichen Blickwinkeln mit einer Digitalkamera Fotos vom Objekt, um eine möglichst große Anzahl an Details aufnehmen zu können.

Die Cloud-basierte Anwendung Autodesk 123D Catch wandelt die digitalen Fotos in ein vernetztes 3D-Modell um, das manuell weiter- und nachbearbeitet werden kann. Laut Hersteller sind die mit dem Programm erzeugten Daten präzise genug für einen 3D-Druck.

Und außerdem: Für 3D-Modelle, welche die User untereinander tauschen möchten, bietet Autodesk noch Autodesk 123D Gallery an.

3.5.1.3   Blender
Ursprünglich für 3D-Grafik-Design, Rendering und -Animation entwickelt, kann Blender auch STL-Dateien importieren und exportieren.

Bei der Software ist die Unterstützung für die Bearbeitung von Polygonnetzen ein deutlicher Schwerpunkt. Möchte man eine STL-Datei verändern, so ist das mit vielen CAD-Programmen nur sehr mühsam möglich, in Blender dagegen gibt es viele sehr einfach zu bedienende Werkzeuge für diese Aufgabe. Blender eignet sich besonders gut für 3D-Modellierung mit künstlerischer Ausrichtung und Animation sowie für organische Formen. Für Blender sind besonders viele Anleitungen, Bücher und Hilfe-Videos erhältlich, die einen Einstieg in das Programm sehr erleichtern.

Mit dem letzten größeren Versionssprung ist Blender erheblich einfacher zu bedienen als zuvor. Obwohl das Programm ursprünglich für Animationen entwickelt wurde, können damit durchaus auch technische Zeichnungen erstellt werden, allerdings fehlen spezielle Werkzeuge für die technische Konstruktion. Blender ist für Windows, OS X und Linux verfügbar. Es gibt viele Modelle kostenlos im Netz, mit denen man üben kann.

In Abb. 3.20 ist ein Beispiel dafür zu sehen, wie mit Blender konstruiert wurde.

3.5.1.4   DAZ Studio
Die zurzeit kostenlose 3D-Modellier-Software DAZ (= Digital Art Zone) Studio ermöglicht es unter anderem, Personen zu konstruieren und als STL-Modelle zu exportieren. Das besonders Erfreuliche daran ist, dass die Grundmodelle für die Figuren schon vorhanden sind und nur noch den individuellen Wünschen des Designers angepasst und in eine Pose gebracht werden müssen. Mit Pose bezeichnet man eine bestimmte Körperhaltung. Mit nur wenigen Mausklicks lassen sich die Menschenfiguren bezüglich ihrer Physiognomie, ihres Geschlechts und ihres Alters verändern. Form und Größe der einzelnen Körperteile kann der Designer dabei auch beliebig vergrößern, verkleinern oder verformen.

Allerdings sind die erzeugten STL-Dateien nicht immer wasserdicht und müssen meist noch vor dem 3D-Druck repariert werden. Es gibt einen Shop mit vielen unterschiedlichen Modellen.

DAZ Studio ist sowohl für Windows als auch für OS X geeignet.

Abbildung 3.21 zeigt eine Person, die mit DAZ-Studio konstruiert wurde.

3.5.1.5   MakeHuman
Ebenfalls kostenfrei und zur dreidimensionalen Menschenkonstruktion geeignet ist die Software MakeHuman. Auch hier lässt sich mit Hilfe einer Vorlage ein

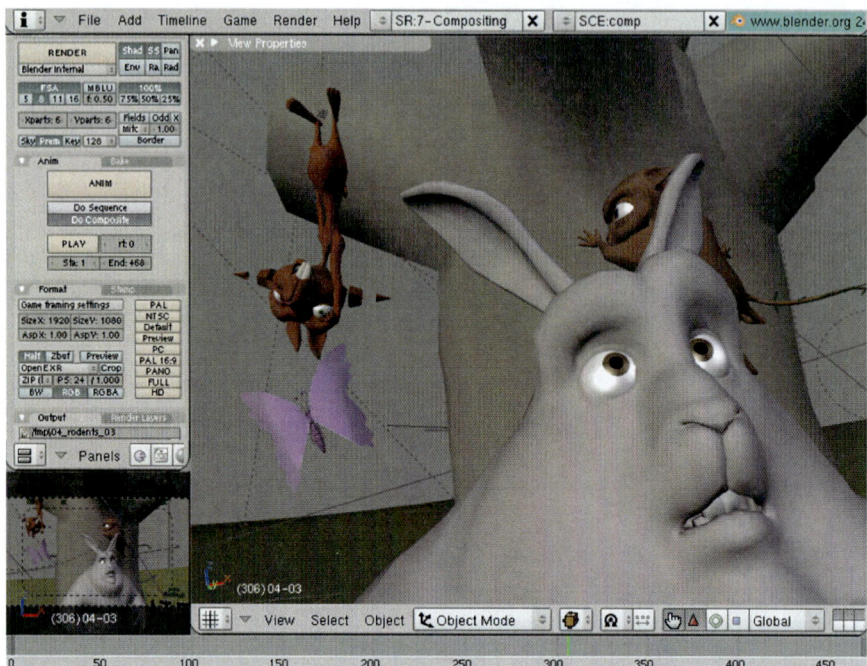

Abb. 3.20 Screenshot Blender, Quelle: Wikipedia – www.bigbuckbunny.org

3D-Mensch nach den eigenen Vorstellungen gestalten und herstellen. Wie DAZ Studio, ermöglicht auch MakeHuman, die Menschenfigur beliebig nach Alter und Geschlecht zu formen – ganz wie der Designer es sich wünscht. Um die Figur in eine Pose bringen zu können, ist zurzeit noch ein Import in Blender notwendig.

MakeHuman lässt sich mit Windows und OS X nutzen.

3.5.1.6   Google SketchUp
Kostenfrei von Google erhältlich, war Google SketchUp ursprünglich zur Gebäudemodellierung für Google Earth gedacht. So lassen sich besonders gut Gegenstände, Häuser und sogar Landschaften damit konstruieren. Die Software ist relativ einfach zu bedienen.

Allerdings lässt sich nur die kostenpflichtige Pro-Version STL-exportieren. Für die kostenlose Version gibt es Plug-ins von Drittanbietern, welche aber leider häufig fehlerhafte Dateien erzeugen. Es ist eine deutschsprachige Version für Windows und OS X erhältlich.

3.5.1.7   Meshlab
Meshlab kann eine Vielzahl von 3D-Dateiformaten importieren und exportieren. Die Software erlaubt auch – in Grenzen – unstrukturierte 3D-Daten, die zum Beispiel beim Scannen entstehen können, nachzubearbeiten.

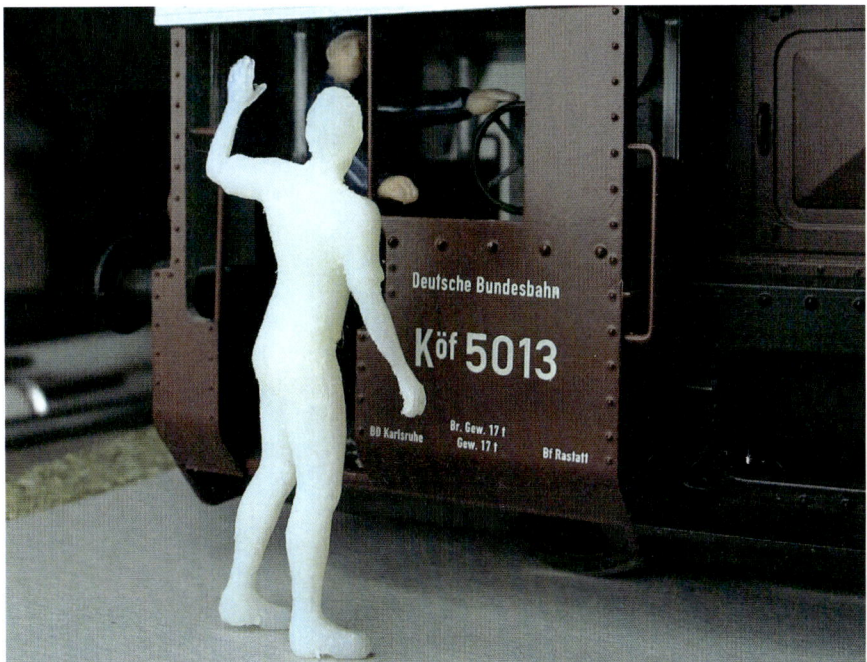

Abb. 3.21 Recht schnell wurde der winkende Mensch mit DAZ Studio konstruiert und im PolyJet-Verfahren gedruckt, Quelle: Fasterpoly

Daneben ermöglicht diese Software die Modifizierung und Reparatur von STL-Dateien. Meshlab gibt es für Windows, Linux und OS X. Neben der kostenfrei angebotenen Version gibt es auch eine professionelle Ausgabe mit erweitertem Funktionsumfang, die sich vornehmlich an Dienstleister und Industriekunden wendet.

3.5.1.8   OpenSCAD
Ein ganz anderer Ansatz: Statt mit der Maus zu zeichnen, beschreibt man das Modell mit einer Script-Sprache. Diese Software eignet sich besonders gut für die automatische oder parametrierte Modellerzeugung. Per Commandline kann STL-exportiert werden.

Erhältlich ist OpenSCAD für Linux/UNIX, MS Windows und Mac OS X.

3.5.1.9   ReplicatorG
ReplicatorG ist ein Open-Source-Programm zum Ansteuern des RepRap, Thing-O-Matic von MakerBot, des CupCake CNC oder einer anderen CNC-Maschine.

Nachdem der G-Code oder die STL-Datei eingespielt sind, führt das Programm die Prozesse aus. Geschrieben in Java, gibt es ReplicatorG für Linux, Mac und Windows.

3.5.1.10 Shapesmith

Shapesmith ist eine recht neue, intuitive 3D-Modellierungs-Software, die Browser-basiert ist. Sie wird zurzeit noch entwickelt, kann aber schon STL-Dateien erzeugen. Es können eine Reihe Grundkörper eingefügt werden und die wesentlichen Operationen wie Transformieren und Drehen sind schon vorhanden.

Erforderlich für die Nutzung der Software ist ein WebGL-tauglicher Browser, wie beispielsweise Firefox.

3.5.1.11 SculptMaster

SculptMaster ist ein 3D-Modellierer für das iPhone, mit dem man digitale Knetskulpturen in 3D-Simulationen mit den Fingern erstellen kann.

Ein wenig fühlt man sich dabei an das Modellieren mit Knetmasse aus der Kindheit oder auch an das Arbeiten im Modellbau mit Clay bzw. Plastilin erinnert. SculptMaster ist entweder kostenlos oder als Vollversion ohne Werbeeinblendungen und mit Ladefunktion gespeicherter Skulpturen (Letzteres für einen geringen Betrag) erhältlich.

Wie in Abb 3.22 zu sehen ist, kann man mit SculptMaster auf dem iPhone Modelle erzeugen.

3.5.1.12 Tinkercad

Tinkercad ist eine kostenlose 3D-Modellierungssoftware, die sehr intuitiv ist und sich leicht bedienen lässt. Objekte werden aus Standardelementen – wie Würfeln, Kugeln oder fertigen Buchstaben – zusammengesetzt.

Es handelt sich dabei um eine Browser-Anwendung, die es erlaubt, die Software mit nahezu jedem aktuellen Browser (wie beispielsweise Firefox, Safari oder Chrome) zu nutzen. Damit kann Tinkercad unabhängig vom Betriebssystem verwendet werden.

Die Modelle lassen sich als STL-Dateien exportieren. Weiterhin besteht die Möglichkeit, die Objekte direkt an Druckdienstleister zu übertragen. Objekte, die von anderen Nutzern entworfen wurden, können betrachtet, bewertet, selbst verändert oder gedruckt werden.

3.5.1.13 Wings 3D

Diese Software unterstützt den Import und Export aus vielen anderen 3D-Programmen. Sie ist sehr einfach bedienbar und bietet die Möglichkeit, schon aus vorprogrammierten Formen auszuwählen und diese weiterzubearbeiten.

Zur Bedienung wird eine Drei-Tasten-Maus empfohlen, da die meisten Menüs über die Maus angesteuert werden. Wings 3D eignet sich gut für die Texturierung und Erstellung von Polygonnetzen niedriger bis mittlerer Dichte. Verfügbar ist die Software für Windows, Linux und Mac OS X.

3.5.1.14 Netfabb basic

Zur Reparatur oder Nachbearbeitung von STL-Dateien bietet Netfabb eine kostenlos erhältliche Software für OS X und Windows an. Diese Software ist auf additive Fertigung angelegt.

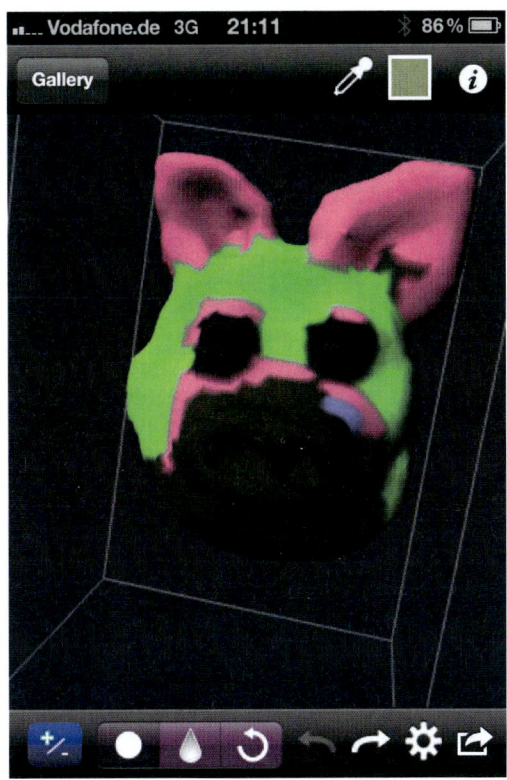

Netfabb basic dient der Bearbeitung von 3D-Meshes und kann defekte Oberflächenvernetzungen reparieren.

Zu beachten ist, dass man nach der Reparatur noch einmal auf „Reparatur anwenden" klicken muss und dann das Bauteil wieder als STL-Datei binär exportiert.

Die kostenlose Version unterstützt die Formate STL, X3D, WRL, GTS, CLI, SLI, SLC, SSL, CLS und G-Code.

Eine kommerzielle Version von Netfabb ist auch erhältlich. Diese bietet noch weitere Module und Funktionen.

3.5.2 Kommerzielle Programme

3.5.2.1 Cinema 4D

Cinema 4D ist eine 3D-Design-Software von Maxon. Zwar nicht wirklich kostengünstig, wird die Software doch von vielen professionellen Anwendern genutzt, weil sie alle denkbaren Bereiche der 3D-Grafik umfasst: Modellierung, Animation und Rendering dreidimensionaler Szenen.

Das macht sie besonders für Grafiker, Architekten, Ingenieure und Produzenten von Animationsfilmen interessant. Auf spezielle Zielgruppen zugeschnitten, bietet Cinema 4D verschiedene Produktvarianten, um die häufigsten Aufgabenbereiche der Nutzergruppen individuell abzudecken. So zum Beispiel ist Cinema 4D Visualize speziell auf den Bedarf von Architekten, Designern und Fotografen zugeschnitten. Cinema 4D Broadcast dagegen soll Filmemacher dabei unterstützen, ihre Ideen umzusetzen.

Trotz der hohen Komplexität der Software ist Cinema 4D recht intuitiv.

Cinema 4D ist sowohl für Windows als auch für OS X verfügbar.

3.5.2.2 iTracer

iTracer ist ein 3D-Modellierer und -Renderer für das iPhone. Für wenige Euro ist er im App Store zu erwerben. Zur Verfügung stehen dabei einige Grundformen, wie zum Beispiel Kugeln oder Boxen. Aus Meshes lassen sich jedoch auch eigene Objekte erzeugen. Die erzeugten Szenen sind per E-Mail versendbar und lassen sich direkt aus der E-Mail-Anwendung öffnen. iTracer ist kompatibel mit dem iPhone, dem iPodTouch und dem iPad.

3.5.2.3 Rhino (Rhinoceros)

Von Designern wird als Modellierwerkzeug das CAD-Programm Rhino gern genutzt, weil es sich besonders gut für Rendering und Animation eignet. Rhino ist ein NURBS (Non-Uniform Rational B-Splines)-Modeler. Das bedeutet, dass man bei der Software mit Kurven arbeitet, die durch mathematische Funktionen beschrieben werden. Polygonnetze und Punktwolken können ebenfalls verarbeitet werden. Rhino kann 3D-Flächen- und Volumenmodelle am Windows-PC modellieren. Für den Mac OS befindet es sich in der Entwicklung.

Es gibt preisgünstige Lizenzen für Hochschulen und Studenten.

3.5.2.4 ViaCAD

ViaCAD ist ein sehr kostengünstiges CAD-Programm mit Freiflächenmodellierung, das heißt, das Programm erlaubt das dynamische Ziehen, Verdrehen, Verwinden und Verschieben von Flächen, ohne dass sich die Auflösung der Oberflächen ändert und Ecken sichtbar werden. Es verfügt über einen nahezu professionellen Funktionsumfang. Von Sybex gibt es eine deutschsprachige Version für Windows und OS X. ViaCAD ist recht intuitiv und eignet sich besonders gut zur Konstruktion von technischen Objekten.

Bitte beachten Sie, dass es noch viel mehr Programme gibt. Dies hier ist nur eine kleine Auswahl, die Ihnen als Orientierungshilfe dienen soll.

3D-Druck für alle

4

4.1 Auch ohne CAD-Ausbildung ....

Der Wunsch, eigene Ideen dreidimensional mit Hilfe von 3D-Druck umzusetzen, wird eine immer größer werdende Öffentlichkeit finden. Jedoch werden nicht nur Technik-affine Personen wie zum Beispiel Ingenieure oder Modellbauer sich für dieses Verfahren begeistern. Deshalb wird es zunehmend wichtiger werden, dass die zur Verfügung stehenden Design-Tools einfach zu bedienen sind. Nicht jeder hat Lust und Zeit, ein professionelles CAD-Programm zu erlernen.

Recherchen von Wohlers Associates ergaben, dass weltweit weniger als 3 Mio. kommerzieller CAD-Lizenzen genutzt werden, erklärt Terry Wohlers, Gründer und Chef der US-amerikanischen Beratungsfirma Wohlers Associates, in einem Artikel für das Online-Magazin Time Compression im Juni 2011. Dies bedeute, dass nur ein Bruchteil der Weltbevölkerung professionelle CAD-Software nutze. Obwohl heute nahezu jeder Zugang zu einem PC hat, fehlen den meisten die Möglichkeiten, um selbst dreidimensionale Modelle zu zeichnen.

Nicht zuletzt aus diesem Grund lassen Firmen wie die 3D-Druck-Dienstleister Shapeways, i.materialise oder Ponoko Web-basierte „Creator"-Tools programmieren, welche dem durchschnittlichen Anwender die Möglichkeit schaffen, ein eigenes Modell zu entwerfen oder ein bereits vorhandenes zu verändern.

Als Beispiel dafür sei hier Shapeways genannt. Die in Eindhoven/Niederlande gegründete Royal-Philips-Electronics-Tochter bietet als Dienstleister für 3D-Druck verschiedene Verfahren wie zum Beispiel selektives Lasersintern, Stereolithographie oder Fused Deposition Modeling an. Produziert werden die Modelle mit Anlagen der bekannten Hersteller von Rapid-Prototyping-Maschinen.

Das Unternehmen ermöglicht selbst Anwendern ohne Erfahrung im dreidimensionalen CAD-Zeichnen die Gestaltung von personalisierten 3D-Objekten. Mit dem Web-basierten „Creator"-Tool können schnell und einfach Produkte entworfen werden. Als Vorlage für sein Modell kann ein Kunde zum Beispiel ein Bild mit dem „Creator"-Tool auf der Webseite hochladen. Das „Creator"-Tool wandelt daraufhin die Datei automatisch in ein 3D-Modell um.

Im nächsten Schritt kann der Kunde das Modell seinen eigenen Vorstellungen entsprechend weiterbearbeiten. Beim Bearbeiten hilft ein Online-Tutorial. Der „Creator" bietet unterschiedliche Schwierigkeitsgrade, sodass sich bei Erstnutzern

P. Fastermann, *3D-Druck/Rapid Prototyping*, X.media.press,
DOI 10.1007/978-3-642-29225-5_4, © Springer-Verlag Berlin Heidelberg 2012

schnell Erfolge einstellen. Um ihn in seiner Grundfunktion zu nutzen, sind tatsächlich überhaupt keine 3D-Modellier- oder Softwarekenntnisse erforderlich. So kann ein Kunde zum Beispiel einfach einen Text oder ein Gedicht eintippen, welches personalisiert auf einer als Vorlage gestellten Lampe dreidimensional erscheint.

Dienstleister wie Shapeways beschränken sich nicht nur auf die Fertigung, sondern bieten gleichzeitig einen Shop, in welchem Kunden ihre eigenen Entwürfe feilbieten können.

Zusätzlich stellen viele Dienstleister in einer Datenbank fertige und getestete Standardteile bereit, die sich herunterladen lassen und in die eigenen Modelle integrierbar sind.

Populäre Anwendungen von 3D-Druck verbreiten sich nicht nur zunehmend, sondern werden auch immer preisgünstiger. Andreas Donath stellt auf der Webseite von www.golem.de in dem Artikel „Fotos aus dem 3D-Drucker" ein Produkt vor, das sich bei einer breiten Masse auch ohne jede Kenntnis von Technik großen Zuspruchs erfreuen könnte:

Das Unternehmen Miniature Moments aus Großbritannien stellt aus beliebigen Fotos, welche Kunden über Webinterface hochladen können, sogenannte „Miniature Moments" her: Aus den zweidimensionalen Fotos werden mit Hilfe eines Algorithmus dreidimensionale Modelle erstellt und mit einem 3D-Drucker in einem transparenten Kunststoff ausgedruckt.

Das Bearbeitungsprogramm von Miniature Moments erzeugt zunächst aus dem Foto ein grobes Pixelraster und analysiert die verschiedenen Helligkeitsstufen des Bildes, die anschließend mit einem Programm zu einem Relief umgewandelt werden. Auf Grund der unterschiedlichen Wandstärken des ausgedruckten Objekts und damit der unterschiedlichen Lichtdurchlässigkeit kann der Betrachter das Bild erkennen, sobald Licht von hinten auf die Platte fällt. Dunkle Bildbereiche werden dicker, helle Bereiche werden sehr flach ausgedruckt. Dadurch ergibt sich ein plastischer Effekt. Das Motiv des Bildes lässt sich erkennen, obwohl nicht einmal in Farbe gedruckt wird. Diese Reliefs sind winzig (circa 46 x 37 mm – ungefähr die Größe eines Passbilds) und wiegen gerade einmal 5 Gramm. Schon im Biedermeier waren recht ähnliche Miniaturen sehr beliebt. Diese wurden damals aus Porzellan gefertigt.

Spannend für werdende Eltern ist die Möglichkeit, sich mit 3D-Druck noch während der Schwangerschaft ein Abbild ihres Babys ausdrucken zu lassen. Das bietet der deutsche 3D-Druck-Dienstleister Realityservice GmbH auf seiner eigens für diesen Service eingerichteten Webseite da-bin-ich.com an. Ein in der Frauenarzt-Praxis erstelltes 3D/4D-Ultraschall-Bild wird von dem Dienstleister in eine Volumendatei umgewandelt. Auf Grundlage dieser wird mit einem speziellen Polymer-Gips ein 3D-Modell des ungeborenen Kindes gedruckt. Auf Wunsch bietet der Dienstleister sogar an, die Büste – je nach Geschlecht – entweder rosa oder blau zu färben. Abbildung 4.1 zeigt eine Büste eines ungeborenen Kindes.

In Abb. 4.2 ist zu sehen, dass werdende Eltern ihr ungeborenes Kind auch kleiner als eine Büste – hier als Anhänger – dreidimensional ausgedruckt erhalten können.

Das Unternehmen i.materialise stellte im ersten Quartal 2011 eine neue Dienstleistung zur Erstellung von 3D-Daten vor: Der „Sketch to 3D" genannte Service

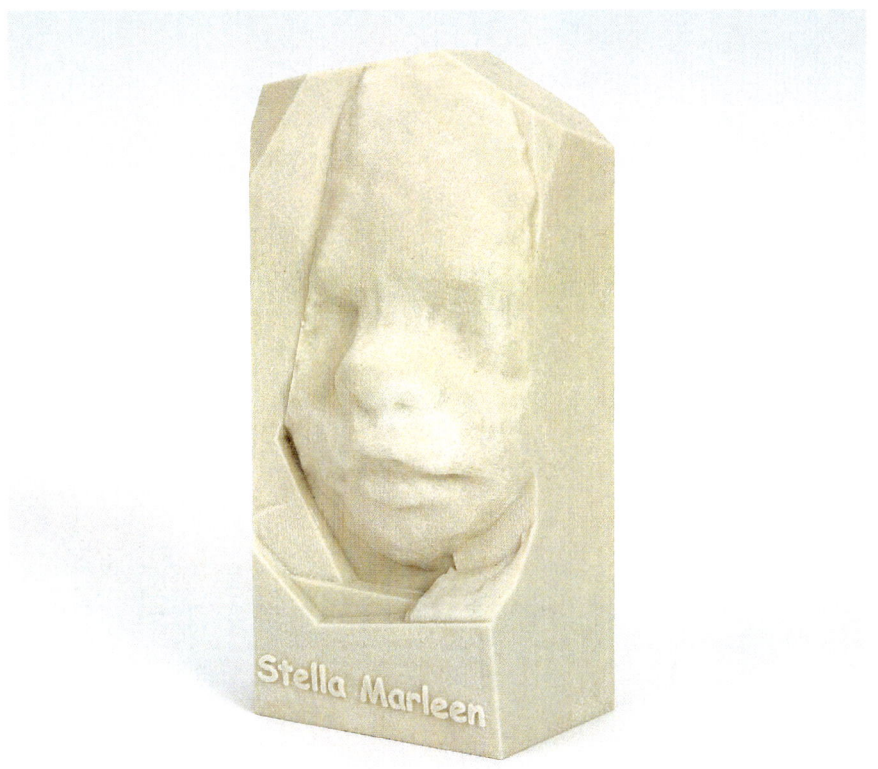

Abb. 4.1 Noch vor der Geburt können sich Eltern ein Abbild ihres Babys ausdrucken lassen,
Quelle: Realityservice GmbH

erstellt anhand von Kundenskizzen druckbare 3D-CAD-Dateien. Dafür muss vom
Kunden zunächst, durchaus auch freihändig, die Idee zu Papier gebracht werden.
Online wird diese dem Dienstleister übermittelt, damit ein CAD-Designer daraus
ein 3D-Modell zeichnen kann. Dieses wird dem Kunden noch einmal zur Begutach-
tung zugeschickt – oder, wenn er es wünscht, sofort ausgedruckt.

Da die Dienstleistung sehr preisgünstig ist, ist auch dies wieder eine gute Möglichkeit, 3D-Druck einer breiten Masse zugänglich zu machen, deren größtes
Hemmnis es zurzeit noch ist, selbst dreidimensionale Modelle zu erstellen. So kann
wirklich jeder, der eine Idee hat, zum Hersteller werden.

Aber auch selbst zu modellieren ganz ohne CAD-Kenntnisse soll mit der Online-
Software EndlessForms Laien zunehmend leichter gemacht werden. Stephen Cass
schreibt in einem Artikel in Heise.online/Technology Review über die Forschungs-
gruppe rund um Hod Lipson an der Cornell University in den USA, die sich mit der
neuen Software beschäftigt:

Abb. 4.2 Das erwartete
Kind mit Vorfreude als
Anhänger immer dabei,
Quelle: Realityservice
GmbH

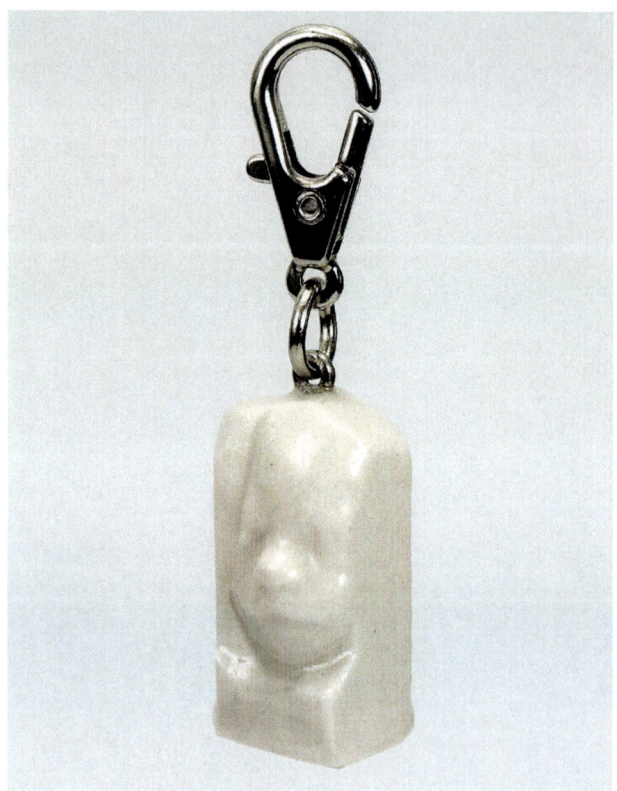

Im Unterschied zu herkömmlichen CAD-Programmen benötige ein Nutzer von
EndlessForms keine Kenntnisse zu Modellierung oder Computergrafik. Mit der
Software könne er sofort anfangen, indem er aus einer Galerie einige 3D-Formen
auswähle und dann auf „evolve" (Englisch für „entwickeln") klicke. Die Software
kombiniert und variiert diese Ausgangsformen und bildet daraus neue Formen, die
dem Nutzer präsentiert werden. Der kann diesen Prozess so lange wiederholen, bis
in einer Art von Form-Evolution ein 3D-Objekt entstanden ist, das seiner Idee am
nächsten kommt. Das Modell kann er sich anschließend bei einem Dienstleister
ausdrucken lassen.

Hod Lipson und seine Mitarbeiter haben die Idee entwickelt. Sie setzten bereits
vor Jahren die Prinzipien von Mutation und Selektion zur Formentwicklung im
Rechner ein. Frühere Versuche hätten jedoch Gegenstände hervorgebracht, die nicht
natürlich ausgesehen hätten.

Gegenwärtig sei EndlessForms noch ein Prototyp mit einer eingeschränkten
Anzahl von Formen. Um den Rechenaufwand gering zu halten, bestünden die
3D-Modelle nur aus relativ wenigen Voxeln. Der Begriff „Voxel" setzt sich zusammen aus „volumetric" und „pixel". In der 3D-Computergrafik bezeichnet Voxel
einen Datenpunkt einer dreidimensionalen Rastergrafik, sozusagen den kleinsten
Würfel, aus dem die Objekte zusammengebaut werden. Das entspricht einem Pixel
in einem Foto.

Stephen Cass erklärt, dass ein Anwender, der zum Beispiel einen Schmetterling aus den Ausgangsformen entwickeln wolle, sehr viel Geduld haben und viele Zwischenschritte durchlaufen müsse.

Es ist jedoch auch für EndlessForms geplant, dass Nutzer in einer späteren Version ihre eigenen 3D-Modelle in die Software einlesen können. Als Beispiel wird eine Sonnenbrille genannt, die sich mittels eines 3D-Scanners in ein Modell umwandeln und deren Aussehen sich mit Hilfe von EndlessForms individuell verändern ließe.

Zum Thema „Scannen" finden Sie in diesem Buch an späterer Stelle ein eigenes Kapitel, sodass ich an dieser Stelle nicht weiter darauf eingehen werde.

4.2   … und „Maker" Movement

Das US-amerikanische Unternehmen MakerBot Industries, ein Hersteller von 3D-Druckern, hat mit der Webseite Thingiverse.com eine Open-Source-Plattform für Bastler und ein Do-it-Yourself-Publikum geschaffen. Diese haben die Möglichkeit, auf dieser Webseite ihre selbst produzierten 3D-Daten zu veröffentlichen und mit anderen Nutzern auszutauschen. Thingiverse.com ist damit eine offene Datenbank für CAD-Dateien von 3D-Modellen, die sich mit Hilfe von CNC-Technik/3D-Druck umsetzen lassen. Die Tauschbörse von MakerBot ist natürlich längst nicht mehr die einzige: So gibt es unter anderem noch Shapeways, Cubify, Google Warehouse oder Mongasso – und es werden immer mehr.

Dieses Phänomen im Bereich 3D-Druck lässt sich meiner Einschätzung nach durchaus vergleichen mit anderen Open-Source-Initiativen, wie zum Beispiel der Open-Source-Software Blender, dem Betriebssystem Linux oder der Online-Enzyklopädie Wikipedia. Der Grundgedanke dahinter scheint oft der einer Demokratisierung – dadurch dass alle, die möchten, teilhaben können. Nicht zuletzt erleichtert MakerBot Industries das durch seinen preisgünstigen 3D-Drucker Thing-O-Matic, eine Maschine, die sich vom Nutzer selbst zusammenbauen lässt.

Während die Thingiverse-Gemeinschaft immer weiter wächst, wird auch das Angebot an Modellen zur eigenen Produktion zunehmend größer.

So stellte der MakerBot-Firmengründer Bre Pettis sogar einen selbst entworfenen Diamanten vor. Dieser beeindruckt besonders durch seine scharfen Winkel, welche eine Herausforderung für die einfachen MakerBot-3D-Drucker sind. Eine druckbare Datei des Diamanten ist bei Thingiverse eingestellt, sodass jeder, der Lust hat, sich diesen selbst ausdrucken oder ausdrucken lassen kann. Das haben offensichtlich schon viele getan und dabei auch immer wieder Fotos ihrer unterschiedlichen, aber meist recht guten Ergebnisse veröffentlicht.

Besonders bedeutend ist die Thingiverse-Community selbst, die täglich neue Modelle einstellt, welche einen Eindruck über die möglichen Entwicklungen der Zukunft und die Massenverbreitung von 3D-Druck vermitteln. Ob es Vorschläge zum Selbstbauen von Lampen sind oder auch die allen frei zur Verfügung gestellten Baupläne zum Druck von Spielsachen – die Möglichkeiten erscheinen einfach grenzenlos.

Im September 2011 startete MakerBot eine als wöchentlich geplante YouTube-Serie über den 3D-Drucker, welche auch Einblick in das Thema Thingiverse ermöglichte. Moderiert wurde diese von Annelise Jeske. Zunächst wurde in der ersten Serie gezeigt, wie Personen mit Hilfe des 3D-Scanners eingescannt werden, um sie später auszudrucken – und wie man das Modell eines Schwerts aus Thingiverse lädt und druckt.

Im Oktober 2011 rief das MakerBot-Fernsehen einen Wettbewerb aus, dessen Ernsthaftigkeit vielleicht nicht garantiert ist, der aber in jedem Fall wieder den Teilnehmern einen großen Spaß verschafft: Zusammen mit dem Künstler Miles Lightwood wurde das „Project Shellter" bekannt gemacht. Community-Mitglieder sollen ein Haus (Shelter: Asyl, Obdach, Zuflucht – für den Wettbewerb absichtlich mit doppeltem „ll" für Shell: Muschel, Schale = Haus des Krebses im Sinn eines Wortspiels geschrieben) für Einsiedlerkrebse (hermit crabs) designen.

Einsiedlerkrebse sind auf Grund ihres weichen Hinterleibs darauf angewiesen, ihren Schutz vor Fressfeinden in Muscheln, Schneckenhäusern oder ähnlichen hohlen Gegenständen zu suchen. Weil das Angebot daran immer knapper wird, wurde der Wettbewerb ausgedacht, mit 3D-Druck den Einsiedlerkrebsen zu neuen „Häusern" zu verhelfen. Da das „Project Shellter" auch auf Facebook Verbreitung findet, braucht MakerBot sich um die Öffentlichkeit für diese Idee – auch wenn sie eher ein Spaß- und Kunstprojekt ist – keine Sorgen zu machen.

Ende Januar 2012 wurde auf der Webseite von MakerBot Industries berichtet, dass ein Einsiedlerkrebs namens „Paris Shellton" sein erstes 3D-gedrucktes Obdach bezogen habe. Diese Einfälle lassen sich fortführen und werden selbstverständlich von einer großen Fan-Gemeinde verfolgt.

Im November 2011 waren die sich (s. Abb. 4.3) zu spaßiger Klanguntermalung bewegenden bunten 3D-gedruckten Eichhörnchen im MakerBot.TV zu sehen.

Durch so etwas wird eine Maschine personalisiert und sympathisch gemacht. Genau das scheint das Ziel von MakerBot zu sein, die in den USA jetzt verstärkt mit einem Bildungsprogramm ihre Drucker an Schulen zu bringen versuchen. Gerade auch an Schulen mit jüngeren Kindern, damit diese schon möglichst früh den Umgang mit den Produktionsmethoden der Zukunft lernen.

Im Bildungsbereich gewinnt der Einsatz von 3D-Druckern immer größere Bedeutung – und um etwas zu drucken, muss nicht jedes Kind eine CAD-Ausbildung erhalten.

In jedem Fall ist – wie Thingiverse und MakerBot zeigen – der Spaßfaktor der kreativen Gemeinschaft keineswegs zu unterschätzen. Der Spaß an der ganzen Sache und die Möglichkeit, dass jeder ein Designer sein kann, wird mit Sicherheit dazu beitragen, dass 3D-Druck sich in der Zukunft noch schneller in der gesamten Gesellschaft verbreitet.

Das britische Wochenmagazin „Economist" geht im Dezember 2011 (Artikel im Economist Technology Quarterly: More than just digital quilting) sogar schon so weit, von einem „maker" movement – einer „Macher"-Bewegung zu schreiben. Nicht allein sei es möglich, dass auf dieser Grundlage ein ganz neuer Ansatz dazu gefunden werden könnte, Naturwissenschaften zu lernen, schreibt das Magazin. Diese Art, Innovationen zu fördern könnte sogar eine neue industrielle Revolution anstoßen.

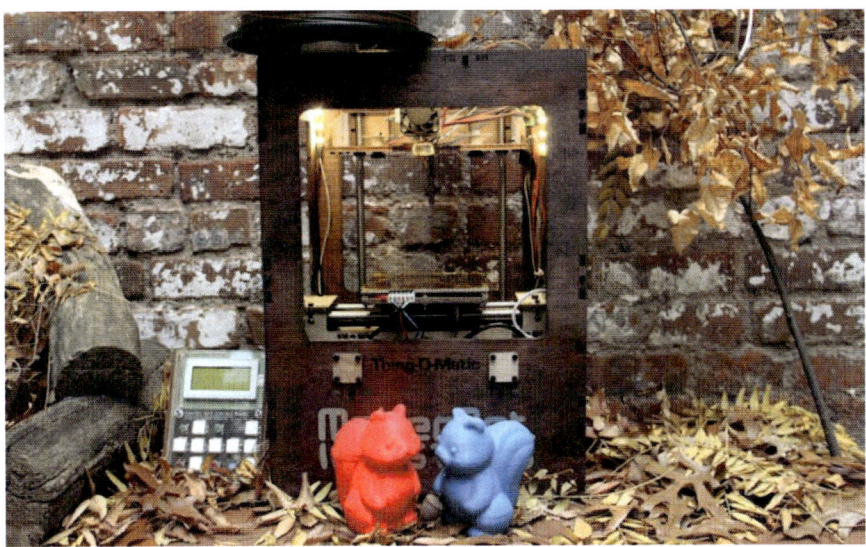

Abb. 4.3 3D-gedruckte bunte Eichhörnchen auf MakerBotTV, Quelle: MakerBot Industries

Hierzu als Beleg nennt der Economist den „Maker Faire", der im September 2011 in New York stattfand. Auf der Webseite von makerfaire.com wird das zweitägige Event von den Veranstaltern selbst als der Welt größtes Do-it-Yourself-Festival bezeichnet. Der Economist stellt die Veranstaltung als eine Art futuristische Handwerksmesse dar, bei der es um das Selbstherstellen gehe. Zumeist mit der Unterstützung von Open Source.

Unter anderem schreibt der Economist auch über den auf dem „Maker Faire" präsenten MakerBot, der das Produkt einer Start-up-Firma mit Sitz in New York sei. Nicht zuletzt dank der Beteiligung der zahlreichen von Open Source profitierenden „Macher" werde die Qualität der Objekte des preisgünstigen 3D-Drucks immer besser. Selbst Upgrades seien schon von Nutzern vorgeschlagen worden, sodass es eine Rückkopplung und damit eine Selbstverstärkung der Entwicklung gibt.

Alexandra Dean zitiert Anfang 2012 in einem Bloomberg-Business-Week-Artikel Jeremy Rifkin, Wirtschaftswissenschaftler an der Wharton School der Business School an der University of Pennsylvania, USA, mit folgender Aussage: Das „Maker" Movement sei so bedeutend wie der Schritt der Veränderung von der Landwirtschaft zur frühen Industrialisierung.

4.3   Bewegliche Teile drucken

Wollte man Geräte mit beweglichen Bauteilen – wie Rädern, Wellen oder Schiebern – produzieren, so war es in der Vergangenheit nahezu immer notwendig, diese aus einzelnen Bauteilen zusammenzusetzen. Oft sind die Verbindungen der so zusammengesetzten Bauteile die Schwachstellen, an denen das Bauteil später versagt. Mit

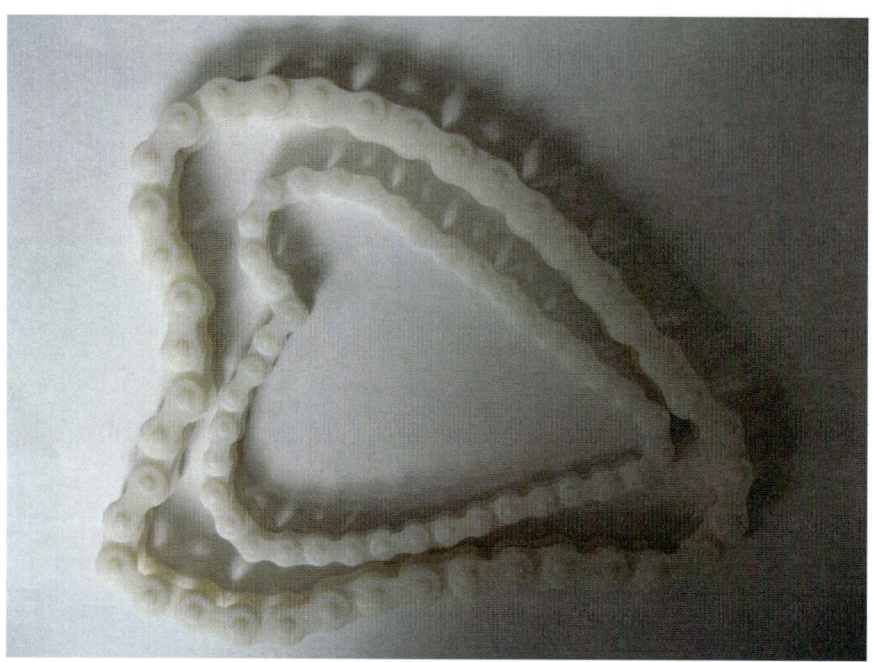

Abb. 4.4 In einem Stück gedruckt – Ketten ohne Schloss, Quelle: Fasterpoly

dem 3D-Druck-Verfahren wird es plötzlich möglich, bewegliche Teile in einem Fertigungsschritt und fertig montiert herzustellen.

Bewegliche Teile zu drucken, die nicht erst nachträglich zusammengefügt und montiert werden müssen, ist auch längst nicht mehr nur Firmen und Wissenschaftlern mit großen Projekten vorbehalten – zu großen Projekten siehe das Kapitel „3D-Druck als Zukunftstechnologie", Unterpunkt „3D-Druck in der Luft- und Raumfahrt". Mit einem bürotauglichen 3D-Drucker, der nicht größer als ein Fotokopierer ist und auf einem Schreibtisch Platz finden könnte, wurden zum Beispiel mit dem PolyJet-Verfahren die beiden Endlos-Ketten ohne Schloss gedruckt, welche in Abb. 4.4 zu sehen sind.

Sie wurden jeweils als eine einzige Datei auf die Druckplattform gelegt. Umhüllt von Stützmaterial – wie es zuvor schon am Beispiel des produzierten Teufels gezeigt wurde – konnten die fertigen Objekte von der Druckplatte abgelöst werden. Notwendig war lediglich noch die Nachbearbeitung – insofern als das Stützmaterial entfernt werden musste.

Obwohl in einem Stück gedruckt, bestehen die Ketten aus einzelnen zueinander beweglichen Gliedern. Sie sind mit einem erschwinglichen 3D-Drucker gedruckt worden. Die Ketten sind nicht, wie sonst üblich, aus Einzelteilen zusammengesetzt und vernietet, auch ist ein Kettenschloss nicht erforderlich und somit nicht vorhanden. Abbildung 4.5 zeigt die Ketten noch einmal in der Nahansicht.

Weltweit vertreibt das Unternehmen Objet 3D-Drucker, die funktionelle Prototypen herstellen können. So wurde mit einem größeren Drucker von Objet – der

Abb. 4.5 Noch einmal die
Ketten in der Nahansicht,
Quelle: Fasterpoly

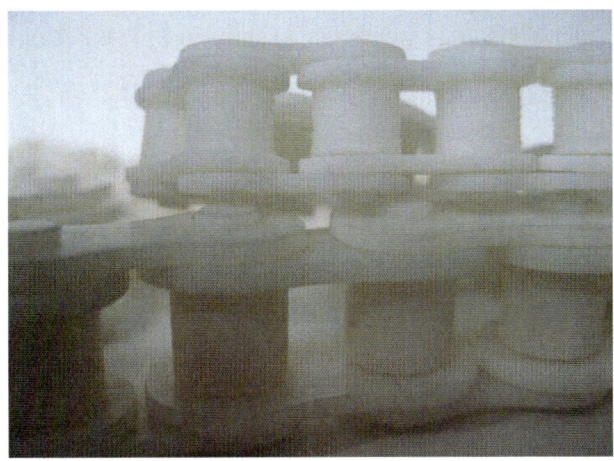

Abb. 4.6 Der in
einem Stück gedruckte
Klapphocker von Objet,
Quelle: Objet Ltd.

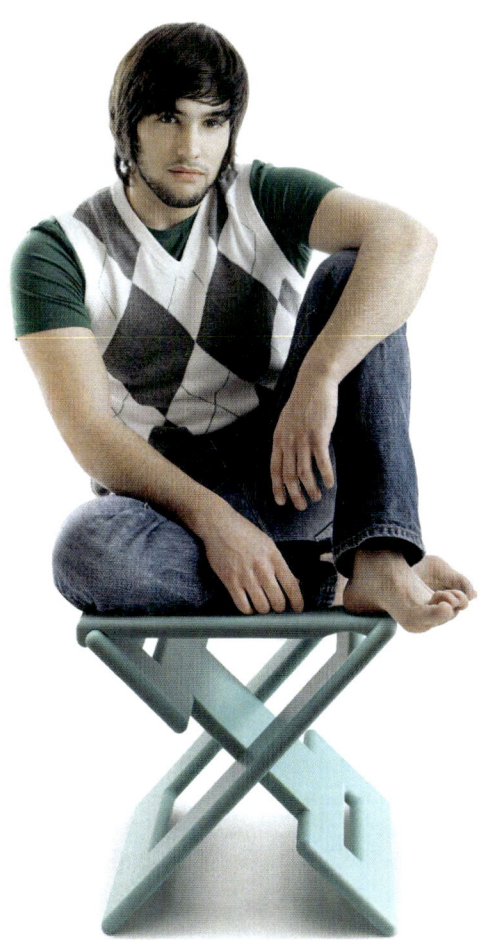

Connex-500-Maschine – ein Klapphocker produziert, der eine Tragfähigkeit von 100 Kilogramm hat. Auch dieses Bauteil wird in einem Stück gedruckt und bedarf keiner nachträglichen Montage. Es muss lediglich gereinigt werden, bevor man auf ihm Platz nimmt. Die Sitzhöhe beträgt 48 Zentimeter über dem Boden. Dieser in Abb. 4.6 gezeigte Hocker wird aus einem ABS-ähnlichen Material hergestellt. Das Material weist eine hohe Festigkeit und Temperaturbeständigkeit auf. Laut der Firma Objet können mit diesem Material technische Kunststoffe simuliert und Funktionstests durchgeführt werden.

Um die Festigkeit des Materials zu demonstrieren, hat Objet auch schon einen damit gedruckten Baseballschläger vorgestellt. Der aus ABS-ähnlichem Material gedruckte Baseballschläger bewies beim Einsatz im Testvideo eine große Schlagkraft, wird aber wohl ein Prototyp bleiben: In der Regel werden Baseballschläger aus Holz oder Aluminium gefertigt.

4.4   In Farbe drucken

Farbig zu drucken kann sehr nützlich sein. Es ist zum Beispiel sinnvoll, Teile mit unterschiedlicher Funktion damit zu kennzeichnen. Außerdem wäre es sehr bequem, ein Objekt schon fertig in den erwünschten Farben vom Drucker produziert zu bekommen, weil dadurch eine aufwendige nachträgliche Lackierung entfallen würde.

Die Farb-3D-Drucker der ZCorporation arbeiten mit dem Pulverdruckverfahren. Als Ausgangsmaterial dient ein sehr fein zermahlenes Pulver, das im Wesentlichen aus Gips und Kunstharzen besteht. Das Material ist in seiner Beschaffenheit vergleichbar mit handelsüblicher Spachtelmasse.

Ganz wie die Spachtelmasse zu Hause, bindet das Druckpulver durch Zugabe einer wässrigen Lösung zu einem festen, aber spröden Werkstoff ab. Das Druckpulver wird im Bauraum automatisch mit einem Abstreifer oder einem Rakel zu einer gleichmäßigen und schön glatten Fläche verteilt.

Im Drucker befindet sich die Bindeflüssigkeit in einem Tank, welcher über ein Schlauchsystem mit einem Druckkopf verbunden ist. Der Druckkopf funktioniert ganz ähnlich wie der von üblichen Tintenstrahldruckern, wie sie heute millionenfach im Einsatz sind: Die Flüssigkeit – sei diese nun Tinte oder Bindemittel – befindet sich in kleinen Kammern hinter den Düsen. Aus den Kammern wird die Flüssigkeit genau kontrolliert durch Hitze oder einen kleinen Stößel auf das Papier oder in den Gips als kleines Tröpfchen gespritzt.

Färbt die Tinte beim heimischen Drucker nur das Papier ein und trocknet schnell ab, so wird beim Pulverdrucker durch die Bindemitteltröpfchen das Gipspulver an den bedruckten Stellen hart. Im Gegensatz zum Tintenstrahldrucker muss beim Pulverdrucker der Druckkopf nicht nur seitwärts bewegt werden, sondern auch in die Tiefe, da der Bauraum mit dem Pulver nicht so einfach verschoben werden kann wie das Blatt Papier im Tintenstrahldrucker.

Sind alle Strukturen einer Bauschicht gedruckt, wird der Bauraum um eine Schichtdicke in die Tiefe abgesenkt und es wird automatisch eine neue hauchdünne

Schicht frisches Gipspulver mit einem Rakel verteilt und glatt gestrichen. Jetzt kann wieder eine neue Schicht gedruckt werden. Die Menge an Bindemittel ist so berechnet, dass die einzelnen gedruckten Schichten sich miteinander verbinden und ein dreidimensionales Objekt formen. Überstehende Strukturen können problemlos gedruckt werden, denn sie werden durch das darunter liegende Pulver gehalten.

Verwendet man statt einer einfarbigen Bindeflüssigkeit die aus dem Vierfarbdruck bekannten Grundfarben Cyan, Magenta, Gelb und Schwarz (CMYK), so wird der Druck von vielfarbigen Modellen möglich. Der 3D-Drucker hat dazu vier Vorratstanks und vier getrennte Druckköpfe – einen für jede Farbe. Genau so, wie es ein normaler Tintenstrahldrucker auch hat. Je nach Güte der verwendeten Pigmente im Bindemittel lässt sich so eine recht ordentliche Farbwiedergabe erreichen.

Die Qualität kann zwar nicht ganz mit den heute üblichen Bürodruckern mithalten, besonders an Farbtrennkanten ist die Trennschärfe nicht immer überzeugend. Diesen Nachteil wiegt aber der Vorteil der Vollfarbigkeit zur Visualisierung von Baugruppen, lebensechten Figuren oder der direkten Ausgabe der Produktgestaltung, auch von Textaufdrucken, auf. Aufwendige Lackierung und Beschriftung kann so entfallen.

Auch wenn es die Hersteller oft anders versprechen: Eine allzu hohe Anforderung an Farbtreue sollte man dennoch nicht haben. Nach Herstellerangaben können moderne 3D-Drucker farbige Modelle in 24-Bit-Farbtiefe erstellen. Die Aussage ist zwar werbeträchtig, aber die Farbmodelle, die ich bisher gesehen habe, haben mich nicht ausreichend überzeugt.

Die Qualität der auf fertigen Modellen teilweise blass und unscharf aussehenden Farben lässt sich jedoch durch Polieren und Nachbehandeln verbessern. Zumeist ist die Farbschicht etwa 1 mm in das Bauteil hineingedruckt, sodass sich die Farbgebung beim Schleifen des Modells nicht verändert. Zudem empfiehlt es sich, die fertigen Objekte zusätzlich mit UV-Lack zu behandeln, weil sie so vor dem Ausbleichen geschützt werden können.

Typisch für die im Pulverdruck hergestellten Objekte sind die körnige, raue Oberfläche und die spröde, bruchempfindliche Materialbeschaffenheit. Die Objekte werden deshalb oft nach dem Druck in einem Bad, ähnlich einem Sekundenkleber, getränkt (= infiltriert) und können anschließend poliert werden.

Das Drucken in unterschiedlichen Farben muss vor dem Druck bereits im 3D-Modell definiert werden. Es ist jedoch nicht immer unproblematisch, farbige Modelle zu erzeugen. Der Grund dafür ist, dass es zu Schwierigkeiten mit der Schnittstelle zum STL-Dateiformat kommen kann. Die STL-Datei enthält nur eine Triangulation, also die Form des CAD-Modells, aber leider keine Farbinformationen.

Um eine STL-Datei doch noch farbig zu drucken, bietet die ZEdit-Software der ZCorporation eine Lösung: Wenn die STL-Datei in die Bearbeitungssoftware eingelesen wird, wird sie farblich druckbar. Das heißt: Die ZEdit-Software kann nachträglich einfärben.

Von Anfang an für den Mehrfarbdruck verwendbar sind die Dateiformate 3DS, .WRL (VRML), .PLY, ZPR und andere Formate, welche Farbinformationen enthalten. Natürlich muss die Farbinformation auch in der CAD-Software bei der Konstruktion berücksichtigt werden. Nicht alle CAD-Programme erlauben beispielsweise unterschiedliche Farben in einem Körper, hier spielen 3D-Design-Programme ihre Stärke aus. Aber auch Open-Source-Software, wie zum Beispiel Blender, ermöglichen den 3D-Farbdruck.

Bei den Kunststoffdruckern werden von vornherein unterschiedlich eingefärbte Ausgangsmaterialien verwendet – die einfarbigen Standardfarben der jeweiligen Hersteller. Das bedeutet: Ein Hersteller bietet zum Beispiel als Standardfarben Blau, Schwarz, Weiß und Grau an. Der Drucker arbeitet dann immer mit der Farbe, mit welcher er gerade befüllt worden ist. Das ist sicher sehr gut, wenn man über mehrere Drucker verfügt, von denen zum Beispiel einer immer in Schwarz, der andere immer in Weiß druckt.

Wenn man nur über einen Drucker verfügt, ergibt sich folgende Schwierigkeit: Durch das Reinigungsverfahren, das beim Materialwechsel von einer Farbe zur anderen erforderlich wird, kann sehr viel Materialausschuss entstehen. Wechselt man vom Drucken in Weiß zum Drucken in Schwarz, ist das kein Problem. Umgekehrt aber hat man den Fall, dass beim Wechsel vom Drucken in Schwarz zum Drucken in Weiß wirklich alle Rückstände von Schwarz aus den Schläuchen und Druckköpfen restlos entfernt sein müssen. Andernfalls erhält man nach diesem Farbwechsel bei den gedruckten Modellen kein Weiß, sondern eine Art schmutziges Grau. Bei dem Reinigungsverfahren, einer Art „Durchspülverfahren", entsteht so stets Materialverlust, der einkalkuliert werden muss.

Alternativ dazu gibt es auch 3D-Drucker mit zwei Materialdruckköpfen, bei denen aus weißem und schwarzem Kunststoff auch Grautöne gemischt werden können.

Auf MakerBotTV wurde im Oktober 2011 gezeigt, wie der 3D-Drucker des Unternehmens mit Hilfe eines zweiten Extruders und einer zweiten Steuereinheit ein Modell gleichzeitig in zwei Farben herstellen kann. Bei den Spaßmodellen, die dabei entstehen, kann man den Wunsch nach Buntem manchmal nachvollziehen.

In Abb. 4.7 ist der preisgekrönte R. Maker zu sehen, der in einem Wettbewerb zum offiziellen MakerBot-Maskottchen ernannt wurde. Sein Schöpfer: ErikJDurwoodII, der ihn auch auf Thingiverse eingestellt hat.

Es fragt sich jedoch, ob es wirklich immer notwendig ist, in Farbe oder gar in mehreren Farben zu drucken. Für Prototypen und Urmodelle ist ein neutrales einfarbiges Material zumeist völlig ausreichend. Hinzu kommt, dass die überwiegende Zahl der standardmäßig verwendeten Bau-Materialien sich mit handelsüblichen Acrylfarben lackieren lässt. Durch eine Lackierung wird in der Regel die Haltbarkeit des gedruckten Modells erhöht, weil das Modell durch die Lackschicht „eingeschlossen" wird. Das ist bei einigen Bau-Materialien nützlich, weil so verhindert werden kann, dass diese mit der Zeit Feuchtigkeit aufnehmen und sich dabei verformen können oder spröder werden. Hinzu kommt, dass eine Lackierung die Modelle vor Alterung durch UV-Licht schützt.

Inzwischen gibt es sogar schon 3D-Laser-Scanner von der ZCorporation, welche in der Lage sind, für den Mehrfarbendruck nicht nur die Geometrie, sondern auch die Farben und Texturen der zu druckenden Modelle zu erfassen.

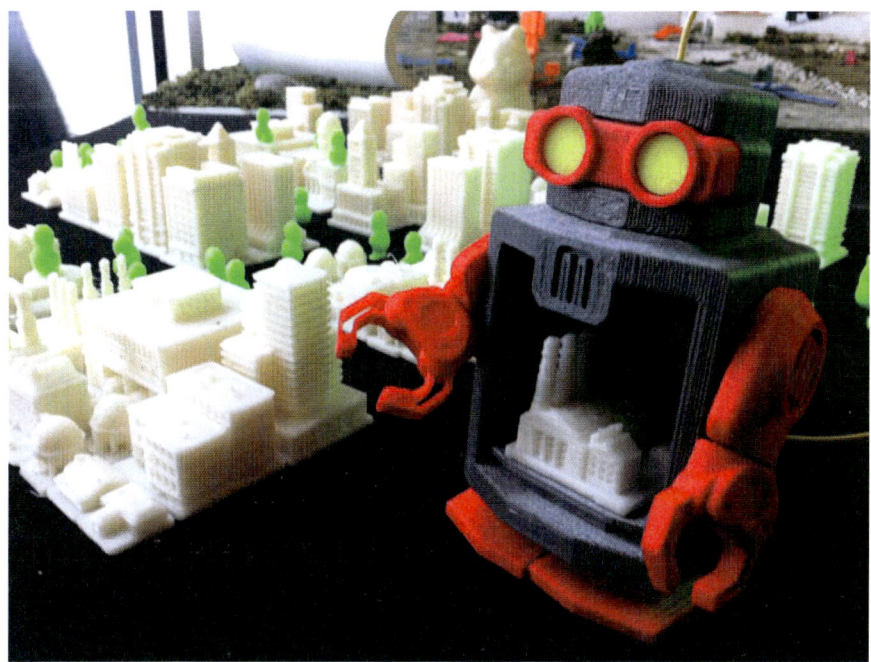

Abb. 4.7 Das 3D-gedruckte MakerBot-Maskottchen, Quelle: MakerBot Industries

4.5   RepRap – der 3D-Drucker, der seinen Nachfolger selbst druckt

Der RepRap erlangte als 3D-Drucker, der für das Rapid Prototyping verwendet werden kann, besondere Bekanntheit dadurch, dass er alle zu seinem Bau notwendigen Kunststoffbauteile auch selbst herstellen kann. Der Name RepRap ist die Kurzform für **Rep**licating **Rap**id Prototyper, übersetzt wäre das der sich selbst replizierende 3D-Drucker. Er kommt damit der Idee einer sich selbst vervielfältigenden Maschine ein Stück näher.

Die Pläne für die Maschine und die nötige Software stehen unter der GNU Public License, diese ist eine von der Free Software Foundation – FSF – veröffentlichte Software-Lizenz mit Copyleft für die Lizenzierung von freier Software. Der Brite Adrian Bowyer entwickelte den RepRap, der als erster Open-Source-3D-Drucker bekannt wurde. Durch den Open-Source-Ansatz kann jeder, der es möchte, den RepRap nachbauen, verändern, verbessern und als Basis für eigene Entwicklungen nutzen.

Bowyer, der an der Universität Bath Maschinenbau lehrt, stellte im Jahr 2004 zum ersten Mal die Idee zu der Maschine mit dem Aufsatz „Wealth without money" (Reichtum ohne Geld) vor. Grundgedanke dieser Art von Manifest war, dass – wenn jeder die Möglichkeit hätte, einen solchen Drucker zu benutzen – jeder Einzelne die Dinge, die er braucht, selbst herstellen könnte. Dies würde den Menschen zu Reichtum verhelfen, ganz ohne Abhängigkeit von der Industrie.

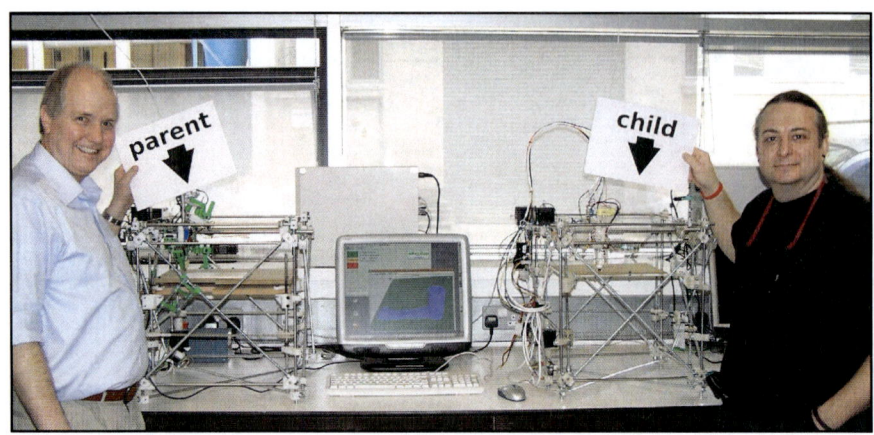

Abb. 4.8 Adrian Bowyer (links) und der RepRap mit Nachbau, Quelle: RepRap

Das Open-Source-Projekt zur Umsetzung der Idee wurde 2005 initiiert. In Abb. 4.8 zeigt Adrian Bowyer den RepRap mit Nachbau.

Im Jahr 2008 gelang es, dass der RepRap sich zum ersten Mal selbst replizierte, indem er die Teile für einen neuen RepRap baute.

Alle RepRaps sind nach Biologen benannt. Inzwischen gibt es von dem 3D-Drucker RepRap vier unterschiedliche Versionen.

Der erste RepRap trägt den Namen Darwin und ist nach dem Naturforscher Charles Darwin benannt. Der Namensgeber seines Nachfolgers Mendel ist Gregor Johann Mendel, ein Naturforscher, der die nach ihm benannten mendel'schen Regeln der Vererbung entdeckte und aus diesem Grund oft als „Vater der Genetik" bezeichnet wird. Abbildung 4.9 zeigt eine technische Zeichnung des RepRap „Mendel".

Prusa Mendel ist der verbesserte und zum Bauen vereinfachte Nachfolger von Mendel. Schließlich gibt es noch Huxley (benannt nach Thomas Henry Huxley, einem Biologen, Bildungsorganisator und Vertreter des Agnostizismus) – eine verkleinerte Version von Mendel, die sich durch die Verkleinerung noch schneller und kostengünstiger replizieren können lassen soll.

Clemens Gleich beschreibt in der „Welt" den RepRap als gehäuselose, offene Konstruktion – mit einem Zentrum aus zwei Teilen: mit dem Druckkopf und einer schrittweise absenkbaren Tellerplattform, auf der das Modell entsteht. Gedruckt wird mit geschmolzenen Kunststofffäden. Die Fäden haben normalerweise einen Durchmesser von 3 mm. Sie werden in dem heißen Druckkopf geschmolzen und von einem Extruder, ähnlich wie bei Spritzgebäck, auf die Druckplatte oder die vorhergehende Schicht gelegt, bis eine geschlossene Schicht entstanden ist.

Der Druckkopf wird dabei relativ zur Bauplattform mit Spindelführungen und Schrittmotoren bewegt. Die Baugeschwindigkeit hängt von der Schnelligkeit ab, mit der der Kunststoff geschmolzen wird und wieder erstarrt. Sobald eine Schicht fertig ist, senkt sich die Druckplatte ein Stück ab, damit die nächste Schicht

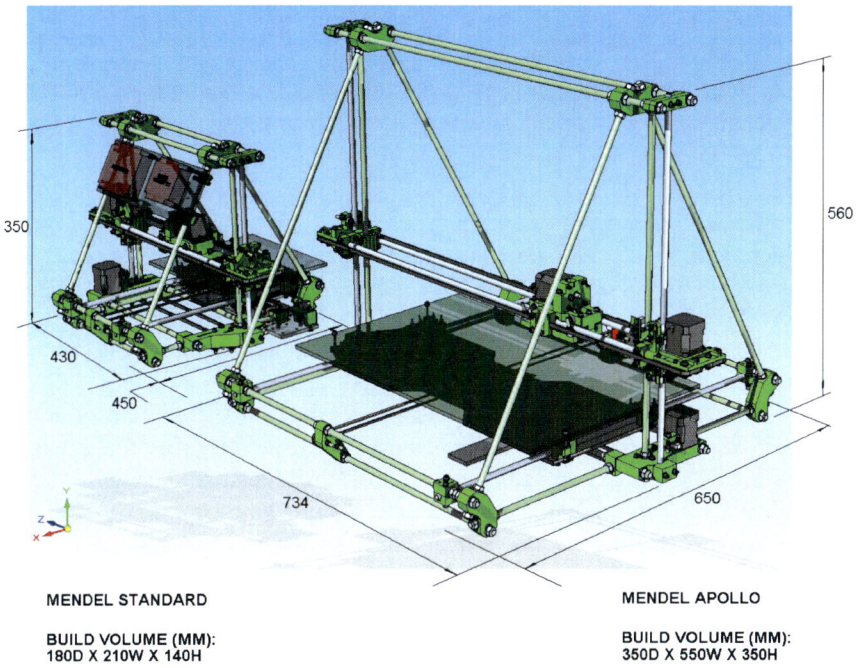

350

560

430

450

734   650

z ↑ Y
  └→ x

MENDEL STANDARD   MENDEL APOLLO

BUILD VOLUME (MM):   BUILD VOLUME (MM):
180D X 210W X 140H   350D X 550W X 350H

Abb. 4.9 Technische Zeichnung des RepRap "Mendel", Quelle: Wikipedia

geschmolzener Fäden gelegt werden kann. Die Oberfläche der fertigen Bauteile hat eine gestreifte Struktur, die gut glatt geschliffen werden kann. Die Genauigkeit hängt zum einen von der Positioniergenauigkeit der Schrittmotoren ab, zum anderen von der Schrumpfung des Kunststoffs beim Erkalten. Ein weiterer Faktor ist, wie gut die Abstimmung aus der Geschwindigkeit der Druckkopfbewegung und der Auspressgeschwindigkeit des heißen Kunststoffs ist. Die Festigkeit der Bauteile hängt von der Richtung ab, quer zu den Schichten ist sie höher als längs dazu.

Clemens Gleich stellt diesem Verfahren als Analogie die 3D-Puzzles der achtziger Jahre des vergangenen Jahrhunderts gegenüber: Bei diesen sei am Ende aus vielen übereinander gelegten Pappschichten ein Kopf oder ein Globus entstanden.

Bei dem Bau-Material, das verwendet wird, handelt es sich um Polylactide (das sind durch Wärmezufuhr verformbare Kunststoffe) oder ABS (ein synthetisches Terpolymer – das heißt: auch ein Kunststoff).

Weil die Materialkosten gering sind, sollte der RepRap einem breiten Markt zugänglich sein – das war die Philosophie von Adrian Bowyer. Dies funktioniert: Die Kunststoffteile stellt der 3D-Drucker selbst für die nachfolgende Maschine her, die restlichen dafür benötigten Teile, im Wesentlichen Normteile aus Metall, Motoren und die Steuerelektronik, sind nach Angaben der Entwickler für rund 400 EUR in gewöhnlichen Baumärkten und im Elektronikhandel zu erwerben.

In Chats und Foren finden sich unterschiedlichste Angaben dazu, wie lange es dauert, den RepRap-3D-Drucker selbst zusammenzubauen. Sie schwanken zwischen einem Tag und einer Woche. Ein Tag scheint sehr wenig und auch bei einer Woche muss man, trotz Anleitung, sicherlich ein gutes Maß an technischer Begabung haben. Am besten ist, man baut nicht allein, sondern teilt sich mit zwei oder drei anderen die Arbeit und tauscht das Know-how aus – dann sollte der 3D-Drucker recht schnell funktionstüchtig sein.

Da nicht jeder seinen 3D-Drucker komplett selbst bauen kann und möchte, gibt es mittlerweile einige Anbieter, die komplette Bausätze für den RepRap inklusive speziellen Werkzeugs verkaufen (zum Beispiel MakerBot) – oder, für einen entsprechend höheren Betrag, auch den bereits fertig montierten 3D-Drucker (zum Beispiel BitsFromBytes oder auch MakerBot).

Im Jahr 2008 wurde eine nicht-replizierende Version des RepRap „Darwin" unter dem Namen „RapMan" von dem Unternehmen BitsFromBytes als Bausatz angeboten. In Abb. 4.10 ist der RepRap „Darwin", Version 1, zu sehen.

Seit Mai 2011 vertreibt das niederländische Unternehmen Ultimaking Ltd. den Ultimaker, einen 3D-Drucker, der auch auf dem RepRap basiert.

Man kann sicher sein, dass es auf dem Gebiet des RepRap noch einige Entwicklungen geben wird – die Open Source erleichtert das. So waren im November 2011 schon Baupläne für den als Le BigRap 1.0 bezeichneten 3D-Drucker auf der Plattform von Thingiverse zu finden. Nach dem Prinzip des RepRap wurde eine Großversion des Druckers gebaut, der dazu in der Lage sein soll, Objekte von bis zu einem Kubikmeter auszudrucken. Sehr große Bauteile drucken zu können, ist ein immer wichtiger werdendes Thema. Die Entwickler der Maschine sind der Ansicht, dass es zukünftigen Anwendern möglich sein wird, auch diesen 3D-Drucker sehr preiswert selbst nachzubauen.

Nahezu täglich gibt es zu Open-Source-3D-Druckern neue Entwicklungen und vor allem neue Ankündigungen. Im November 2011 wurde im RepRapWiki (Internetseite reprap.org) der Printrbot-3D-Drucker angekündigt – als der kleinste, am einfachsten zu bedienende, preisgünstigste RepRap-3D-Drucker der Welt. Wie der RepRap würde auch der Printrbot als Bausatz geliefert. Sein US-amerikanischer Entwickler Brook Drumm stellte jedoch in Aussicht, dass dieser neue 3D-Drucker – Aufbau und Installation eingeschlossen – nach nur zwei Stunden in Betrieb genommen werden könne. Arbeiten solle der Printrbot mit dem Fused-Deposition-Modeling (FDM)- Verfahren.

Sein extrem günstiger Preis von rund 500 US-Dollar für den Bausatz könne nur zu Stande kommen, wenn genügend Vorbestellungen vorlägen, erklärte Drumm. Er konnte sich auf die Community verlassen: Innerhalb von knapp zwei Tagen kam die Grundfinanzierung des Projekts auf diese Art zusammen.

Im Februar 2012 war Brook Drumm so weit, den Printrbot zum Selbstdrucken anzubieten. Wer einen eigenen 3D-Drucker besitze oder Zugriff auf einen habe, könne sich zum Preis von nur rund 75 US-Dollar die erforderlichen Teile für den Printrbot selbst drucken. Dazu stellte Brook Drumm den Printrbot als Open Hardware auf der MakerBot-Plattform Thingiverse ein. Einfacher ist es aber gewiss,

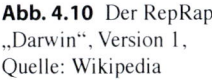

Abb. 4.10 Der RepRap
„Darwin", Version 1,
Quelle: Wikipedia

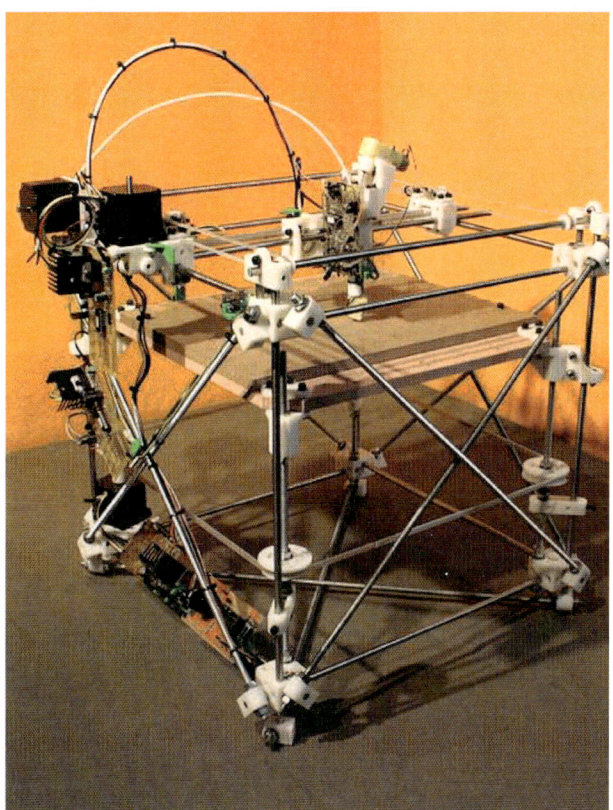

sich den Bausatz oder zu einem höheren Preis das bereits fertig zusammengebaute
Modell zu bestellen.

Dennoch: Für Tüftler und Bastler ist es sicher eine gute Empfehlung, regelmäßig bei Plattformen wie Thingiverse nach den neuesten Entwicklungen und Open-
Source-Angeboten zu suchen.

Schon im Januar 2012 kam aus Asien eine Ankündigung, die den Preis für den
Printrbot-Bausatz noch unterbot: Das Start-up-Unternehmen Makible aus Hongkong kündigte an, an einem 3D-Drucker mit dem Namen MakiBox zu arbeiten, der
rund 300 US-Dollar kosten soll.

Sicher ist, dass diese Entwicklungen den Ursprungswunsch und -gedanken der
RepRap-Bewegung immer mehr zur Wirklichkeit werden lassen: Dass es möglich
werden wird, dass jeder Einzelne die Dinge, die er benötigt, selbst wird herstellen
können – und dies mit immer weniger Abhängigkeit von der Industrie. So entwickelt sich gewissermaßen eine Demokratisierung der Produktion.

Wenn Sie auf Deutsch eine Seite suchen, auf der Sie sich gut über den RepRap
informieren können, empfehle ich die Webseite der GermanRepRap Foundation:
grrf.de.

Nicht nur finden Sie dort Informationen zu Entwicklung und Vertrieb von
3D-Druck-Systemen – zum Beispiel das Protos-CNC-3D-Druck-System –, sondern
auch gibt es Unterstützung beim Bau Ihres eigenen 3D-Druckers, Beratung, Schu-
lungen, 3D-Design und -Produktion.

4.6   3D-Drucken – kinderleicht

Der 3D-Drucker mit Namen Origo soll – im wörtlichen Sinne – das 3D-Drucken
kinderleicht machen: Der Origo ist ein 3D-Drucker, mit welchem Kinder im Alter
von ungefähr zehn Jahren sich ihr eigenes Spielzeug ausdrucken können sollen.
Allein äußerlich wirkt er schon ansprechend, weil er bunt ist und eine lustige Form
hat. Das lässt sich in Abb. 4.11 deutlich erkennen.

Am Origo-Drucker gibt es keine scharfen Kanten, alles ist abgerundet. So können sich die Kinder, die ihn benutzen und bedienen sollen, nicht an ihm verlet-
zen. Designer Joris Peels teilte mir mit, dass die äußere Form des Druckers im
Stereolitographie-Verfahren bei Materialise hergestellt und anschließend von den
Designern selbst bemalt wurde. Die Entwicklung des Origo wird von i.materialise
gesponsert – dort hat Joris Peels früher einmal gearbeitet.

Mit Blick darauf, dass Kindern 3D-Druck bald so selbstverständlich sein wird,
wie es heute Computer sind, erstaunt diese Entwicklung eines speziell für diese
Zielgruppe erdachten 3D-Druckers der beiden Designer Artur Tchoukanov und
Joris Peels überhaupt nicht.

Die Kinder sollen aber nicht nur vorgefertigte 3D-Modelle drucken, sondern
sogar selbst konstruieren: Mit der Design-Software 3Dtin können sie sich ein
3D-Objekt herstellen, das die Größe einer großen Tasse haben kann – wie Joris
Peels dem US-amerikanischen Blog Singularity Hub erklärte.

Die Entscheidung für die ebenfalls kinderleicht bedienbare Software 3Dtin war
sicherlich sehr klug. Mit dieser Software können aus virtuellen bunten Blöcken spie-
lerisch 3D-Formen geschaffen werden – und das mit minimaler Anleitung. 3Dtin
kann das fertige Modell in eines der üblicherweise benutzten 3D-Formate exportieren. Wenngleich 3Dtin vermutlich nicht die technisch überzeugendste 3D-Software
auf dem Markt ist, so ist sie gewiss eine der am einfachsten zu bedienenden und
würde möglicherweise sogar Eltern viel Spaß machen.

Wie immer beim 3D-Druck, sind leider die Materialkosten gegenwärtig noch
recht hoch, auch wenn sie geringer sein sollen als die für das Material von 3D-Dru-
ckern für Erwachsene. Natürlich wird auch darauf geachtet, dass das Bau-Material
ungiftig ist. Es gibt noch eine weitere Überlegung, um die Materialkosten zu relati-
vieren: So soll es möglich werden, mit Hilfe eines Recycling-Geräts alte gedruckte
Objekte wiederzuverwerten und neue aus ihnen zu drucken.

Der Origo soll leise arbeiten, emissionsfrei, ungiftig und kindersicher sein. So
könnte sich fast jeder Haushalt, einen verhältnismäßig günstigen Preis vorausgesetzt, einen solchen 3D-Drucker für die Kinder beschaffen. Aber auch der günstige
Preis wird schon in Aussicht gestellt.

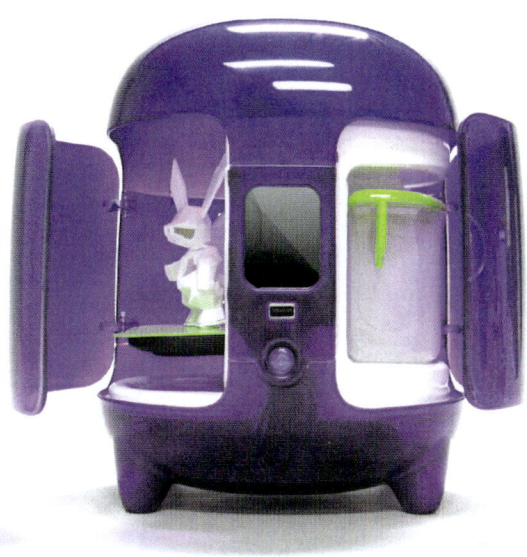

Abb. 4.11 Der Origo-3D-Drucker, Quelle: Origo

Da sich der Origo zurzeit noch in der Prototyp-Phase befindet, bleibt abzuwarten, was am Ende tatsächlich leistbar ist. Auf Facebook darf man ihn schon
mögen, auf Twitter kann man ihm schon folgen. Eine eigene Webseite hat er auch:
www.origo3dprinting.com. Dort wird sich gewiss seine weitere Entwicklung verfolgen lassen.

In jedem Fall aber ist 3D-Druck für Kinder noch eine Marktlücke, denn die bisher konstruierten, auch preisgünstigen 3D-Drucker, sind sicher nicht mit Blick auf
die Zielgruppe Kinder geschaffen worden.

4.7   Der kleinste 3D-Drucker der Welt

Es ist nicht unwahrscheinlich, dass – kaum dass diese Zeilen einer Öffentlichkeit
bekannt werden – die sich schnell entwickelnde Technologie bereits einen neuen
hervorgebracht hat: einen neuen Drucker, der als der kleinste 3D-Drucker der Welt
gelten wird.

Meine Informationen zum zurzeit kleinsten 3D-Drucker der Welt habe ich aus
einem Text der Webseite innovationsreport, Forum für Wissenschaft, Industrie und
Technik, „Der kleinste 3D-Drucker der Welt", www.innovations-report.de vom
17.05.2011.

Forscher an der Technischen Universität (TU) Wien – Klaus Stadlmann gemeinsam mit Markus Hatzenbichler – haben den kleinsten 3D-Drucker der Welt entwickelt, der in Abb. 4.12 zu sehen ist.

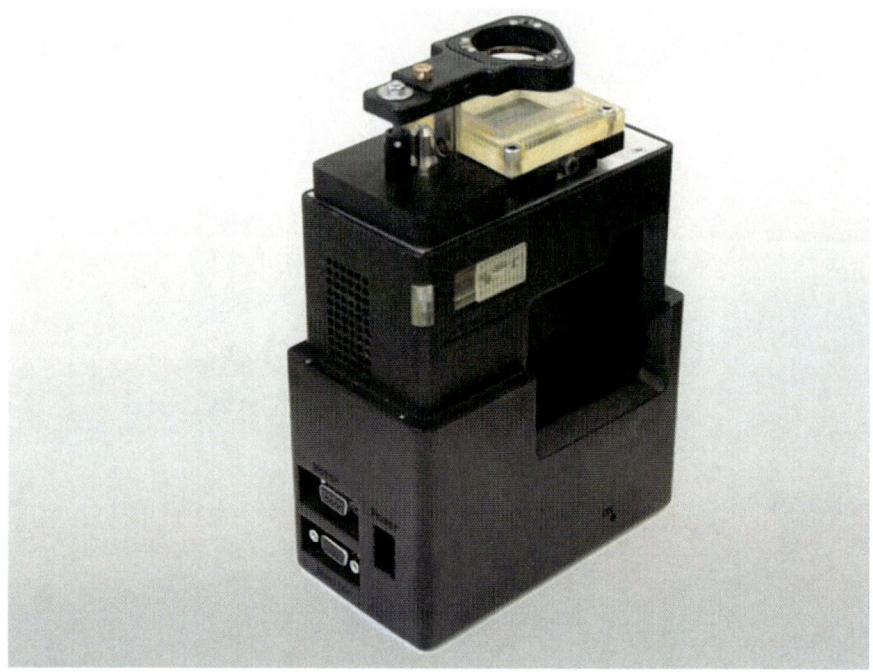

Abb. 4.12 Der kleinste 3D-Drucker der Welt, Quelle: Klaus Stadlmann

Dieser 3D-Drucker entspricht in seinem Volumen ungefähr der Größe einer
Milchtüte. Der Prototyp sei preiswert, aber dennoch sehr leistungsfähig. Die Auflösung des Druckers sei exzellent: Nur 0,05 Millimeter messen die Schichten, die
jeweils durch Licht ausgehärtet werden.

Anders als die meisten 3D-Drucker, welche ihre Objekte schichtweise aufbauen,
härtet diese Maschine Flüssigharz mit Hilfe von LEDs in der gewünschten Form
aus. Die Gegenstände entstehen in einer Wanne voll Flüssigharz; ein LED-Beamer
belichtet gezielt jeden Bereich, in dem das Material aushärten soll.

Dadurch werde es möglich, auch Kleinteile mit höchster Präzision herzustellen,
wie zum Beispiel Bauteile für Hörgeräte. Die Herstellungsmethode sei verlustfrei,
weil nicht benötigtes Harz flüssig bleibe und direkt wieder für den nächsten Druck
zur Verfügung stehe.

Das Rapid-Prototyping-Forschungsteam der TU Wien arbeite mit unterschiedlichen 3D-Techniken und Materialien und entwickle immer neue Keramik- und
Polymerwerkstoffe für das dreidimensionale Drucken. So sei es sogar gelungen,
3D-Objekte aus umweltfreundlichen, biologisch abbaubaren Materialien herzustellen. Das sei nicht zuletzt für biomedizinische Anwendungen von Bedeutung.

In Zusammenarbeit mit Medizinern und Biologen haben die Forscher der TU
Wien gezeigt, dass die künstlichen 3D-Strukturen, die mit der Beamer-Technologie

hergestellt werden, dazu geeignet sind, als Gerüst das Wachstum von Knochen im Körper anzuregen.

Der 3D-Drucker wurde von der Arbeitsgruppe von Professor Jürgen Stampfl an der Fakultät für Maschinenbau gebaut – unter wesentlicher Mitwirkung des Teams um Professor Robert Liska für die chemische Forschung, denn von hoher Bedeutung ist, dass geklärt wird, mit welchen Arten von Kunststoff der Drucker überhaupt arbeiten kann.

Der Drucker wiege bloß 1,5 Kilogramm und habe als Prototyp nicht mehr als 1.200 EUR gekostet. Da dies die Kosten für den Prototyp sind, ist anzunehmen, dass die Kosten bei einer Massenproduktion des Druckers noch geringer würden.

4.8   FabLabs

Im Jahr 2002 gründete der amerikanische Physiker und Informatiker Neil Gershenfeld am MediaLab des Massachusetts Institute of Technology (MIT), USA, das weltweit erste FabLab.

Die Abkürzung FabLab kommt aus dem Englischen und steht für Fabrication Laboratory (Fabrikationslabor). Ziel ist es, in diesen offenen Werkstätten Privatpersonen industrielle Produktionsverfahren – sei es mit 3D-Druckern, Laser-Cuttern oder CNC-Maschinen – zu ermöglichen. So bieten FabLabs Interessierten die Gelegenheit, individuelle Werkstücke selbst zu fertigen, und zwar mit einer Auswahl an vielen unterschiedlichen Materialien, die sie dabei bearbeiten können.

Die Labore der FabLabs stehen jedem offen, der bereit ist zu lernen, wie die Maschinen funktionieren. Nach einer kurzen Einführung darf in der Regel jeder, der möchte, die Labore nutzen, um nahezu alles Mögliche zu bauen.

Eine internationale Fab Charter, verfasst vom MIT, verpflichtet alle FabLabs zur Einhaltung von sechs festgelegten Regeln. Die erste und meines Erachtens nach wichtigste ist die Mission: Diese ist es, Erfindungen zu fördern, indem die FabLabs dem Einzelnen die Werkzeuge für eine digitale Fertigung zugänglich machen.

Die Schwerpunkte der weiteren Regeln zu Zugang, Bildung, Verantwortung, Geheimhaltung und Geschäft liegen meinem Verständnis nach in einem Gemeinsinn: gemeinsam Werkzeug nutzen, von Mentoren lernen, aber das Gelernte auch dokumentieren und weitergeben. Außerdem Verantwortung für die Menschen und die Maschinen im FabLab tragen sowie nach Möglichkeit Konstruktionen teilen, die im FabLab entwickelt wurden – zumindest für den privaten Gebrauch.

Kommerzielle Aktivitäten von Nutzern werden von den FabLabs nicht ausgeschlossen. Durch solche Aktivitäten soll aber niemandem der offene Zugang zu den Werkstätten eingeschränkt werden. Bei zu großer Zunahme sollten kommerzielle Zwecke lieber außerhalb der FabLabs verfolgt werden. Vor allem sollten sie den FabLabs, Netzwerken und Erfindern, die zu ihrem Erfolg beigetragen haben, auch nützen.

Das erste FabLab in Deutschland wurde im Jahr 2009 an der RWTH Aachen eingerichtet. Derzeit sind in Deutschland das FabLab München, das FabLab Open Design City im Betahaus Berlin, das FabLab Fabulous St. Pauli in Hamburg, das

Abb. 4.13 Der für die
Öffentlichkeit zugängliche
RepRap-3D-Drucker des
FabLab in Düsseldorf,
Quelle: FabLab
Düsseldorf

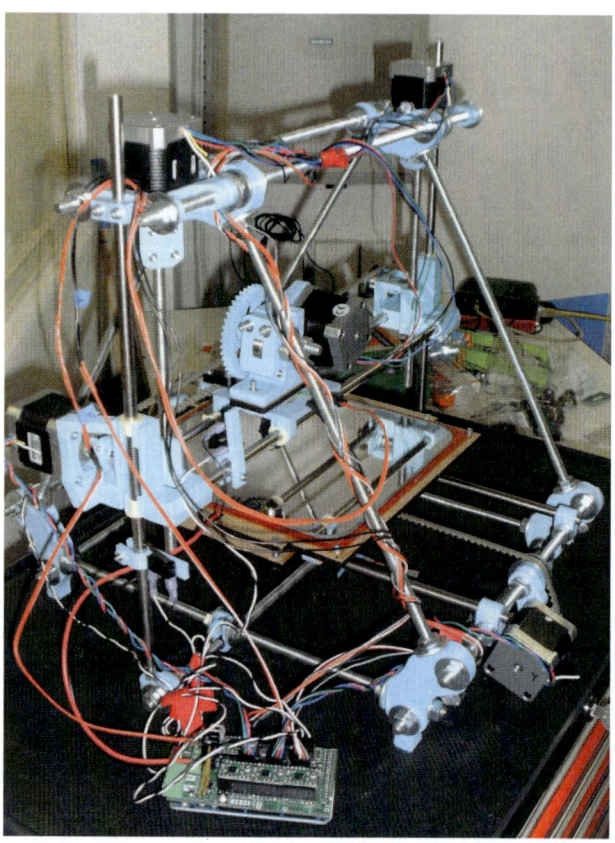

FabLab Bremen, das FabLab Nürnberg, das FabLab an der TechFak der Friedrich-Alexander-Universität Erlangen-Nürnberg in Erlangen, das FabLab Dingfabrik in Köln und das FabLab GarageLab in Düsseldorf bekannt. Oft tragen sich die Fab-Labs als gemeinnützige Vereine.

Im GarageLab Düsseldorf, das an den Coworking Space GarageBilk angeschlossen ist, kann mit dem in Abb. 4.13 gezeigten RepRap-Drucker gearbeitet werden.

„Für mich steht die Wissensvermittlung in den Bereichen digitale Eigenproduktion sowie der Zugang zu den neuen Technologien für die breite Öffentlichkeit und damit die Volksbildung im Mittelpunkt", sagt die Gründerin des FabLab Düsseldorf e. V., Yvonne Firdaus.

In Abb. 4.14 ist das Gründungsteam des FabLab Düsseldorf zu sehen.

Im deutschsprachigen Raum gibt es in Österreich des Weiteren in Wien das Vienna FabLab „Happylab" und in der Schweiz das FabLab Luzern. Weltweit gibt es inzwischen ungefähr 60 FabLabs.

Übrigens: Das FabLab House in Barcelona, ein rundes, energieeffizientes Solar-Haus aus Holz, wurde komplett aus Teilen zusammengebaut, welche digital produziert wurden. Zwar waren hier überwiegend Lasercutter und Fräsemaschinen für

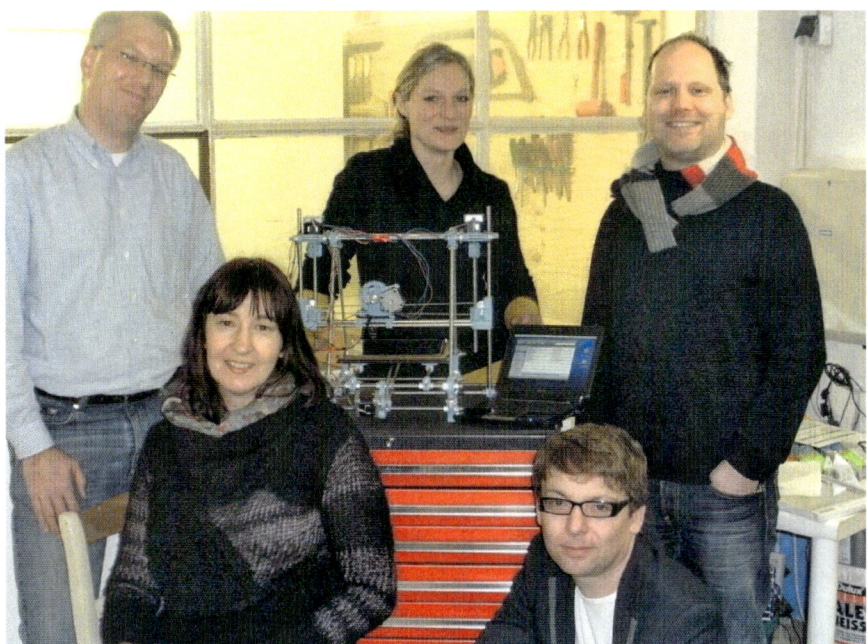

Abb. 4.14 Gründungsteam des GarageLab, dem FabLab in Düsseldorf; von links nach rechts: Yvonne Firdaus, Thomas Dornscheidt, Kristin Parlow, Oliver Vaupel, Axel Ganz, Quelle: FabLab Düsseldorf

den Bau im Einsatz, aber Teile des Gebäudes wurden auch mit dem 3D-Drucker gefertigt.

Entwickelt wurde das kleine Passivhaus, das ein Vorzeigebeispiel für ökologisches Wohnen ist, im Institute of Advanced Architecture of Catalonia in Barcelona, Spanien.

Die FabLab-Bewegung ist ganz sicher ein weiterer Baustein in der Demokratisierung der Produktionsmittel.

4.9   Wie heute schon die Copy Shops: Walk-in-3D-Shops bald an jeder Ecke?

Das Schweizer Unternehmen 3D-Model.ch geht noch einen Schritt weiter in Richtung „3D-Druck für die Massen". Anders als bei den FabLabs ist hier der Hintergrund jedoch kommerziell: 3D-Model.ch ist der erste Walk-in Shop, bei dem jeder – im wörtlichen Sinn – hineingehen und sich etwas Dreidimensionales ausdrucken lassen kann.

Die Auswahl des Orts für das Geschäft ist gut überlegt: Mitten in Zürichs Kreativen-Viertel Kreis 4 bietet das Unternehmen digitale Produktion an (neben 3D-Druck unter anderem auch Laser Cutting). Jeder, der seine Idee dreidimensional umsetzen möchte, hat hier die Möglichkeit dazu – und kann sich gleichzeitig direkt beraten lassen. Zum Beispiel dazu, welches Material sich am besten für den Druck des Modells eignet. Wer möchte, dem wird sogar ein Design erstellt.

Das Unternehmen 3D-Model.ch stellt sich als „Deine Fabrik um die Ecke" dar, in der jedes gewünschte Modell produziert wird. Schon um Kinder als zukünftige 3D-Druck-Kundengruppen bemüht sich 3D-Model.ch: Mit gelaserten Kartonhäuschen zeigt 3D-Model.ch den Kindern, was mit Maschinen umgesetzt werden kann. So soll Interesse dafür geweckt werden, dass diese Kinder in der Zukunft ihr eigenes Spielzeug gestalten, das sie sich einfach ausdrucken lassen können.

Mit einer rasant wachsenden Anzahl von 3D-Dienstleistern und sogar möglicherweise weiteren schnell entstehenden vergleichbaren Walk-in-3D-Shops wie dem in Zürich könnte eine immer stärker werdende Wettbewerbssituation entstehen. Dabei ist wahrscheinlich, dass die Preise bei steigender Qualität immer weiter fallen werden.

Sobald 3D-Druck den Durchbruch in einen Massenmarkt geschafft hat, wird es viele Unternehmen geben, die einen 3D-Drucker für die öffentliche Produktion anbieten. Das wäre ein ganz ähnliches Muster wie das, womit sich in der Vergangenheit die Copy Shops etabliert haben.

Dass sich der 3D-Drucker – wie in der Vergangenheit der PC-Drucker – bei einem Massenpublikum durchsetzt, erwarte ich jedoch auf Grund der noch anspruchsvollen 3D-Modell-Erstellung nicht in der allzu nahen Zukunft. Mit einem Anbieter um die Ecke wird aber die Hemmschwelle weiter sinken, sich mit dem Entwurf eigener Objekte zu beschäftigen. Deshalb empfiehlt es sich für Anbieter, das 3D-Drucken mit Seminaren und persönlicher Beratung zu unterstützen.

4.10 Scannen und das Gescannte drucken

Es klingt ein wenig nach Science-Fiction: Man stellt einen beliebigen Gegenstand in einen Replikator und nach kurzer Zeit öffnet sich ein Fach und eine baugleiche Kopie mit identischer Funktion kann der Maschine entnommen werden.

Ähnlich faszinierend und abwegig zugleich muss für die Menschen des 19. Jahrhunderts die Idee des Fotokopierers geklungen haben. Setzt man heute die beiden Technologien des 3D-Drucks und des 3D-Scannens zusammen, so ist der erste Schritt zum universellen Replikator schon gegangen. Im Folgenden möchte ich das 3D-Scannen kurz beschreiben.

Jeder kennt inzwischen den Vorgang des zweidimensionalen Scannens – sei es durch den eigenen Flachbettscanner zu Hause oder im Büro, der nach dem gleichen Prinzip wie ein Kopiergerät arbeitet. Die Online-Enzyklopädie Wikipedia beschreibt Scanner wie folgt: „Scanner arbeiten in der Regel nach folgendem Prinzip: Die Bildvorlage wird beleuchtet und das reflektierte Licht wird über eine Stablinse, welche das Licht bündeln und das Streulicht eliminieren soll, an einen optoelektronischen Zeilensensor geleitet. Die analogen Lichtsignale werden pixelweise durch Analog-Digital-Wandlung in Digitalsignale umgewandelt, während gleichzeitig entweder die Vorlage oder die Sensoroptik schrittweise senkrecht zur Sensorausdehnung bewegt wird."

Das bedeutet: Beim zweidimensionalen Scannen wird die Textur von Gegen-ständen auf einer Ebene digital erfasst. Dabei wird in einem horizontalen und in einem vertikalen Raster die Helligkeit der Bildpunkte erfasst. Das fertige Bild ent-hält Pixel ohne eine Tiefeninformation. Legt man ein dreidimensionales Objekt auf den Scanner, werden die weiter entfernten Bereiche meistens nur unscharf aufge-nommen.

Beim dreidimensionalen Scannen gilt es somit, die räumliche Anordnung der Objektoberfläche zu erfassen. Dies erfordert einen wesentlich höheren Aufwand und bringt besondere Probleme mit sich. In diesem Buch soll aber weniger auf die Scannertechnologie eingegangen werden: Es interessiert das 3D-Scannen primär in dem Zusammenhang, dass die erfassten Daten auch fehlerfrei im 3D-Druck umge-setzt werden sollen. Das ist oft schwieriger, als sich vermuten lässt. Deshalb wird im Folgenden der Vorgang des dreidimensionalen Scannens erläutert.

Beim dreidimensionalen Scannen wird die Oberflächengeometrie von Objekten mit Hilfe von Laserstrahlen digital erfasst. Eine weitere Möglichkeit ist die Erfas-sung durch einen Taster, welcher entweder per Roboterarm oder manuell über das Objekt bewegt wird. Dabei erfasst der 3D-Scanner die Objektgeometrie als dreidi-mensionale Punktwolke. Diese Punktwolke ist eine Menge von dreidimensionalen Abtastpunkten. Neben einem horizontalen und vertikalen Raster kommt nun ein Tiefenraster dazu. Die kleinste Auflösung ist statt des Pixels das Voxel.

Die Koordinaten der gemessenen Punkte werden aus den Winkeln und der Entfernung in Bezug zum Ursprung, das heißt: einem Referenzpunkt des Geräts, ermittelt. Anhand der Punktwolke werden entweder Einzelmaße wie zum Beispiel Längen und Winkel bestimmt. Oder es wird aus der Punktwolke eine geschlossene Oberfläche aus Dreiecken konstruiert (ein Polygonnetz), die eine weitere Bearbei-tung am Computer ermöglicht – wie zum Beispiel Reverse Engineering, Qualitäts-sicherung oder 3D-Drucken.

3D-Scanner können Objekte in nahezu beliebiger Größe digitalisieren, so wer-den heute ganze Eisenbahnzüge gescannt. Abhängig von der Modellgröße und den Anforderungen an die Auflösung lassen sich dabei unterschiedliche Scansysteme einsetzen. Je größer die Objekte sind, desto höher ist der Aufwand. Meistens wird die Auflösung bei größeren Objekten geringer gewählt, um die Datenmengen über-schaubar zu halten.

Die Dauer eines einzelnen Voxel-Scans beträgt weniger als eine Sekunde. Zur 3D-Vermessung sind jedoch sehr viele Messungen nötig. Der Zeitaufwand hängt von der Objektgröße, der Auflösungsanforderung und der Objektgeometrie ab und kann zwischen wenigen Minuten bis hin zu mehreren Stunden oder sogar Tagen betragen.

Oft besteht die Sorge, insbesondere bei alten Kunstwerken, dass durch das 3D-Scannen die einzuscannenden Objekte beschädigt werden. Diese Bedenken sind jedoch unbegründet, da heute die meisten 3D-Scanner berührungsfrei arbeiten. So ist es inzwischen möglich, sogar zerbrechliche oder komplexe Objekte einzu-scannen.

Zur Erhöhung des Messgenauigkeit und Steigerung der Automatisierung können Referenzpunkte benutzt werden, die man auf das Objekt klebt. Ist das bei einem

Objekt nicht durchführbar, so lässt sich dieses Aufkleben dadurch umgehen, dass man einen entsprechenden Rahmen um das Objekt verwendet. An Stelle des Objekts wird der Rahmen mit Referenzpunkten beklebt und eventuell vorher eingemessen.

Der Bedarf am dreidimensionalen Scannen gewinnt auf vielen Gebieten zunehmend an Bedeutung.

Im medizinischen Bereich können 3D-Scans dabei helfen, Nachbildungen von Knochenstrukturen zu erzeugen.

Auch im Verpackungsdesign werden 3D-Scanner bald unentbehrlich: So lassen sich auf Basis des 3D-Scans eines Produktmusters dessen exakte Geometrie- und Texturdaten ermitteln. Mit diesen Informationen wird es erheblich erleichtert, maßgeschneiderte Verpackungen für das Produkt zu entwickeln.

Nicht zuletzt ist es gerade in der Industrie sinnvoll und kostensparend, 3D-Scanner für die Qualitätssicherung und die digitale Archivierung einzusetzen: Einmal dreidimensional eingescannt, können Muster und Prototypen digital gespeichert und vermessen werden.

Laserscannen wird gern auch in der Architekturvermessung mit Schwerpunkten in der Denkmalpflege eingesetzt. Im Groben können so beschädigte Bauwerke mit räumlich komplizierten Strukturen erfasst werden. Ist die Gebäudestruktur komplexer, zeigen die Scans jedoch Verschattungen, sind damit unvollständig und manchmal zum Teil nicht einmal auswertbar.

Von dem deutschen Unternehmen N€K GmbH für Nachhaltige Energiesysteme und Anlagenbau in Kaiserslautern wurde mit dem OrcaM (Orbital Camera System) ein neuer Hochleistungsscanner vorgestellt. Dieses raumgroße Gerät ist in der Lage, bis zu 80 cm große und bis zu 100 kg schwere Objekte in hochwertige digitale Modelle umzusetzen. Der Scanner arbeitet mit Hilfe von sieben Kameras und einem Beamer, der Muster auf das zu scannende Objekt projiziert. Kameras und Beamer sind punktfokussiert fixiert, aber dabei beweglich. Das Objekt wird mit mehreren Kameras gleichzeitig fotografiert.

Aus diesen Fotos lässt sich die Geometrie des Objekts laut Hersteller berührungsfrei erfassen. So können die Objekte ohne Verschattungen und aus allen Richtungen des Raumes aufgenommen werden. Entwickelt wurde der OrcaM vornehmlich zum Zweck der digitalen Abbildung realer Objekte für zum Beispiel das Internet, Computerspiele oder Filme. Möglich wäre aber sicher auch seine Nutzung für die Reproduktion durch 3D-Drucker.

Problematisch beim Scannen ist, dass ein 3D-Scanner zumeist nicht das komplette Modell mit allen Hinterschnitten oder Innenräumen erfassen kann. Digitalisierbar ist nur, was die Kameras des 3D-Scanners tatsächlich „sehen" können. Wird ein Teil des Objekts durch sich selbst verdeckt, so kann der Scanner dort nicht hinsehen. Das hat zur Folge, dass der fertige Datensatz häufig Löcher, Überlappungen und sonstige Fehlstellen enthält, die durch entsprechende Nachbearbeitung korrigiert werden müssen.

Möchte man beispielsweise den Kopf eines Menschen digitalisieren, so entstehen durch die Nasenlöcher in den gescannten Daten an dieser Stelle Löcher, da der Scanner nicht in die Nase „hineinschauen" kann. Zudem entstehen – wenn die Person nicht gerade stark abstehende Ohren hat – beim Scannen Verschattungen hinter den Ohren. Auch die Standflächen der Füße lassen sich naturgemäß nicht scannen und müssen später händisch ergänzt werden.

Ein weiteres Problem sind durchsichtige oder spiegelnde Objekte, die vorher lackiert werden müssen, damit sie sich überhaupt scannen lassen. Geschieht dies nicht, würde der Scanner einfach durch die Objekte hindurchschauen. Da der Scanvorgang immer noch länger dauert als das Anfertigen einer Fotografie, müssen die zu scannenden Objekte ausreichend lang still stehen und dürfen während des Scannens sich nicht in ihrer Haltung verändern.

Moderne Laserscansysteme erreichen eine Punktgenauigkeit von 0,1 mm, teilweise auch mehr.

Das Scannen des menschlichen Körpers wird auch als Bodyscanning bezeichnet. Vom 10.07.2010 – 16.01.2011 erfreute sich in Düsseldorf im K20 Kunstsammlung NRW die Ausstellung der Künstlerin Karin Sander großen Zuspruchs: *Museumsbesucher K20 1:8, 3D Bodyscans der lebenden Personen.*

Mit einem 3D-Kamera-Aufnahmeverfahren wurden Museumsbesucher in einem Bodyscanner mit Laser abgetastet und eingescannt. Ein 3D-Drucker der ZCorporation baute anhand dieser Daten die dreidimensionale Figur ihrem Vorbild entsprechend Schicht für Schicht in Gips auf.

So entstanden dreidimensionale Portraits im Maßstab 1:8. Zwischen 400 und 500 Skulpturen gescannter Ausstellungsbesucher sollten in die Ausstellung integriert werden. Zur Finanzierung dieses Projekts wurde eine Edition von 100 Unikaten zum Kauf angeboten. Jeder gescannte Besucher konnte sein Portrait der Größe 1:7 in Lichtgrau zum Preis von 5.000 Euro erwerben.

Je bekannter das 3D-Drucken einem Massenpublikum wird, desto häufiger wird von Interessenten – gerade auch von solchen, die nicht selbst konstruieren und zeichnen – der Wunsch danach geäußert, sich ein beliebiges Objekt „einfach" einscannen und ausdrucken zu lassen.

Das ist mit der dem Massenmarkt zugänglichen Technologie derzeit jedoch noch nicht so einfach, wie es zunächst scheint. Eine 1:1-Umsetzung des Ursprungs-Objekts ist in der Regel schwierig und erfordert immer noch die Nachbearbeitung der Daten.

4.10.1   3D-Scannen mit „Hausmitteln"

Natürlich darf an dieser Stelle wieder einmal das „Scannen für alle" nicht unerwähnt bleiben: Sehr populär geworden sind inzwischen Apps für das iPhone, die für Cent-Beträge im App Store gekauft und als 3D-Scanner genutzt werden können. Perfekt ist das Ergebnis sicher noch nicht, dafür aber ist der Spaßfaktor groß genug, das zu kompensieren. Die App mit dem Namen Trimensional ermöglicht es, über die im iPhone integrierte Kamera 3D-Scans zu erstellen, welche tatsächlich mit 3D-Druckern ausgedruckt werden können.

Die App verwendet dabei die Facetime-Kamera im iPhone 4. In dem Raum, der dafür abgedunkelt werden muss, berechnet das Gerät die 3D-Daten über den Schattenfall der Displaybeleuchtung auf das Gesicht. Das dreidimensionale Bild kann vom iPhone aus als druckbare STL-Datei verschickt und auf einem 3D-Drucker gedruckt werden.

Wenngleich die Qualität noch nicht wirklich überzeugend ist, so ist sie doch für einen 3D-Scanner, der in der Jackentasche mitgeführt werden kann, sehr beeindruckend.

Die zurzeit vollkommen kostenlose App von Autodesk 123D Catch wurde schon im Kapitel „Software für 3D-Druck" erwähnt und beschrieben. Laut Hersteller erspart sie bei bestehenden Umgebungen die früher oft zeitintensiven Messungen vor Ort. Mit Hilfe mehrerer digitaler Fotos, welche in ein vernetztes 3D-Modell umgewandelt werden, könnten Gebäude oder Gegenstände sowohl von außen als auch von innen präzise erfasst werden. 123D Catch setzt die Bilder zusammen, um daraus die Topologie des Objekts zu errechnen. Für eine 360-Grad-Ansicht sind 40 bis 50 Fotos erforderlich.

Schon Anfang 2011 wurde Microsoft Kinect, ursprünglich als Hardware zur Steuerung der Xbox 360 Konsole entwickelt, von einfallsreichen Technikern als 3D-Scanner genutzt. Die erzeugten Daten können als STL-Files umgewandelt und gedruckt werden.

Inzwischen bietet das Unternehmen Geomagic eine App an, die den Scan-Vorgang noch weiter erleichtern soll: Diese sei in der Lage, innerhalb von zwei Minuten Objekte im Sichtbereich der Kinect-Kamera einzuscannen, welche unmittelbar auf einem 3D-Drucker ausgedruckt werden können. Das legt den Versuch nahe, seinen eigenen Kopf einzuscannen und auszudrucken.

Ein weiterer Ansatz zum einfachen Scannen ist die Möglichkeit, das Objekt mit einer Kamera abzufilmen und dabei einen Linien-Laser in einem Winkel zur Kamera über das Objekt zu führen. Durch den Winkel zwischen Kamera und Laser wird der Laserstreifen gekrümmt, daraus kann eine Software die Oberfläche bestimmen. Die Qualität der Ergebnisse wird im Wesentlichen durch die Videokamera-Auflösung bestimmt. Sie ist aber für kleine Objekte und einfache Anwendungen ausreichend.

Man kann dazu Bauanleitungen im Netz finden und mittlerweile gibt es auch Bausätze zu kaufen, wie zum Beispiel den David Laserscanner. Neben Selbstbauprojekten gibt es auch einfache 3D-Scanner für kleine Objekte zu kaufen.

Wer sich selbst einscannt, muss sich darüber keine Gedanken machen, aber eines bleibt beim Scannen sonst immer von sehr hoher Bedeutung: das Copyright. Das Urheberrecht der Ursprungsobjekte sollte bei keinem Scan-Vorgang einfach außer Acht gelassen werden. Dieses und auch Patentschutzrechte werden ausführlich im noch folgenden Kapitel „Ausblick: 3D-Druck als Zukunftstechnologie" erläutert.

3D-Druck in praktischen Anwendungsbereichen

5

5.1 Noch mehr Kunst – 3D-Druck eröffnet neue Möglichkeiten

Im vorangehenden Absatz bin ich auf das Kunstprojekt von Karin Sander eingegangen – im Zusammenhang mit 3D-Scannen, weil es sich meiner Ansicht nach so anbot und gut passte. An diese Stelle hätte es auch gepasst. In der Kunst wird 3D-Druck in der Zukunft kaum mehr wegzudenken sein.

Manche Künstler experimentieren schon mit sehr ungewöhnlichen Druck-Materialien. Die aus den Niederlanden stammende Rotterdamer Künstlerin und Designerin Wieki Somers hat mit menschlicher Asche als Material 3D-Druck-Kunstwerke geschaffen. Bei der Ausstellung „In Progress" im Jahr 2010 in der belgischen Galerie Grand Hornu Images stellte sie unter dem Projektnamen „consume or conserve" drei Objekte vor, die aus der Asche von drei Verstorbenen gedruckt worden waren: einen Toaster, einen Staubsauger und eine Personenwaage.

Diese Objekte wurden im Stil von Vanitas-Stillleben 3D-gedruckt: Auf der Waage liegen Honigwaben, auf dem Toaster sitzt ein Vogel. Wenngleich diese Skulpturen von der Öffentlichkeit zum Teil als Provokation wahrgenommen wurden, war der Hintergrund doch, dass sie zur Nachdenklichkeit anregen sollten – Gebrauchsgegenstände der Konsumgesellschaft aus menschlicher Asche, kombiniert mit Vergänglichkeitsmotiven.

Es wird zukünftig noch weitere Möglichkeiten für Künstler geben, ihre Kreativität auszuleben: Im Dezember 2011 stellte der ebenfalls in den Niederlanden ansässige Designer Joong Han Lee, der in Abb. 5.1 zu sehen ist, im Blog von „the creators project" sein Projekt „Haptic Intelligentsia" und in diesem Zusammenhang den Haptic 3D Printer vor. Der Artikel heißt „Merging Craftsmanship And Computerized Technology with Haptic Intelligentsia" und lässt sich sinngemäß mit „Verschmelzen von Handwerkskunst und EDV-Technik mit haptischer Intelligenz" übersetzen.

Wie der Name des Druckers („haptic": den Tastsinn betreffend) schon suggeriert, wird mit den Händen gearbeitet. Anders als beim üblichen 3D-Druck werden nicht vom Computer geschickte Dateien ausgedruckt. Der Nutzer kann händisch mit einer Art Spritzpistole an dem Objekt weiterarbeiten und gestalten. Der Designer erhält durch dieses haptische Feedback eine direktere Verbindung zum Gestaltungsobjekt.

P. Fastermann, *3D-Druck/Rapid Prototyping*, X.media.press,
DOI 10.1007/978-3-642-29225-5_5, © Springer-Verlag Berlin Heidelberg 2012

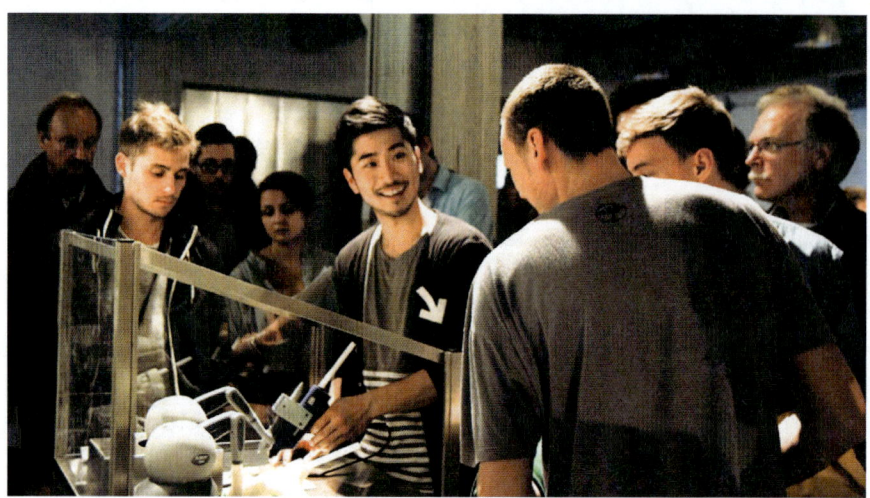

Abb. 5.1 Der Designer Joong Han Lee (Mitte), Quelle: Minseong Wang

Ziel von Joong Han Lee war es bei dem Projekt „Haptic Intelligentsia", das intime Hand-Objekt-Verhältnis wiederzuerlangen und außerdem einen neuen Arbeitsablauf/Prozess für das Handwerk zu schaffen – durch Akzeptanz dessen, was er als „Invasion" der Technik bezeichnet. Statt praktisches Handwerk und Technik voneinander zu trennen, werde eine stimmige Balance zwischen beiden geschaffen. Dies verdeutlicht Abb. 5.2.

Die auf diese Art hergestellten Objekte sind direkt auch als Modelle im Rechner vorhanden und können somit weiterbearbeitet oder vervielfältigt werden. Mit Hilfe dieser Technologie wird eine Brücke zwischen der klassischen manuellen Arbeitsweise eines Bildhauers oder dem mit Ton arbeitenden Designer und der körperlosen Rechnerwelt geschaffen. Auch so lassen sich interessantes Design und Kunst produzieren.

Abbildung 5.3 zeigt, wie mit dem haptischen 3D-Drucker gearbeitet wird.

Auf der Webseite der EuroMold, der alljährlich in Frankfurt/Main stattfindenden Weltmesse für Werkzeug- und Formenbau, Design und Produktentwicklung (zur Messe EuroMold siehe ein separates Kapitel am Ende dieses Buches) wurde 2011 mit der Überschrift „Rapid Manufacturing trifft Kunst – Vom Titanschalthebel zum Fabergé-Ei des 21. Jahrhunderts" der Produktkünstler Lionel T. Dean angekündigt.

Dean verbindet Kunst, Kunsthandwerk und Design mit dem Herstellungsverfahren Additive Manufacturing. Auf der EuroMold wurden Arbeiten vom Titan-Schalthebel bis zum aufwendig hergestellten Fabergé-Ei des 21. Jahrhunderts ausgestellt – produziert mit dieser neuen Technik, welche Möglichkeiten zu größter Kreativität bietet.

Abb. 5.2 Projekt "Haptic Intelligentsia" von Joong Han Lee, Design Academy Eindhoven,
Quelle: Vincent van Gurp

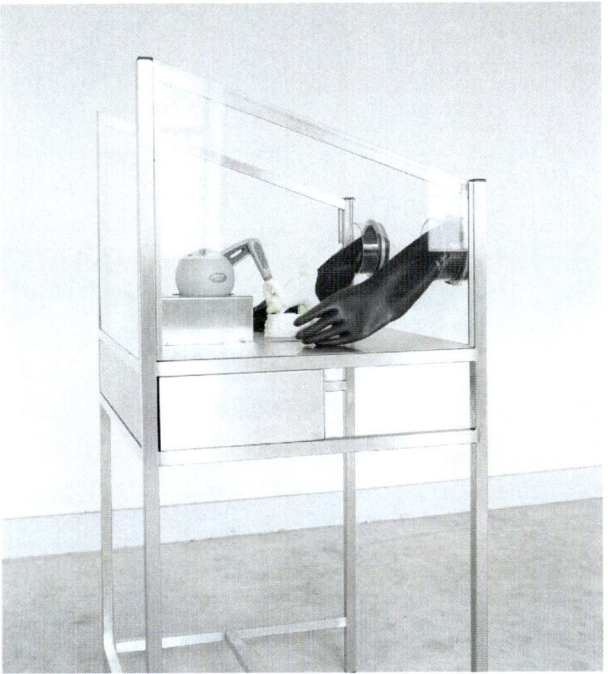

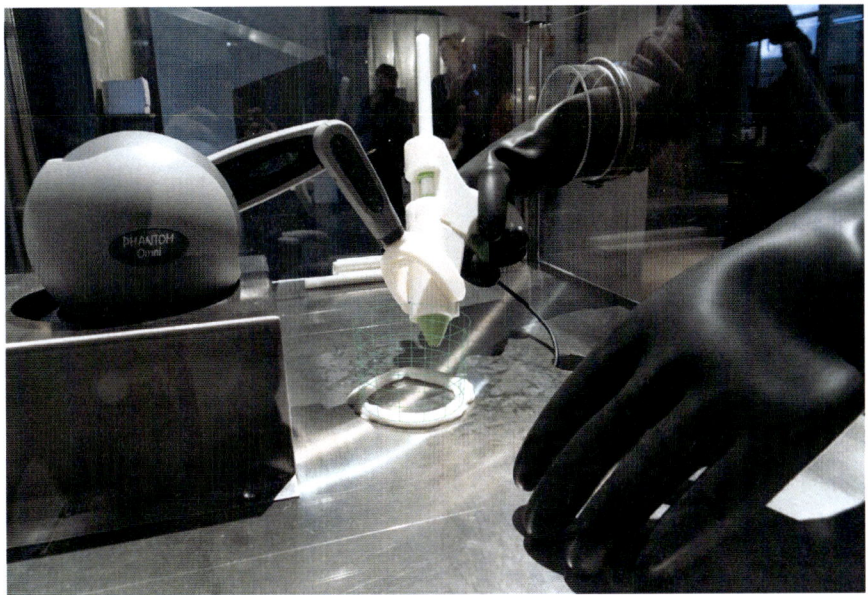

Abb. 5.3 Der haptische 3D-Drucker bei der Arbeit, Quelle: Joong Han Lee

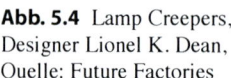

Abb. 5.4 Lamp Creepers, Designer Lionel K. Dean, Quelle: Future Factories

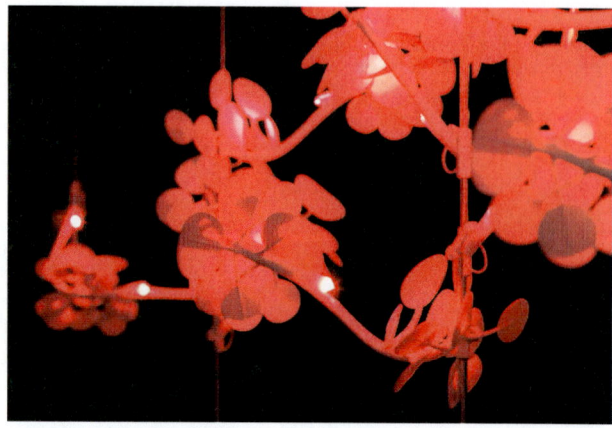

Abb. 5.5 Holy Ghost Chair, Designer Lionel K. Dean, Quelle: Future Factories

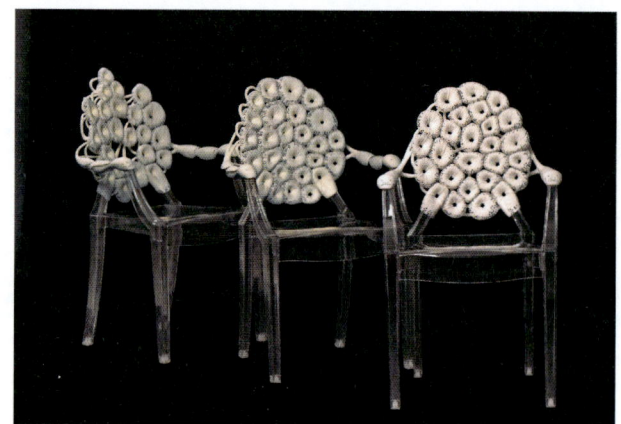

    Arbeiten von Lionel T. Dean sind auch im MOMA (Museum of Modern Art) in New York zu sehen: so zum Beispiel die lasergesinterte Lampe namens Tuber9, welche für die permanente Design-Ausstellung erworben wurde.

    Lionel T. Dean ist außerdem der Gründer des in Großbritannien ansässigen Unternehmens „FutureFactories" (www.futurefactories.com), welches eines der ersten war, das die Möglichkeiten des sogenannten E-Manufacturing für den Entwurf von Endverbraucher-Produkten nutzte. Dabei wurde Lasersintern für außergewöhnliche Geometrien eingesetzt, unter anderem für Lampen (s. Abb. 5.4) und Stühle aus Kunststoff (s. Abb. 5.5) sowie Schmuck aus Metall.

5.2   3D-Druck im Design: ausgewählte 3D-Objekte von Designern

Das ganze folgende Kapitel spricht durch seine Bilder. Die Fotos von ihren im 3D-Druck-Verfahren hergestellten Objekten und die erklärenden Texte dazu wurden mir freundlicherweise von den Designern selbst zur Verfügung gestellt. Die Erklärungs- und Entstehungstexte zu ihren Objekten habe von den Designern übernommen.

5.2.1   Coburg-designlab, Coburg

Das coburg-designlab von Professor Peter Raab an der Hochschule Coburg im Studiengang integriertes Produktdesign beschäftigt sich seit Jahren mit den Auswirkungen und Perspektiven generativer Verfahren auf neue Produkte und Nutzungszusammenhänge.

Im Mittelpunkt stehen Untersuchungen und Forschungsvorhaben, die innovative und anspruchsvolle Interpretationen additiver Rapid-Prototyping-Verfahren für die gestalterische Auslegung und Produktion von Gütern unterschiedlichster Art aufzeigen und damit Wege aus traditionellen Fertigungs- und Technologieabhängigkeiten öffnen.

Das Bearbeitungsfeld reicht von Sportartikeln über medizinische oder technische Anwendungen bis zu Konsum- und Spielwaren, aber auch Schmuck – und zu offenen Konzepten für eine webbasierte Produktion 2.0.

Die folgenden Objekte wurden von Designern des coburg-designlab geschaffen.

Lex
Ein klarinettenähnliches Musikinstrument, das als eine Hart-Weich-Kombination in einem generativen Verfahren erstellt wurde. Ziel war es, die Vielzahl mechanischer Klappen und Mechanismen durch membranartige ansteuerbare Öffnungen zu ersetzen. Zusätzlich ist auf Grund der parametrischen Gestaltung eine Anpassung an Tonlagen und individuelle Klangvorlieben des Musikers möglich (s. Abb. 5.6).
Design: Peter Böckel
Verfahren: PolyJet

Knieprotektor proteX
ProteX ist ein Protektor, der durch seine harte, zugleich aber flexible Außenstruktur in Kombination mit weichem, innenliegenden Gewebe seinem Nutzer ein Maximum an Bewegungsfreiheit ermöglicht. Durch Möglichkeiten generativer Verfahren können einzelne Bereiche des Protektors in unterschiedlichen Shore-Härten ausgebildet werden. Auf 3D-Scans basierende Daten ermöglichen eine individuelle Anpassung an jedes Knie und machen zusätzliche Verschlüsse und Verstellmöglichkeiten überflüssig.

Abb. 5.6 Lex,
Design: Peter Böckel,
Quelle: coburg-designlab

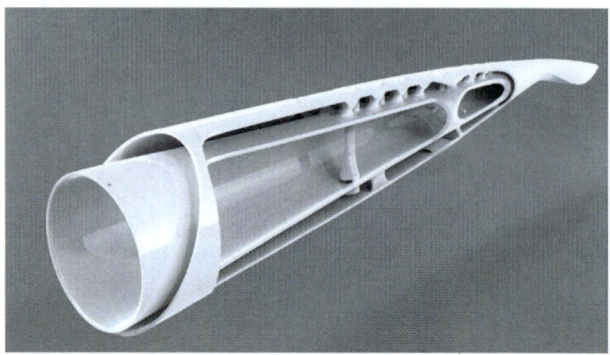

Abb. 5.7 Knieprotektor ProteX,
Design: Daniel Nikol,
Quelle: coburg-designlab

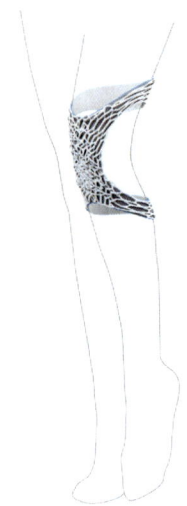

Das äußere Geflecht ist derart konzipiert, dass es dem Sportler alle nötigen Freiheitsgrade in seiner Bewegung garantiert und sich erst bei ungewollter Belastung wie bei Stürzen oder Schlägen punktuell aussteift (s. Abb. 5.7).

Design: Daniel Nikol

Verfahren: PolyJet

Porzellan

Additive Verfahren erlauben eine vollkommen neue Bewertung von bisher als materialgerecht argumentierten Fertigungsprozessen, ihren scheinbaren Zwängen und den hieraus resultierenden Produkten in Funktion und Ästhetik.

Das coburg-designlab beschäftigt sich auch mit der Herstellung von Porzellanobjekten mittels generativer Verfahren und parametrischer Entwurfsprozesse, die anschließend konventionell gebrannt werden.

Abb. 5.8 Robots,
Design und Quelle:
coburg-designlab

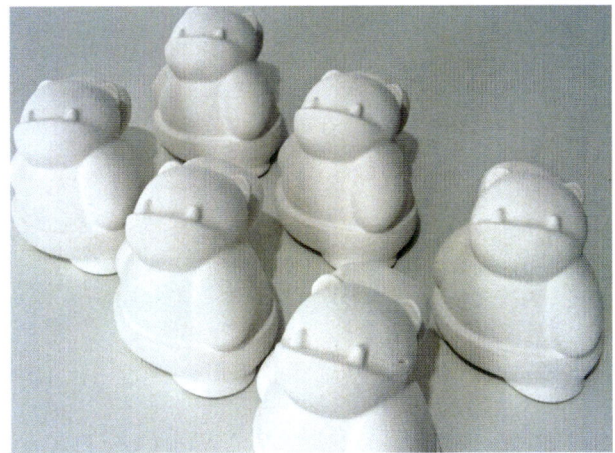

Abb. 5.9 Porzellan-
schale, Design und Quelle:
coburg-designlab

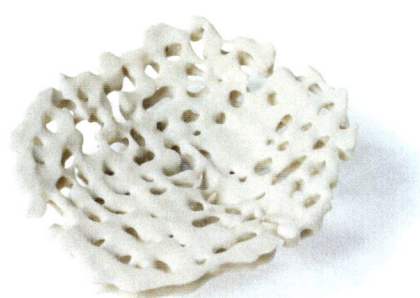

Abbildung 5.8 trägt den Titel Robots, in Abb. 5.9 ist eine Porzellanschale zu sehen.

Design: coburg-designlab
Verfahren: Keramikdruckverfahren

Tie Heal

Tie Heal ist ein Damenschuh aus einem Band. Der Schuh wird anhand der 3D-Scan-Daten seiner künftigen Trägerin am Rechner ausgearbeitet und gestaltet. Anschließend wird der Schuh in einer Hart-Weich-Kombination erstellt, um ein komfortables Tragegefühl zu gewährleisten.

Dieser Tie Heal spiegelt somit nicht nur die ästhetischen Vorlieben seiner Trägerin wider, sondern ist zudem optimal an ihren Fuß angepasst (s. Abb. 5.10).

Design: Moritz Zahn
Verfahren: selektives Lasersintern mit ABS

VRZ1

VRZ1 ist ein Fahrrad mit Laser-Cusing-generierten Verbindungs- und Funktionsmuffen. Das Laser-Cusing-Verfahren erlaubt eine Vorgehensweise, Räder innerhalb

Abb. 5.10 Tie Heal,
Design: Moritz Zahn,
Quelle: coburg-designlab

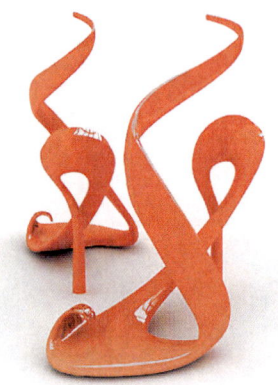

Abb. 5.11 VRZ1,
Design: Ralf Holleis,
Quelle: coburg-designlab

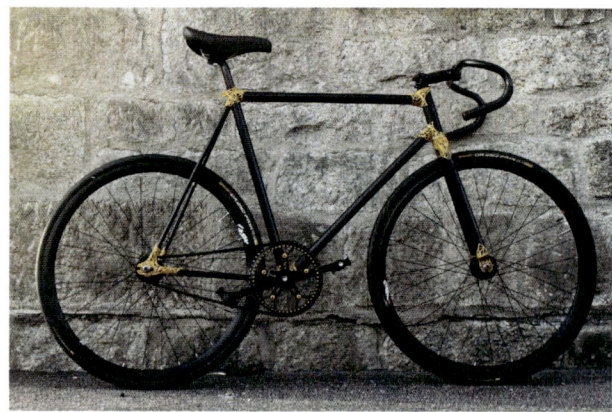

Abb. 5.12 VRZ1,
Einzelteile,
Design: Ralf Holleis,
Quelle: coburg-designlab

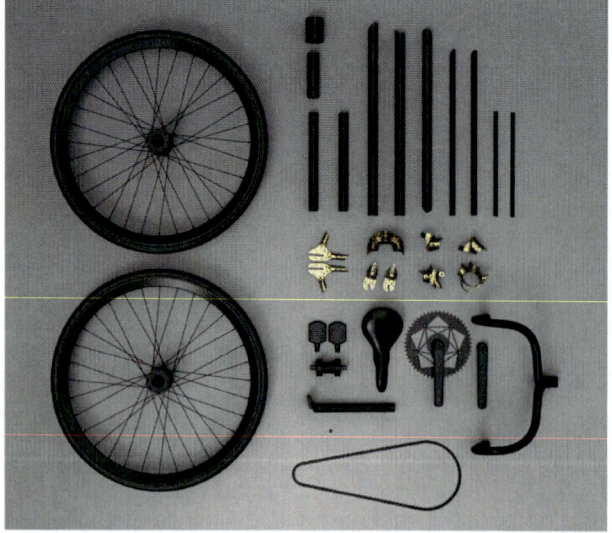

eines Tages herzustellen, die optimal auf den Fahrer und seine Anforderungen angepasst sind. Mittels des additiven Produktionsprozesses können komplexe und hinterschnittige Funktionsmuffen erstellt werden, die bei gleichzeitiger Materialreduktion eine höhere Steifigkeit aufweisen, als bei anderen Verfahren zu erzielen ist.

Abbildung 5.11 zeigt das komplette Fahrrad, während in Abb. 5.12 separat noch einmal seine Einzelteile zu sehen sind.

Design: Ralf Holleis

Verfahren: Laser Cusing

Zusätzlich zu den durch das coburg-designlab zur Verfügung gestellten Informationen zum Designobjekt VRZ1 sei an dieser Stelle noch erwähnt: Anfang 2011 wurde durch den britischen Flugzeugbauer EADS das weltweit erste Fahrrad aus dem 3D-Drucker vorgestellt. Über dieses erste 3D-gedruckte Fahrrad mit dem Namen „Airbike" wird in diesem Buch im Kapitel „Ausblick: 3D-Druck als Zukunftstechnologie" berichtet.

Das Fahrrad VRZ1 ist nun eine höchst elegante deutsche Design-Variante. Hier beweist sich wiederum die rasante Entwicklung der 3D-Druck-Technologie: Innerhalb eines Zeitraums von weniger als einem Jahr gibt es nicht mehr nur einen ersten funktionalen Prototyp, sondern bereits Designer-Fahrräder, von denen viele Teile im 3D-Druck-Verfahren hergestellt werden. Ursprünglich im coburg-designlab entwickelt, wird das Fahrrad VRZ1 jetzt in der Designmanufaktur VORwaeRTZ produziert.

xy- climbing

Ein Kletterschuh, der in vielfacher Hinsicht auf seinen Nutzer hin optimiert wurde. Nach dem 3D-Einscannen des Fußes dienen die generierten Daten als Basis für die Modellierung des Schuhs am Rechner. Fußfehlstellungen werden orthopädisch berücksichtigt – ebenso wie das individuelle Leistungsprofil des Sportlers. Hergestellt wird dieser Schuh in einer Hart-Weich-Kombination in einem Arbeitsgang. Individuelle geschmackliche Wünsche des Nutzers können dabei noch berücksichtigt werden (s. Abb. 5.13).

Design: Ginette Kusuma

Verfahren: PolyJet

„aaltoilu" – Vision – Coburg

Den filigranen Armbändern und Ringen der Serie „aaltoilu" liegt die Eigentümlichkeit individueller Bewegung zu Grunde.

Die Bewegung einer Person wird über einen vorgegebenen Zeitraum aufgezeichnet und wird mit ihrem Profil zum gestalterischen Ausgangsmaterial für einen sehr persönlichen Schmuck, der mit weiteren persönlichen Informationen angereichert und verdichtet wird.

Dieses können Kontextdaten wie geografische Angaben, aber auch sehr persönliche Ereignisse oder Daten sein.

Abb. 5.13 xy-climbing,
Design: Ginette Kusuma,
Quelle: coburg-designlab

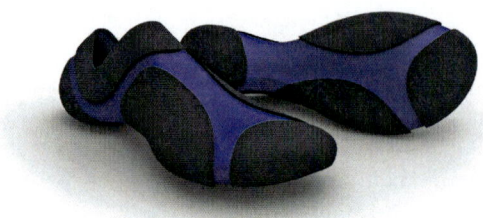

Abb. 5.14 "aaltoilu",
Design: Vision 2.0/coburg,
Quelle: coburg-designlab

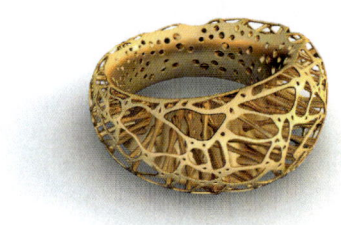

Abb. 5.15 "aaltoilu",
Design: Vision 2.0/coburg,
Quelle: coburg-designlab

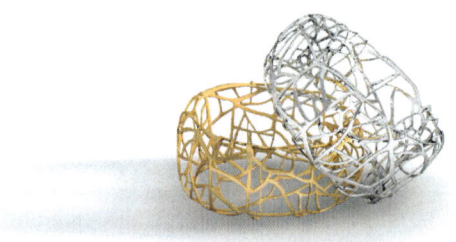

Abb. 5.16 "aaltoilu",
Design: Vision 2.0/coburg,
Quelle: coburg-designlab

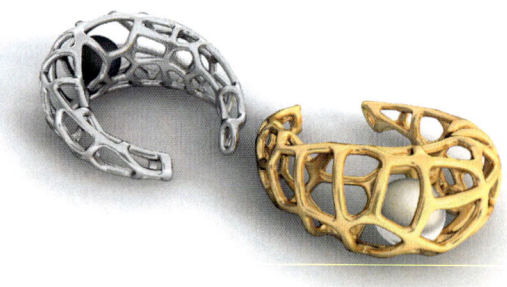

Der dabei entwickelte Datensatz wird mittels Processing in ein dreidimensionales Schmuckobjekt mit einer absolut einmaligen und individuellen Ausprägung übersetzt.

Die Aufgabe und Herausforderung des Designers liegt dabei in der Auswahl und Gestaltung der Interpretationsvorgaben für die einzelnen Bewegungscharaktere und ihre Anmutung sowie eines definierten Gestaltungsrahmens.

Ausgegeben wird dieser Schmuck mit seiner einzigartigen Struktur in Titan und anschließend galvanisch veredelt.

Wie filigran und fein der Schmuck ist, zeigen die Abbildungen 5.14, 5.15 und 5.16.

Design: vision 2.0/coburg
Verfahren: Lasersintern (Titan)

5.2.2   SHAPES iN PLAY, Berlin

SHAPES iN PLAY ist ein Büro für Produktdesign mit dem Fokus auf der Gestaltung emotional und materiell nachhaltiger Produkte. Die folgenden Objekte sind Werke der Designer Johanna Spath und Johannes Tsopanides.

Cloudspeaker
Cloudspeaker ist ein neuartiges Konzept zur Generierung von individualisierten Lautsprechern.

Hört man über Internet-Radiostationen Musik, wird die Auswahl der gehörten Lieder gespeichert, analysiert und in Tags zusammengefasst. Das Konzept Cloudspeaker bedient sich jener Informationen und übersetzt diese in Lautsprecher, die den Musikgeschmack eines Nutzers darstellen.

Ein Ausschnitt aus den Frequenzspektren der 33 Lieblingslieder und die Bewertung der Tags in laut-leise, bewegt-ruhig und weich-hart geben jedem Lautsprecher parametrisch seine eigene Form.

Beispielhaft für alle möglichen Varianten wird das Konzept Cloudspeaker anhand von Lautsprechern zum Thema Heavy Metal, Pop und Ambient dargestellt.

Cloudspeaker ist jetzt Teil der Sammlung des Disseny Hub Museums in Barcelona (s. Abb. 5.17).

Design: Johanna Spath & Johannes Tsopanides, 2008
Verfahren: Lasersintern (Polyamid)

InfObjekte
InfObjekte ist eine dreidimensionale Informationsvisualisierung zum Thema Lebensmittel.

Informationen aus den Zutaten verschiedener Gerichte wurden exemplarisch analysiert: der Energiegehalt, das CO_2-Äquivalent und der Preis.

Ein hoher Energiegehalt lässt kleine Wurzeln an der Außenfläche der Geschirrteile sprießen.

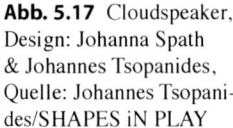

Abb. 5.17 Cloudspeaker,
Design: Johanna Spath
& Johannes Tsopanides,
Quelle: Johannes Tsopani-
des/SHAPES iN PLAY

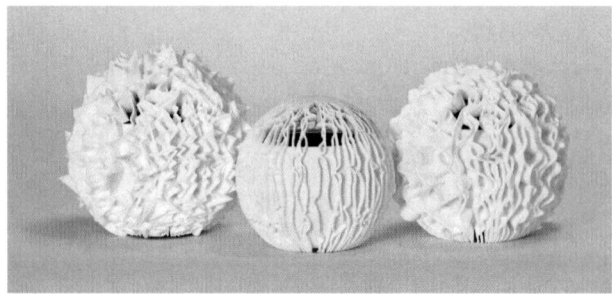

Das CO_2-Äquivalent wird über kleine „Ozonlöcher" in den Objekten visualisiert und deutet an, wie viele Treibhausgase bei der Aufzucht oder dem Anbau und der Verarbeitung eines Lebensmittels entstehen.

Der Preis einer Zutat wird dargestellt, indem der Rand des Segmentes dem Wert entsprechend nach oben versetzt ist.

Diese Werte haben direkten Einfluss auf die Form und Funktion eines Geschirrs, bestehend aus einem Teller, einer Schale und einem Becher und werden so (be-)greifbar. Die Objekte sind in Segmente gegliedert, welche die einzelnen Zutaten des Gerichts darstellen (s. Abb. 5.18 und 5.19).

Die Informationen konnten über eine Java-basierte Programmiersprache (www.processing.org) direkt in die digitalen Objekte einfließen und dann als Datensatz gespeichert werden. Materialisiert wurden die Produkte mittels Rapid-Manufacturing-Herstellungsverfahren.

Die Objekte sind dabei weniger als Gebrauchsgegenstand gedacht, sondern haben die Funktion, den Betrachter zur Auseinandersetzung mit der allgegenwärtigen Thematik des Konsums und dem Umgang mit Lebensmitteln anzuregen.

Design: Johannes Tsopanides, 2010
Verfahren: Lasersintern (Polyamid)

Soundplotter
Soundplotter ist ein interaktives Konzept, das sich mit der Übersetzung von Geräuschen in ein materielles Produkt am Beispiel einer Vase auseinander setzt.

Mittels einer eigens geschriebenen Software wird Sound in ein virtuelles dreidimensionales Produkt überführt. Da dieses digitale Objekt veränderlich ist, kann es in Echtzeit auf den Input reagieren. Dieser wird direkt im Produkt abgebildet: größere Lautstärke führt zu größeren Ausschlägen in der Struktur der Vase.

Dieses System ermöglicht es auch, den zukünftigen Nutzer in den Entstehungsprozess des Produkts einzubinden. Zum Beispiel, indem er eine Nachricht hinterlassen kann. Diese intuitive Art der Partizipation im Design soll den emotionalen Mehrwert des Objekts steigern und so zu einer nachhaltigeren Beziehung von Mensch zu Produkt führen.

Abb. 5.18 InfObjekte,
Design: Johannes Tsopa-
nides, Quelle: Johannes
Tsopanides/SHAPES iN
PLAY

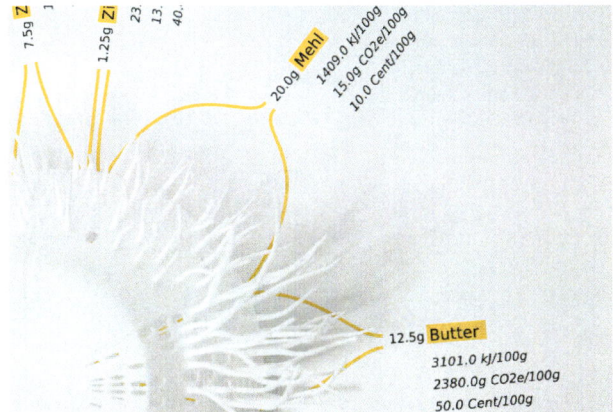

Abb. 5.19 InfObjekte,
Design: Johannes Tsopa-
nides, Quelle: Johannes
Tsopanides/SHAPES iN
PLAY

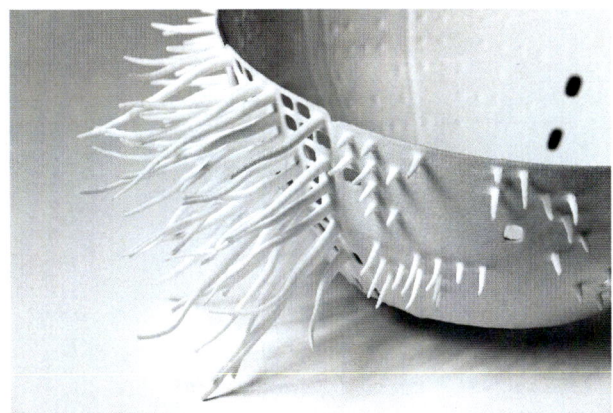

Realisiert wird das „individualisierte" digitale Objekt über Rapid-Manufactu-
ring-Verfahren.

Soundplotter ist jetzt Teil der Sammlung des Disseny Hub Museums in Barcelona (s. Abb. 5.20).

Design: Johanna Spath & Johannes Tsopanides, 2008

Verfahren: Lasersintern (Polyamid)

5.2.3   3D-Druck im Modellbau – Modellbauerträume werden Wirklichkeit, einige Beispiele

Im Bereich Modellbau bietet sich 3D-Druck nicht allein für Konstrukteure an, die
sich zum Beispiel ihr eigenes Auto-Miniaturmodell selbst zeichnen oder Teile für
ihr ferngesteuertes Flugzeug benötigen und ausdrucken lassen. Auch „fehlende"

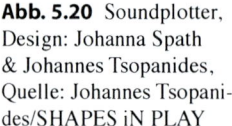**Abb. 5.20** Soundplotter,
Design: Johanna Spath
& Johannes Tsopanides,
Quelle: Johannes Tsopani-
des/SHAPES iN PLAY

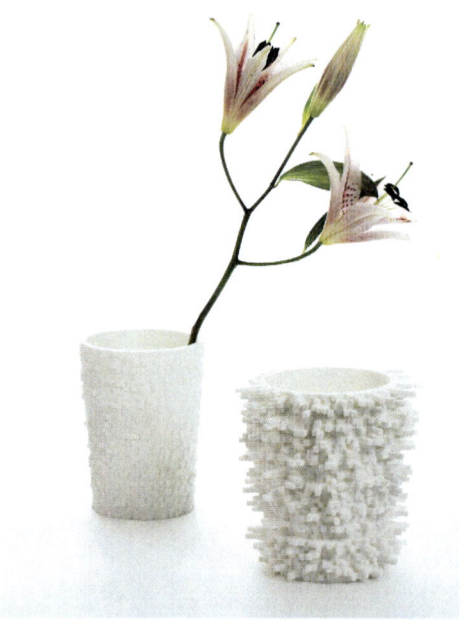

Modelle, die im Handel nicht erhältlich sind, können anhand von Fotos und Bauplä-
nen durch engagierte Modellbauer konstruiert und dann gedruckt werden. Wer ein
besonderes Modell – sei es eine Lokomotive einer bestimmten Bauart – gern haben
möchte, muss nicht darauf warten, dass ein Modell aus chinesischer Produktion
eines Tages in den Handel kommt: Er kann es sich selbst zeichnen.

Kleinserienhersteller, also Hersteller, die von einem Modell oft nur einige Dut-
zend Stück fertigen, haben mittlerweile die Möglichkeit, preisgünstig den großen
Herstellern zur Konkurrenz zu werden. Je nach Erfolg der konstruierten Produkte
steht es ihnen frei, sich ihre Modelle jederzeit nachdrucken lassen. Die flexible On-
Demand-Produktion sorgt dafür, dass sie ihre Produkte nicht risikoreich vorfinanzieren müssen und dabei eventuell ihre Ware nur über einen sehr langen Zeitraum
absetzen können.

Jetzt kann jeder Modellbauer mit guten Ideen und einigen CAD-Kenntnissen
selbst zum Hersteller werden.

An dieser Stelle sind mit dessen Erlaubnis Fotos einiger Objekte eines Kleinse-
rienherstellers zu sehen.

Konstruiert wurden die Objekte von Chris Imhof vom Modellbau-Kleinserien-
hersteller N-Spur-Blaulicht in Rothenbuch. Alle hier abgebildeten Teile wurden
entweder im PolyJet- oder im Multi-Jet-Modeling-3D-Druck-Verfahren hergestellt.
Besonders zu beachten ist bei den Fahrzeugen, wie filigran und klein sie sind: Für
N-Spur-Blaulicht werden die Modelle in der Regel im Maßstab 1:160 zum Original
konstruiert. Auf den nachfolgenden Fotos sind zwecks Größenvergleichs teilweise
neben den Objekten Cent-Stücke platziert.

Im Multi-Jet-Modeling-Verfahren gefertigt wurde dieses Ambulanzfahrzeug von 1917, welches in Abb. 5.21 als unbemalter Bausatz zu sehen ist. Das Auto ist einteilig und so filigran, dass die Zwischenräume zwischen den Speichen tatsächlich durchbrochen sind. Die Unterlage, auf welcher das Fahrzeug steht, zeigt ein 5-mm-Raster.

Das in Abb. 5.22 dargestellte Flugfeldlöschfahrzeug Faun wurde im PolyJet-Verfahren hergestellt und nachträglich lackiert. Das Modell wurde so konstruiert, dass der Dachmonitor beweglich ist.

Abbildung 5.23 zeigt die für das Objekt verwendeten 3D-gedruckten Einzelteile in der Übersicht.

Im Folgenden sehen Sie Eigenentwicklungen der Firma Fasterpoly im Bereich der Konstruktion im Modellbau.

Diese in Abb. 5.24 gezeigte Hüpfburg wurde im Maßstab 1:160 für Fasterpoly konstruiert und im Lasersinter-Verfahren ausgedruckt.

In Abb. 5.25 ist die Hüpfburg noch einmal zu sehen: bunt lackiert und mit einigen Modellbau-Figuren dekoriert.

Das in Abb. 5.26 gezeigte, im PolyJet-Druck-Verfahren hergestellte Objekt, ist ein Beispiel für Reverse Engineering: Die Weichenbauteile wurden im Maßstab 1:45 von Edward von Flottwell passgenau für eine Weiche der Modellbaufirma Lenz konstruiert. Die Elemente halten durch einfaches Einklemmen im Schienenkopf.

Sie lassen sich leicht mit Modellbaufarben lackieren, wobei es einige Geduld erfordert, Stein für Stein das Pflaster in den unterschiedlichen Farbgebungen zu bemalen (s. Abb. 5.27). Stark lösemittelhaltige Farben sollten dazu nicht verwendet werden, weil sie das Material angreifen könnten.

Ebenfalls von Edward von Flottwell konstruiert und mit dem PolyJet-Verfahren hergestellt wurde dieses in Abb. 5.28 gezeigte Stellpult der Baureihe E43 mit 24 Hebeln. Obwohl das Bauteil im Maßstab 1:45 gedruckt wurde, sind kleinste Feinheiten in der Struktur gut wiedergegeben.

Wer möchte, kann sich sogar seine eigenen Bahnhofsgebäude oder Häuser für die Modellbahnanlage selbst konstruieren und nachbauen.

Dieses in Abb. 5.29 dargestellte Abortgebäude wurde für Fasterpoly im Maßstab 1:87 – das entspricht der Modellbaugröße H0 – gezeichnet. Es orientiert sich an Anlagen, wie sie um 1890 an Haltepunkten auf deutschen Bahnhöfen erbaut wurden. Gedruckt wurde das Aborthäuschen mit dem Digital-Light-Processing-Verfahren. Deutlich ist hier zu erkennen, dass Bau- und Stützmaterial identisch sind.

Ersatzteile selbst herstellen

Modellbauer können sich mit Hilfe von 3D-Druck Ersatzteile passgenau und individuell, schnell und in beliebiger Stückzahl selbst herstellen. Benötigt wurden zwei Kupplungshaken für ein Wagenmodell. Im Handumdrehen gezeichnet, wurden sie mit dem PolyJet-Verfahren zu einem Cent-Betrag ausgedruckt – und waren dank des 3D-Druckers sofort und ohne Wartezeit verfügbar (s. Abb. 5.30).

Abb. 5.21 Im Multi-
Jet-Modeling-Verfahren
gefertigtes Ambulanzfahr-
zeug mit Größenvergleich,
Quelle: Chris Imhof/
N-Spur-Blaulicht

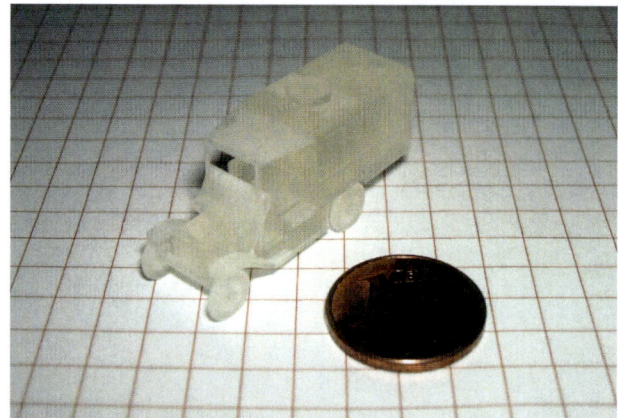

Abb. 5.22 Flugfeldlösch-
fahrzeug, im PolyJet-
Verfahren gedruckt und
nachträglich lackiert,
Quelle: Chris Imhof,
N-Spur-Blaulicht

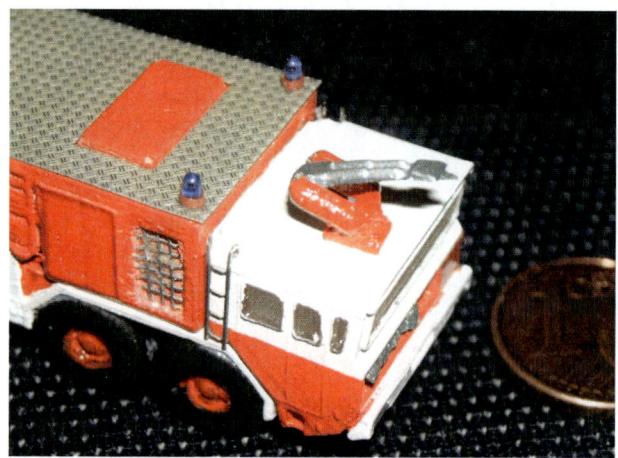

Abb. 5.23 Flugfeldlöschfahrzeug, im PolyJet-
Verfahren gedruckt, Ein-
zelteile im Vordergrund
unlackiert,
Quelle: Chris Imhof,
N-Spur-Blaulicht

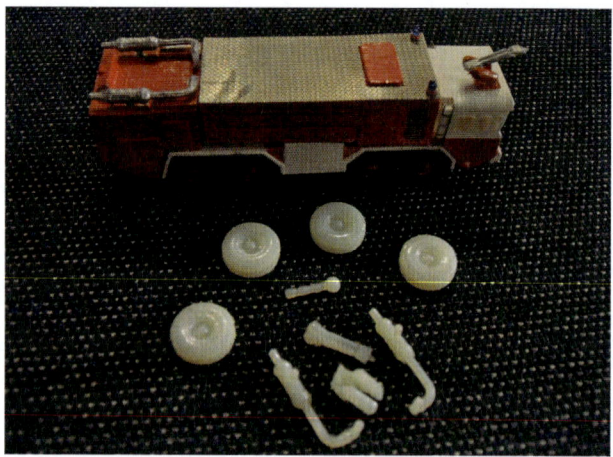

Abb. 5.24 Hüpfburg, im Lasersinter-Verfahren hergestellt, Quelle: Fasterpoly

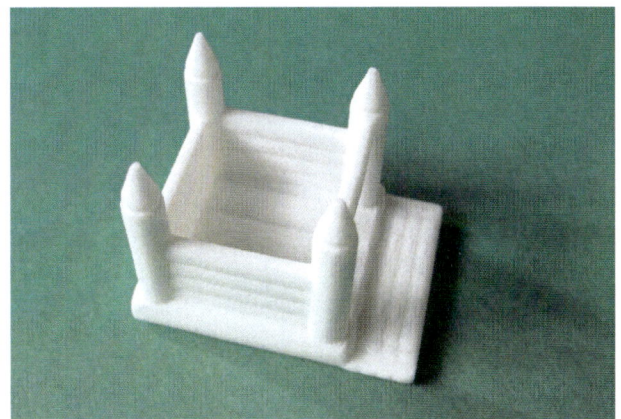

Abb. 5.25 Die gedruckte Hüpfburg, bunt lackiert und dekoriert, Quelle: Fasterpoly

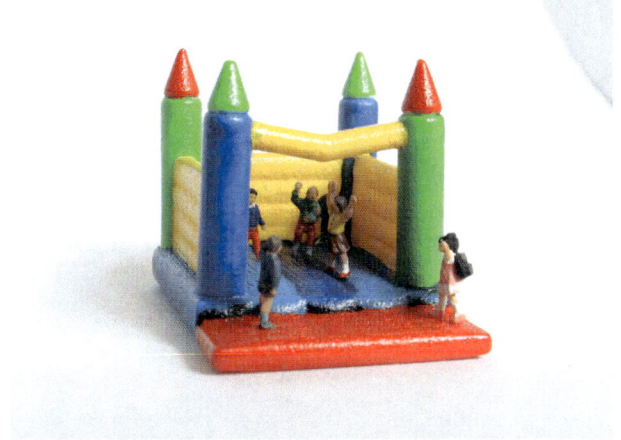

Abb. 5.26 Im PolyJet-Verfahren gedruckte Weiche, ein Beispiel für Reverse Engineering, Quelle: von Flottwell

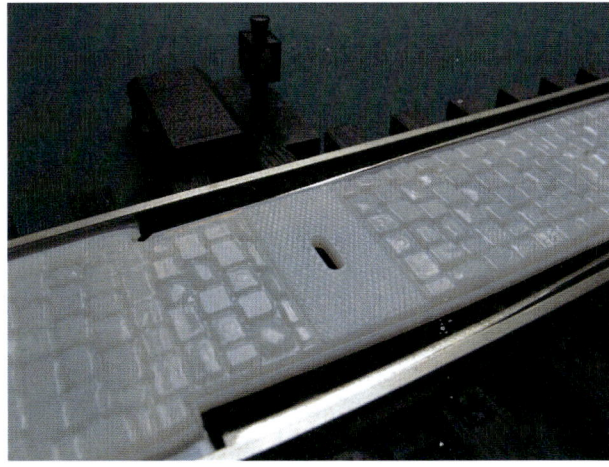

Abb. 5.27 Bei der
Weiche wurden die
Steine individuell bemalt,
Quelle: von Flottwell

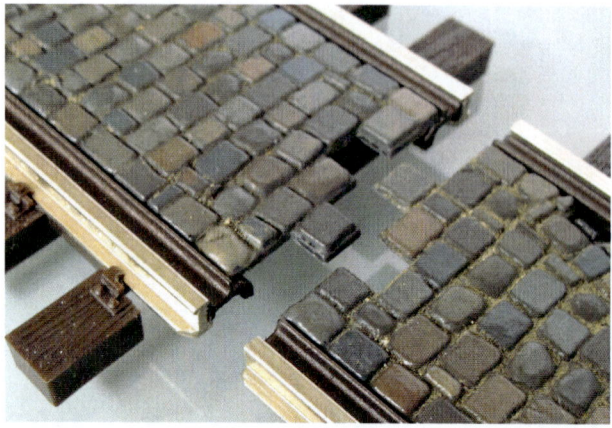

Abb. 5.28 Ein Stellpult,
im PolyJet-Verfahren
hergestellt,
Quelle: Fasterpoly

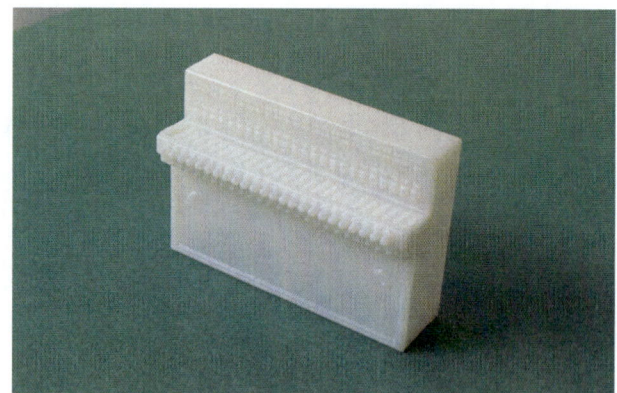

Abb. 5.29 Ein im
Digital-Light-Processing-
Verfahren gedrucktes
Aborthäuschen,
Quelle: Fasterpoly

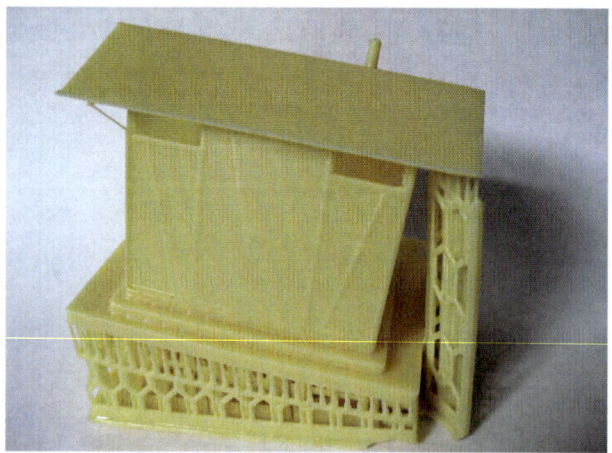

Abb. 5.30 Ersatzteile wie diese
Kupplungshaken sind schnell selbst
hergestellt und lackiert,
Quelle: Fasterpoly

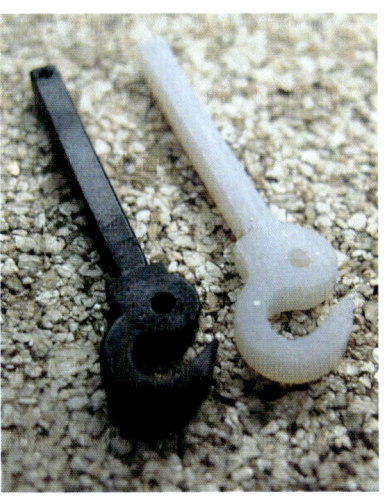

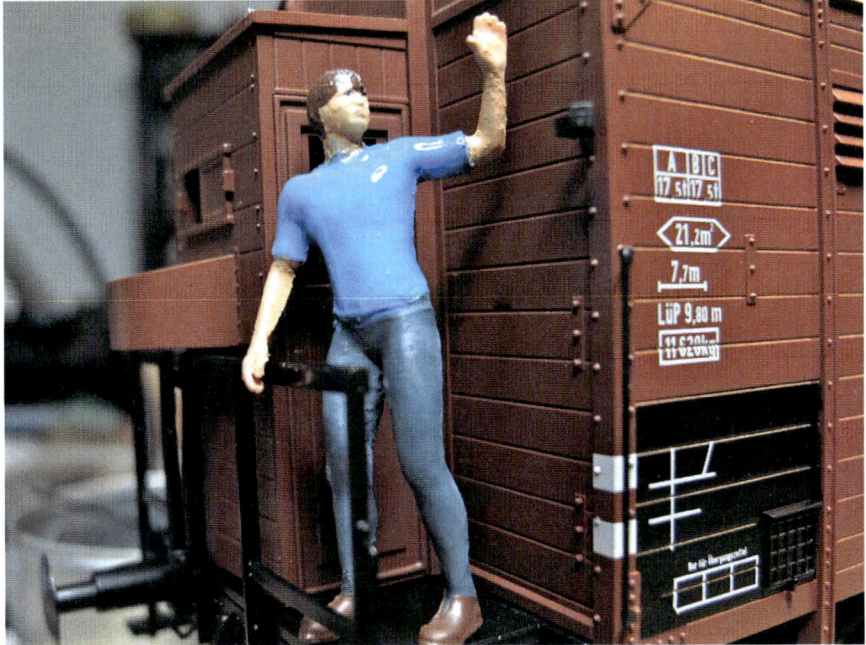

Abb. 5.31 Mit einer kostenlosen Software schnell selbst produziert: eine Figur für die Modell-
bahn, Quelle: Fasterpoly

Bau dir deinen Menschen

Der in Abb. 5.31 gezeigte 3D-gedruckte Mensch wurde mit der kostenlosen CAD-
Software DAZ Studio von Edward von Flottwell konstruiert und im PolyJet-Druck-
Verfahren hergestellt. Mehr zu der Software DAZ Studio, die sich ausgezeichnet für
die Personenkonstruktion eignet, finden Sie im Kapitel „Software für 3D-Druck."

Gerade unter Modellbauern sind Figuren sehr gefragt. Umso erfreulicher ist es, wenn man sie mit Hilfe einer kostenlosen Software nicht nur als Standardfiguren übernehmen muss, sondern sie individuell gestalten, anziehen und bemalen kann.

5.3   3D-Druck in der Schmuck-Industrie

Das sogenannte Wachsplotten ist gerade für die Herstellung von Schmuck-Urformen das am besten geeignete Verfahren. Die Vorteile dabei sind neben einer sehr hohen Auflösung die Design-Freiheit sowie die vollkommen unproblematische Weiterverarbeitung im Guss oder beim Abformen.

Je nach Auflösung sind sehr genaue, glatte Oberflächen und Detaildarstellungen möglich. Gestalterisch gibt es für Schmuck-Designer kaum Einschränkungen, weil auch Hinterschneidungen und offene Hohlräume gedruckt werden können.

Auf Stütz- oder Haltekonstruktionen wie etwa beim mehrachsigen Fräsen muss beim 3D-Druck keine Rücksicht genommen werden, weil die Stützkonstruktionen nach der Fertigstellung wieder vollständig aus dem Objekt entfernt werden.

Weil sich meiner Ansicht nach 3D-Druck in der Schmuck-Industrie bisher weniger stark durchgesetzt hat als zu erwarten wäre und viele Juweliere noch ohne dieses moderne Verfahren arbeiten, stelle ich in einem der letzten Kapitel des Buches einen Hersteller (Solidscape) mit einem Rapid-Prototyping-Verfahren vor, das sich besonders gut für die Schmuck-Industrie eignet: dem Wachsdruckverfahren.

Bisher war es in der Schmuck-Industrie üblich, dass Modelle aufwendig in Handarbeit hergestellt wurden. Die Geschwindigkeit beim 3D-Druck ermöglicht mittlerweile Juwelieren, in viel kürzerer Zeit erheblich größere Mengen von individuellen Schmuckstücken herzustellen als zuvor – und spart wertvolle Arbeitszeit.

Der Ausschuss an Edelmetall ist viel geringer als er es bei herkömmlicher Herstellung war. Der Grund dafür liegt zum einen darin, dass es keine „Fehlversuche" mehr geben muss und wesentlich kleinere Mengen Material zerspant werden als zuvor. Bei der Urformherstellung für ein Schmuckstück wird genau das gedruckt, was vom Designer in einem CAD-Programm gezeichnet wurde.

Metalle wie Edelstahl und Titan werden mittels Lasersinterns immer mehr direkt zu Schmuck verarbeitet. Selbst mit der serienmäßigen Nutzung von Gold als Bau-Material wird in Kürze gerechnet. Als feines Pulver werden die Metalle beim Lasersintern durch den Laserstrahl aufgeschmolzen.

Die Schmuckstücke, die so entstehen, sind nicht nur von hoher Qualität, sondern werden zudem äußerst wirtschaftlich produziert: Der Grund dafür liegt darin, dass viele früher erforderliche Arbeitsschritte – wie zum Beispiel das Gießen, Löten oder Umformen – bei dem Rapid-Prototyping-Verfahren vollständig entfallen.

5.4   Schmuckherstellung auch für Laien – an einem einfachen Beispiel gezeigt

Sehr leicht ist es auch für Ungeübte möglich, sich anhand eines dreidimensional gedruckten Prototyps eine Silikonform herstellen zu lassen, um daran anschließend ein Gussmodell in Gold, Silber oder anderen Materialien produzieren zu lassen.

Man muss nicht einmal Schmuckdesigner oder Juwelier sein, um zum Beispiel einen einfachen Kettenanhang wie diese lachende Weintraube fertigen zu lassen. Der hier abgebildete Kettenanhang wurde nicht mit Hilfe von Wachsplotten hergestellt. Um ein Muster zeigen zu können, habe ich die Urform mit einem kleinen bürotauglichen 3D-Drucker in Kunststoff ausgedruckt und später eine Silikonform daraus fertigen lassen.

Zur Herstellung des Kettenanhangs waren folgende Arbeitsschritte erforderlich:

Zunächst habe ich – wie in Abb. 5.32 zu sehen – die Traube in einem CAD-Programm dreidimensional als Volumenmodell konstruiert. Die Traube wurde als komplette Frucht gezeichnet. Erst nachträglich wurde das Modell mit einer Schnei-defunktion des CAD-Programms in zwei Hälften geschnitten, um daraus einen flachen Kettenanhang vorzubereiten. Damit später eine Halskette durchgezogen werden kann, wurde die Traube direkt in dem CAD-Programm mit einer Bohrung versehen und die Kanten wurden abgerundet.

Daraufhin habe ich die Traube ausgedruckt und meinen Prototyp an ein Gussunternehmen geschickt, wo eine Silikonform gefertigt wurde. Der Kettenanhang, der in den Abb. 3.33 und 3.34 zu sehen ist, wurde einmal in Messing, einmal in Silber hergestellt. Die Traube ist vielseitig verwendbar: In Silber eignet sie sich als Kettenanhang, in Messing ist sie als Dekoration für eine hochwertige Weinflasche attraktiv.

Dabei bleiben die Produktionskosten auch für Privatpersonen überschaubar. Bei Gefallen und gutem Verkauf kann man mit einer für ein solches Objekt geschaffenen Silikonform bis zu 1.000 Kettenanhänge herstellen. Hier lässt sich erkennen: Sobald man mit seiner Produktion in Serie geht, wird die Herstellung jedes einzelnen Stücks immer preisgünstiger.

Und wiederum zeigt sich, dass jeder zum Hersteller werden kann.

Wer nicht gerade Schmuck in einem hochwertigen Material herstellen möchte, kann bei einfachen Produkten – wie zum Beispiel einer iPhone-Halterung – in Serien von 5 bis über 100 Stück mit 3D-Druck schon jetzt wirtschaftlich produzieren. So lassen sich Aufwand und Zeit für die Herstellung einer Gussform sparen.

Abb. 5.32 CAD-Modell
des Kettenanhangs in der
Seitenansicht,
Quelle: Fasterpoly

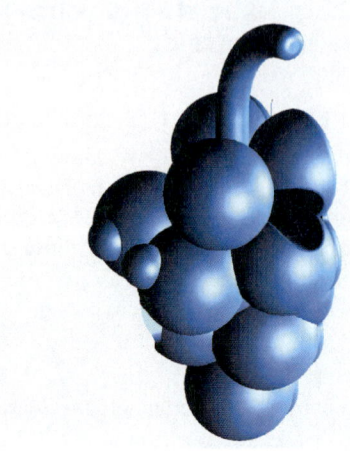

Abb. 5.33 Traube als
silberner Kettenanhang,
Quelle: Fasterpoly

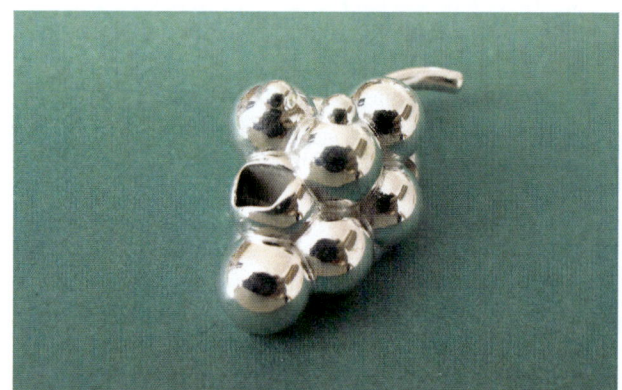

Abb. 5.34 Traube in
Messing als Weinflaschen-
dekoration,
Quelle: Fasterpoly

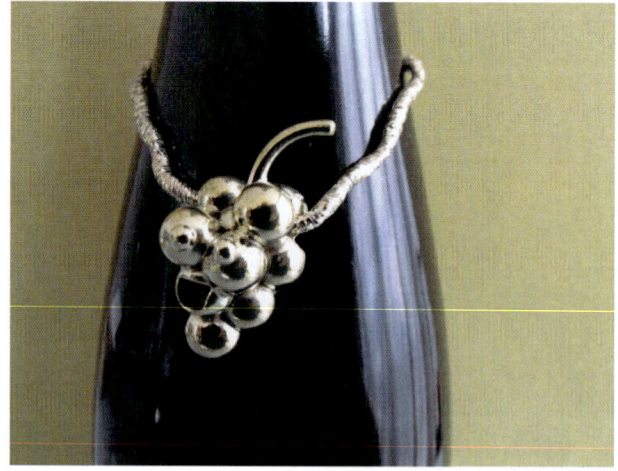

5.5 Welche Möglichkeiten die 3D-Druck-Technologie noch eröffnet – und wo ihre Grenzen sind

Immer wieder trifft die 3D-Druck-Technologie jedoch auf Grenzen.

Ist die gewünschte Materialstärke zu dünn, können die gedruckten Bauteile zerbrechen. Die minimale Wandstärke ist allerdings auch abhängig von der Modellgeometrie und auch -größe – und nicht zuletzt vom verwendeten Material.

Abhängig vom Verfahren sind die Bauteile von unterschiedlicher Stabilität. Die Gips-Objekte zum Beispiel haben vor dem Infiltrieren eine sehr geringe Festigkeit. Beim Infiltrieren werden die gedruckten Bauteile mit Epoxidharz oder mit Isozynat behandelt. Danach kann man sie von der Festigkeit her mit Kreide vergleichen.

Die Kunststoff-Objekte hingegen sind in Grenzen flexibel und gleichzeitig relativ stabil. Nachteilig ist, dass sie oft schnell Feuchtigkeit aufnehmen und sich dabei mit der Zeit verformen können. Das lässt sich zwar durch Lackierung verzögern, aber dennoch nicht völlig vermeiden. Andere Kunststoffe sind UV-lichtempfindlich und verspröden mit der Zeit.

Jedes Verfahren hat einige Vor- und Nachteile, die ausführlich in dem späteren Kapitel „Rapid-Prototyping-Verfahren: eine Übersicht" beschrieben und in einer tabellarischen Übersicht in dem Kapitel „Entscheidungshilfe für ein Rapid-Prototyping-Verfahren" dargestellt sind.

Gegenwärtig ist 3D-Druck in der Regel noch auf bestimmte Materialien beschränkt – Kunstharze/Photopolymere, Nylon, schmelzfähige Kunststoffpulver oder -fäden, Gips, Wachs, Papier und Metallpulver wie Stahl, Aluminium oder Titan. Es wird aber kontinuierlich mit verschiedensten neuen Bau-Materialien experimentiert, die nach und nach sicherlich zum standardmäßigen Einsatz kommen werden.

So wird zum Beispiel der 3D-Druck mit Lebensmitteln für die Industrie zunehmend interessant. Ausführlicher wird darauf in dem späteren Kapitel „Ausblick: 3D-Druck als Zukunftstechnologie" eingegangen.

Die Eigenschaften der Bau-Materialien werden in Zukunft in jedem Fall in vielerlei Hinsicht noch verbessert werden müssen – sei dies in Bezug auf Festigkeit, Elastizität, Dichte, Stabilität oder Leitfähigkeit. Auch die Kombination verschiedener Bau-Materialien ist zwar derzeit schon möglich, aber bisher noch in einem sehr eingeschränkten Rahmen.

Beim 3D-Druck gibt es eine Abweichungstoleranz von typischerweise einem Zehntelmillimeter. Bei einigen Verfahren, wie zum Beispiel dem Metallsintern, auch deutlich mehr. Oder – zum Beispiel im Wachsdruck – sogar weniger.

Anfang 2011 legte der 3D-Druck-Dienstleister Shapeways Regeln fest, welche Konstrukteure in ihren Entwürfen für Objekte aus Stahl beachten sollten. Nachdem das Unternehmen einige Monate Erfahrungen mit dem neuen Material gesammelt hatte, war es ihm möglich geworden, Mindestanforderungen zu bestimmen, um ein optimales Objekt herstellen zu können.

So zum Beispiel sei eine minimale Wandstärke von 3 mm erforderlich, die bei den 3D-Entwürfen beachtet werden müsse. Da diese Einschränkung von den Kunden nicht positiv aufgenommen wurde, erklärte Shapeways, wie es auch möglich werde, ein Design zu erstellen, das unter 3 mm produziert werden könne.

Es ist jedoch zu erwarten, dass diese Einschränkungen immer wieder überarbeitet werden – nicht zuletzt in Absprache mit den Herstellern und Betreibern von 3D-Druckern, welche die Technologie stets weiterentwickeln. Um die Grenzen von 3D-Druckern beurteilen zu können, muss man sich mit den einzelnen Verfahren sehr intensiv beschäftigt haben und Erfahrungen sammeln.

6

6.1   Der 3D-Drucker als Wirtschaftsrevolutionär – Ansichten und Prognosen

Was es durch dreidimensionale Herstellungsverfahren an Möglichkeiten gibt oder geben kann, schreibt das britische Wochenmagazin „The Economist" schon Anfang 2011 (Ausgabe: 12. – 18. Februar 2011). Der „Economist" geht so weit, 3D-Druck mit der industriellen Revolution des späten 18. Jahrhunderts zu vergleichen – insofern als Wirtschaft und Gesellschaft sich durch die Möglichkeit der Massenproduktion von Produkten grundlegend veränderten.

Dieser Vergleich wird mittlerweile in den Medien immer öfter genannt.

In den USA forderten Wissenschaftler bereits im Jahr 2010, dass jede amerikanische Schule ein eigenes 3D-Druck-Labor erhält, so zum Beispiel Hod Lipson und Melba Kurman in einem vom US Office of Science and Technology Policy in Auftrag gegebenen Wissenschaftsbericht „Factory @ Home: The Emerging Economy of Personal Fabrication, Overview and Recommendations", Dezember 2010.

Dass man dieser Forderung nach und nach entgegenkommen möchte, ist in den Vereinigten Staaten inzwischen eine beschlossene Sache: Der amerikanische 3D-Drucker-Hersteller Stratasys wurde ausgewählt, um High Schools mit Rapid-Prototyping-Maschinen auszustatten.

Das Programm beginnt im Jahr 2012 mit einer ersten Einführung an 20 Schulen und soll innerhalb von vier Jahren auf insgesamt 50 Schulen ausgeweitet werden. Ausgewählten High Schools wird der Zugang zu 3D-Druckern ermöglicht – all dies im Rahmen des DARPA (Defense Advanced Research Projects Agency = dies ist die Forschungsbehörde des US-Verteidigungsministeriums, welche auch maßgeblich an der Entwicklung des Internets beteiligt war)- und des MENTOR (Manufacturing Experimentation and Outreach)-Programms zur Förderung der US-Industrie.

Am 19. Januar 2012 erklärte Stratasys in einer Pressemitteilung, dass das US-Verteidigungsministerium im Rahmen seines Jugendprogramms STARBASE eine Million Dollar bereitgestellt habe, um mehr als 100 uPrint-SE-3D-Drucker für die Ausbildung von Schülern zu erwerben.

Dass an amerikanischen Schulen im 3D-Druck ausgebildete Schüler ihre Möglichkeiten nutzen und so zu Erfindern werden können, beweist eindrucksvoll das im

P. Fastermann, *3D-Druck/Rapid Prototyping*, X.media.press,
DOI 10.1007/978-3-642-29225-5_6, © Springer-Verlag Berlin Heidelberg 2012

späteren Kapitel „3D-Druck in der Medizintechnik" genannte Beispiel des Prothesenentwicklers Eric Ronning.

Im September 2011 berichtet Daniela Zimmer in ihrem Artikel „Das Eigenheim aus dem Drucker" über 3D-Druck als nächsten „Big Bang" im E-Business. Dazu zitiert sie Ray Kurzweil, einen Zukunftsforscher, der auch die US-Regierung und die NASA berät. Ray Kurzweil ist der Ansicht, dass in 20 Jahren 3D-Drucker Standard sein werden und Privatleute sich dann ihr eigenes Haus downloaden können. Er weist darauf hin, dass technologische Entwicklungen einem exponentiellen Wachstum folgen: Das bedeute, dass sie sehr langsam starten, aber ab einem gewissen Stadium rasant an Geschwindigkeit gewinnen.

Ähnlich wie beim Mooreschen Gesetz – das in den neunzehnhundertsiebziger Jahren als auf einer empirischen Beobachtung basierenden Faustregel eine Verdoppelung der Leistungsfähigkeit in der Halbleiterindustrie alle zwei Jahre feststellte – ist auch bei 3D-Druckern eine Verdoppelung der Leistungsfähigkeit alle zwei Jahre zu erwarten.

Allerdings schreitet, anders als bei der Halbleiterentwicklung, die Verbesserung der Leistungsfähigkeit beim 3D-Druck parallel auf mehreren Gebieten voran: der Druckgeschwindigkeit, den Materialeigenschaften und der Druckauflösung – um nur einige zu nennen. Die Entwicklung jeder Eigenschaft allein hat einen längeren Innovationszyklus.

Die US-amerikanische Firma Wohlers Associates in Colorado leistet technische und strategische Beratung zu Entwicklungen und Trends in den Bereichen Additive Manufacturing und Rapid Product Development. Der Economist (Ausgabe: 21. – 27. April 2012) zitiert Terry Wohlers, den Firmenchef, mit einer beeindruckenden Aussage: Rund 28 % der Modelle, die heute von 3D-Druckern produziert werden, seien nicht Prototypen, sondern Endprodukte. Wohlers prognostiziert, dass sich diese Zahl bis zum Jahr 2020 sogar auf mehr als 80 % erhöhen wird.

6.1.1   Jeder kann Hersteller werden

Schon jetzt hat jeder, der dreidimensional zeichnen kann oder im Internet ein dreidimensional gezeichnetes Modell erwirbt, die Möglichkeit, selbst eine Vielzahl von Gegenständen, Bauteilen oder Funktionsbauteilen herzustellen. Das heißt: Jeder kann zum Erfinder, Entwickler und sogar Hersteller werden.

Der Verkauf der 3D-Modelle und 3D-gedruckten Objekte ist zweifellos ein Zukunftsmarkt.

Die fortschrittliche 3D-Druck-Technologie reduziert frühere Barrieren für die Herstellung und fördert so Innovationen. Wer in der Lage ist, etwas auf seinem Computer zu entwickeln, kann daraus ein Objekt fertigen lassen, ohne dabei auf Handwerk oder Industrie angewiesen zu sein. Jeder hat die Möglichkeit, sich Prototypen ausdrucken zu lassen, zu prüfen, ob es einen Markt dafür gibt, die Prototypen gegebenenfalls zu verbessern oder zu modifizieren und erneut auszudrucken. Je früher ein Entwicklungsfehler erkannt wird, umso geringer sind die Kosten, die er verursacht. Insbesondere, wenn private Erfinder die Funktionsfähigkeit ihrer

Erfindung überprüfen möchten, sind sie nicht mehr auf große Investitionen in Prototypen angewiesen. Auch ist die Gefahr geringer, dass ihre Idee gestohlen wird.

So wird es immer preiswerter und risikofreier werden, neue Produkte herzustellen. Das wird gerade Start-ups und Investoren zu zuvor nicht gekannten Möglichkeiten verhelfen – und ihnen den Markteintritt enorm erleichtern.

Dreidimensional gezeichnete Design-Ideen können unmittelbar als Objekte umgesetzt werden, ohne dass bei der Produktion zusätzliche Kosten, auch Kapitalkosten, entstehen. Hier zeichnet sich eine vergleichbare Entwicklung ab, die beim Grafikdesign in den 1980er Jahren ihren Anfang nahm: DTP-Software ersetzte die Handzeichnung und den Bleisatz.

Da vom Drucker nur das Material für das Objekt verarbeitet wird, entsteht kaum Abfall, es wird kein hochwertiges Material zerspant und es sind keine Formen und nahezu keine Hilfsstoffe notwendig. So wird die Produktion durch den geringeren Rohstoffverbrauch nicht nur ökologischer, sondern auch preisgünstiger – das kann man möglicherweise mit der Abkehr vom Brief hin zur E-Mail vergleichen.

Bei der Produktentwicklung wird es im Vergleich zu früher einen sehr großen Zeitgewinn geben, das Tempo kann mit der Hilfe von 3D-Druck zunehmend schneller, die Time-to-Market immer geringer werden. Das schafft Wettbewerbsvorteile für alle, welche die Technologie nutzen und wird für jene zum Nachteil werden, die diese Entwicklung ignorieren oder verpassen.

Entwickler und Designer erhalten durch 3D-Druck ohne hohe Kosten die Möglichkeit, Kunden die unterschiedlichsten Entwürfe zu präsentieren. Nicht zu unterschätzen ist die durch 3D-Druck preiswert gewordene Herstellung von Nullserien zur Marktanalyse.

Außerdem kann schließlich jeder, der Freude daran findet, etwas zu erschaffen, ein Modell konstruieren und sich dreidimensional drucken lassen. Wer eine Idee hat, kann zum Erfinder werden – und benötigt kaum handwerkliche Fähigkeiten, um seinen Einfall umzusetzen. Denn oft scheitert eine gute Idee an der Umsetzung zum realen Objekt, da der Vergleich zu industriellen Produkten sehr hohe Hürden schafft. So wie heute jeder – etwas Übung vorausgesetzt – eine professionell aussehende Einladung auf seinem heimischen Rechner und Drucker fertigen kann, so wird in Zukunft die selbst gestaltete Handyhülle, die individuelle Tischdekoration oder das außergewöhnliche Modellflugzeug für Anerkennung und Stolz sorgen.

Kostenlose und intuitive 3D-CAD-Programme, Tauschbörsen, Plattformen und Online-Communities für 3D-Modelle sowie immer preiswerter werdende 3D-Druck-Dienstleister tragen dazu bei, dass der Weg von der Idee zum individuellen 3D-Modell immer kürzer wird. Der Spaßfaktor und der Spieltrieb sind zusätzliche Faktoren, welche die Verbreitung von 3D-Druck unter Privatpersonen schon jetzt immens beschleunigen.

6.1.2   Mass Customization

Bemerkenswert bei der 3D-Technologie ist, dass jedes Produkt zum Einzelstück werden kann.

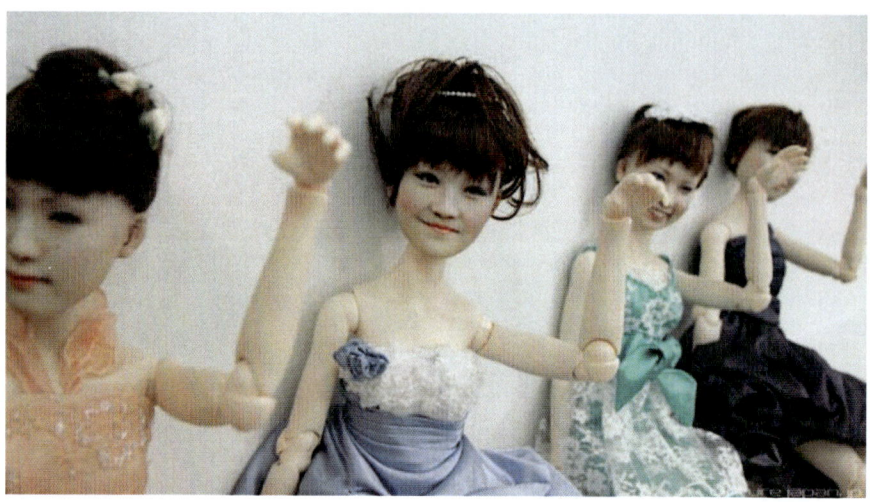

Abb. 6.1 Eingescannte und im 3D-Druck-Verfahren hergestellte Bräute, Quelle: Clone Factory

Das Schlüsselwort der Zukunft ist Mass Customization (kundenindividuelle Massenproduktion). Schon jetzt ist es in anderen Branchen weit verbreitet, dass Kunden über das Internet individualisierte Produkte bestellen können.

Sei es, dass sie sich Stofftiere nach ihren eigenen Vorstellungen nähen oder sich einen Likör nach ihrem Geschmack mischen lassen. Sobald 3D-Druck einen Massenmarkt erreicht hat, wird es auch hier Mass Customization geben.

Ein besonders beeindruckendes Beispiel zur kundenindividuellen Massenproduktion lässt sich aus Japan anführen: Versuche, sein eigenes Gesicht zu scannen und mittels 3D-Drucker zu reproduzieren, gibt es schon lange.

Das Unternehmen Clone Factory im Technologie-Viertel Akihabara in Tokio/Japan scannt die Köpfe seiner Kunden ein und montiert sie auf die Körper von zum Beispiel Anime- und Actionfiguren. Auch glückliche Bräute können sich so an ihrem schönsten Tag im Leben als Plastikpuppe in der Größe einer Barbie-Figur verewigen lassen (s. Abb. 6.1 und 6.2).

Um die Modelle zu produzieren, werden die Köpfe der Kundinnen und Kunden von allen Seiten eingescannt. Zurzeit ist ein solcher Service recht teuer, kostet eine fertige Puppe doch im Moment noch umgerechnet mehr als 1.200 EUR.

Das manuell nachbearbeitete Resultat unterscheidet sich jedoch qualitativ in hohem Maße von den bisherigen Versuchen. Im Kapitel „Scannen und das Gescannte drucken" sind die Schwierigkeiten, die beim 3D-Scannen auftreten können, ausführlich beschrieben. Die Detaillierung der bei Clone Factory im 3D-Druck-Verfahren hergestellten Köpfe ist jedoch so hoch, dass sie nahezu echt aussehen.

Eine ebenfalls lustige und etwas kostengünstigere Idee hatte das schwedische Start-up-Unternehmen Y3DP (Your 3D Print). Für umgerechnet rund 300 EUR können Hochzeitspaare sich im 3D-Pulverdruckverfahren als Figuren in einer Höhe von bis zu 12 cm ausdrucken lassen.

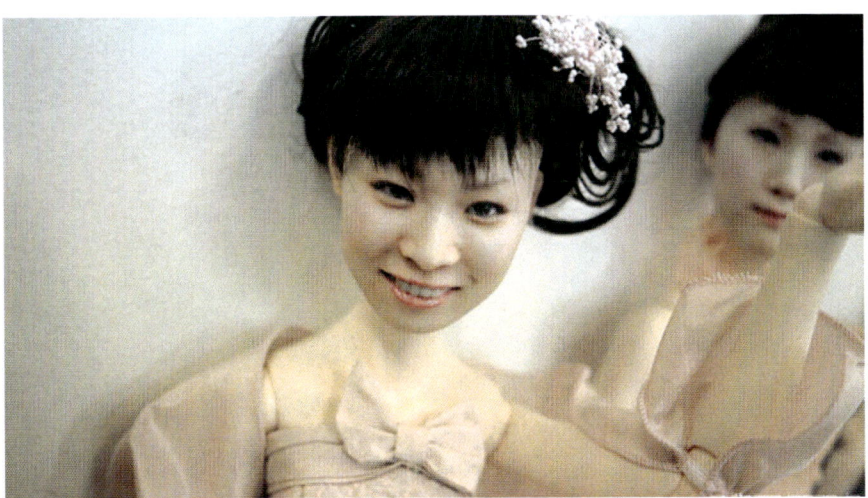

Abb. 6.2 Nahezu lebensecht wirken die Nachbildungen, Quelle: Clone Factory

Grundlage für die digitalen Figuren sind Fotos von Braut und Bräutigam aus je neun unterschiedlichen Perspektiven. Die aus Gipspulver gedruckten Modelle werden per Hand individuell bemalt und sind als Dekoration der Hochzeitstorte vorgesehen.

Da 3D-Druck mit wachsender Verbreitung immer kostengünstiger werden wird, ist damit zu rechnen, dass die Herstellung individualisierter Produkte in der Werbung stark zunehmen wird. Waren es in den 1980er Jahren die durch die ersten Laserdrucker individualisierten Anschreiben und zur Jahrtausendwende individuelle Kalender oder Kugelschreiber, so ist es sehr wahrscheinlich, dass es statt anonymen Massensendungen dreidimensionale Mailings mit Give-aways oder Gadgets geben wird, die individuell – und doch preisgünstig – für den zu akquirierenden Kunden produziert werden.

So zum Beispiel erdachte der 3D-Druck-Dienstleister Sculpteo mit dem 3D Printing Sculpteo Design Maker eine eigene App, die sich sowohl mit dem iPhone als auch dem iPad nutzen lässt: Mit dieser ist es möglich, Gesichter im Profil zu fotografieren und zu digitalisieren. Das so erstellte Modell lässt sich vom Nutzer mit dem iPhone oder dem iPad in eine Vase oder auch eine Tasse umwandeln. Wenn er Lust hat, kann der Nutzer sogar die Größe des Objekts verändern, bevor er es sich dreidimensional ausdrucken lässt. Da diese App im Store von Apple kostenlos heruntergeladen werden kann, Möglichkeiten zum Ausdruck von Individualität bietet und eine Menge Spaß verspricht, ist ihr Erfolg höchst wahrscheinlich.

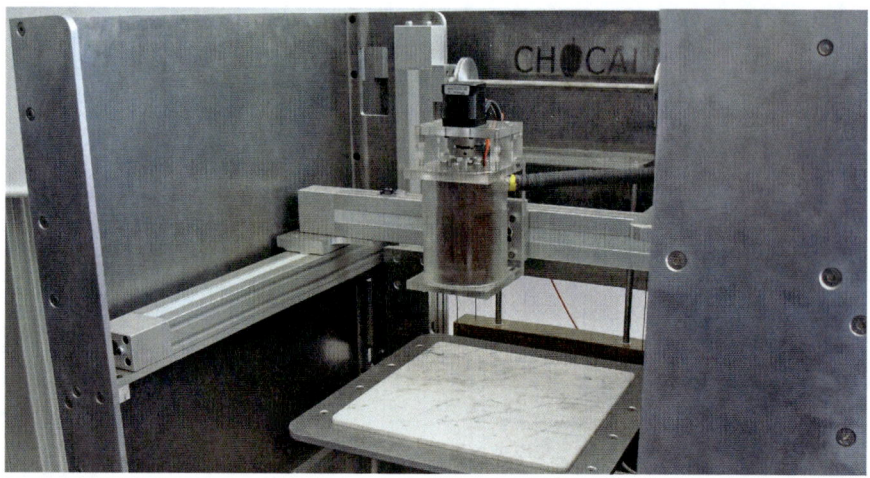

Abb. 6.3 Der 3D-Schokoladendrucker, Quelle: Dr. Liang Hao und Team

6.1.3   Unterschiedliche 3D-Druck-Materialien in der Testphase

Immer wieder wird mit der Nutzung von Lebensmitteln als Bau-Material für
3D-Drucker experimentiert. Zum einen ist dies für Forscher eine Herausforderung,
weil Lebensmittel als sehr anspruchsvoll zu verarbeiten gelten. Schließlich sollen
die Nahrungsmittel nicht verderben, nicht zu stark künstlich verändert werden und
vor allem sollen sowohl ihr Aroma als auch ihre gewohnte Textur erhalten bleiben.
Hinzu kommt, dass bei Experimenten mit Lebensmitteln eine hohe Medienauf-
merksamkeit zu erwarten ist. Nicht zuletzt sind Lebensmittel – wie zum Beispiel
Schokolade – als 3D-Druck-Material preiswert, leicht verfügbar und dazu noch
durch Schmelzen recht einfach als flüssiges Material zu nutzen.

Unter der Projektleitung von Dr. Liang Hao von der britischen University of
Exeter wurde im Jahr 2011 als Prototyp der erste Schokoladen-3D-Drucker entwickelt. Die Maschine, die in Abb. 6.3 zu sehen ist, druckt mit Zartbitter-Schokolade
als FDM-Material.

Eine solche Erfindung könnte ganz sicher für die Süßwarenindustrie sehr interessant sein. Wie bei jedem anderen 3D-Drucker, funktioniert auch der Schokoladen-
3D-Druck im Schichtbauverfahren. Schwierig beim Drucken mit Schokolade war
es, die Temperaturkontrolle genauso zu entwickeln, dass die Zyklen von Erhitzen
und wieder Abkühlen mit der Konsistenz und Fließgeschwindigkeit des Schokola-
denmaterials in Einklang gebracht wurden.

Das in Abb. 6.4 gezeigte Schokoladenherz aus dem 3D-Drucker kann sich sehen
lassen.

Im Januar 2012 schon präsentierte das US-amerikanische Unternehmen Essen-
tial Dynamics (mit Sitz in New York) auf der Consumer Electronics Show (CES)
in Las Vegas, USA, den ersten Lebensmittel-3D-Drucker, der bestellt werden kann.
Der 3D-Drucker mit dem Namen „Imagine" soll mit flüssigen Lebensmitteln wie
Schokolade, Brei oder Käse als Bau-Material arbeiten können, aber ebenso gut mit
Silikonen, Epoxydharzen oder Beton.

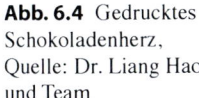

Abb. 6.4 Gedrucktes
Schokoladenherz,
Quelle: Dr. Liang Hao
und Team

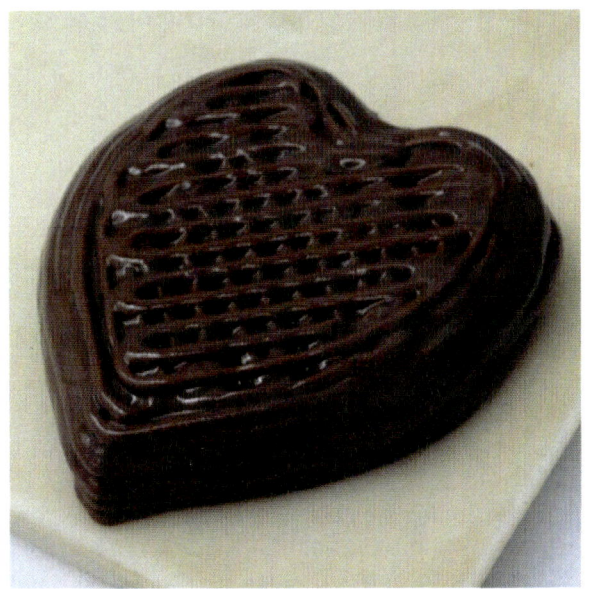

Nicht allein mit Lebensmitteln werden unkonventionelle 3D-Druck-Versuche unternommen. An der kanadischen McGill-Universität in Montreal, Quebec, wird an einem 3D-Drucker gearbeitet, der Objekte aus Eis drucken soll. Bei dem Verfahren wird ein Gemisch aus Wasser und Methylester aus einer erwärmten Düse aufgespritzt.

Das Methylester hat lediglich die Funktion eines Hilfs- oder Stützmaterials und muss nach dem Druck wieder entfernt werden – es schmilzt bei einer geringeren Temperatur als Wasser. Jede Schicht wird mit 0,25 mm aufgetragen und mit einem Laser nachgemessen, um eventuelle Fehler mit der nächsten Schicht korrigieren zu können.

Pieter Sijpkes und Jorge Angeles, beide Professoren an der McGill-Universität, sind Leiter des Projekts. Ziel der Forscher ist es, mit den 3D-gedruckten Eismodellen wirtschaftliche Alternativen zu aufwendigen Architekturmodellen zu schaffen – wie zum Beispiel maßstäblichen Modellen von Gebäuden oder auch Gebäude-Ausschnitten. Gegenwärtig werden noch Gießtechniken erforscht, die es ermöglichen sollen, auf Grundlage der Eis-Prototypen Metall-Bauteile von hoher Qualität zu erzeugen.

Mit tierischem Knochenmehl als Material experimentierten schon Forscher aus dem Solheim Additive Manufacturing Lab der University of Washington. Ebenfalls fand ein Team der University of Washington nach vielen Versuchen eine Rezeptur, mit Hilfe derer tatsächlich Holzmehl in einem 3D-Drucker verarbeitet werden kann. Gedruckt wird mit 4 bis 5 Gewichtsanteilen feinen Holzmehls oder Nussschalen-mehls und einem Gewichtsanteil Kunstharzkleber.

Ich vermute: Als komplette Teile gedruckte Möbel in Massenproduktion werden möglicherweise nicht mehr allzu lange auf sich warten lassen!

6.1.4   Gegenwärtig übliche 3D-Druck-Materialien

Zurzeit ist 3D-Druck in der Regel jedoch auf übliche technische Materialien beschränkt – Kunstharze, Nylon, Gips, ABS und Metalle wie Aluminium, Stahl oder Edelmetalle. Ähnlich den Computern in den späten siebziger Jahren des vergangenen Jahrhunderts ist 3D-Druck bei Privatleuten im Moment eher eine Nischenbeschäftigung, mit der sich überwiegend Technikfans beschäftigen.

Dafür mag es verschiedene Gründe geben: Die Preise für 3D-Drucker sind insgesamt für Privatpersonen noch zu hoch, die Bau-Materialien nicht überall einfach zu erwerben und außerdem in ihrer Auswahl beschränkt. Zudem ist gerade die Auflösung beim 3D-Druck von Bauteilen, die auf preisgünstigen Druckern hergestellt werden, noch nicht besonders zufrieden stellend.

Und nicht zuletzt: Nicht jeder, der gern dreidimensional drucken würde, kann konstruieren. Zwar nehmen die Möglichkeiten, sich auf Open-Source-Plattformen oder anderswo druckbare Modelle zu beschaffen, täglich zu. Aber ein sehr kostengünstiger, gut funktionierender 3D-Scanner könnte vermutlich die Hemmschwelle vieler Interessierter gegenüber 3D-Druck zusätzlich überwinden helfen.

Dennoch ist festzustellen, dass 3D-Druck sich zunehmend schneller verbreitet – während die 3D-Druck-Technologie stetig besser wird und gleichzeitig die Kosten dafür immer geringer. Der Economist (Ausgabe: 12. – 18. Februar 2011) schreibt, dass ein einfacher 3D-Drucker heute weniger kostet als ein Laser-Drucker im Jahr 1985.

Eine weitere Beobachtung sei dazu in Analogie zu Laser- oder Tintenstrahldruckern erlaubt: Während die Preise für 3D-Drucker gerade auch für den Privatgebrauch immer mehr sinken, scheinen die Kosten in dem unverzichtbaren 3D-Druck-Bau-Material verdeckt zu werden.

Das für die Nutzer der meisten 3D-Drucker Unerfreuliche dabei ist, dass das Druck-Material im Moment nahezu ausschließlich über die Herstellerfirmen der jeweiligen 3D-Drucker zu erwerben ist. Genau wie bei den Tintenstrahldruckern, die oft zu „Schnäppchenpreisen" bei Discountern verkauft werden, sich aber über hochpreisige Tintenpatronen refinanzieren müssen, so gibt es auch bei 3D-Druckern einen Lock-in-Effekt: Der 3D-Drucker kann durchaus preisgünstig sein, verlangt aber dann aber möglicherweise teure Material-Patronen und ist außerdem noch mit einem Schutzsystem gegen Fremdanbieter ausgestattet. Wie auch bei Tintenstrahldruckern, werden in die Materialpatronen von 3D-Druckern codierte Chips eingebaut, welche die Verwendung von Fremdmaterial verhindern.

Jedoch findet auch hier inzwischen ein positiver Veränderungsprozess statt: Dadurch dass zum Beispiel die Firma InnovationMediTech schon offene Systeme ohne RFID-Codierung zum Schutz vor Fremdmaterial (RFID = radio-frequency identification; diese Codierung ist eine Art „Funk-Etikett" zur Erfassung von Daten) der Druckmaterialien konzipiert hat, kann der Nutzer bei der Wahl des Materials flexibel bleiben.

Wie auch die Hersteller normaler Drucker, so argumentieren die 3D-Drucker-Produzenten, dass nicht zugelassenes Material die Drucker beschädigen könne. Die Rezeptur der Materialien ist ein wohl gehütetes Geheimnis, wobei die Grundlage der verwendeten Chemie im Grunde genommen bekannt ist. Zurzeit kostet eine Druckerkartusche mit einem Kilogramm Bau-Material für einen professionellen 3D-Drucker mehrere Hundert Euro. Rechnet man den Preis für das zum Bauen zusätzlich erforderliche Stützmaterial hinzu, wird schnell ersichtlich, warum 3D-Druck bei größeren Teilen immer noch recht teuer ist. Auch die Kunststoff- oder Gipspulver kosten ein Vielfaches dessen, was das Material erwarten lassen würde.

Im Übrigen: Die hohen Preise gelten nicht für die Kunststoffdrähte, die bei vielen FDM-Verfahren geschmolzen werden. Diese Spulen sind in der Regel recht erschwinglich und gut verfügbar.

6.1.5   Jobless Technology, Urheberrechte und Produktpiraterie

Die moderne Technologie des 3D-Drucks bringt, wie jede Veränderung, neben den vielen Möglichkeiten auch eine Reihe von Problemen mit sich.

Der Economist (Ausgabe: 12. – 18. Februar 2011) schreibt über 3D-Druck auch als „jobless technology" und meint damit, dass Standardtechnologien durch die weniger aufwendige On-Demand-Produktion, die durch 3D-Druck ermöglicht wird, verdrängt werden können. Dadurch könnten in der klassischen Produktion zahlreiche Arbeitsplätze verloren gehen.

Der Vorteil der On-Demand-Produktion für Hersteller liegt auf der Hand: Diese müssen nicht mehr Tausende oder Hunderttausende ihrer Produkte vorproduzieren und vor allem vorfinanzieren, ohne sicher zu sein, ob sie diese auch absetzen können. Sie können flexibel auf sich ändernde Kundenanforderungen reagieren und haben die Möglichkeit, ohne zusätzliche Form- und Vorrichtungskosten eine große Anzahl von Varianten anzubieten.

Hinzu kommt, dass auch bei der Produktion von Rapid-Prototyping-Teilen die Auslagerung in Niedriglohnländer, wie zum Beispiel Indien, Vietnam und China, immer mehr zunimmt.

Eine Art Produktpiraterie gegen das geistige Eigentum der CAD-Modelle könnte sich schnell entwickeln. Da die Modelle als digitale Daten abgelegt sind und verschickt werden, ist es – ähnlich wie schon in der Musikindustrie geschehen – sehr einfach, sie zu kopieren und zu verteilen und damit auch, Raubkopien davon herzustellen. Sobald die 3D-Modelle im Internet sind, sind sie vor Piraterie nicht mehr sicher. Denn die Modelle stellen das eigentliche Kapital zur Fertigung dar.

Eine weitere Möglichkeit zum Diebstahl geistigen Eigentums eröffnet das 3D-Scannen von Objekten, beispielsweise Kunstwerken, oder von Produkten des Wettbewerbs. Eine einmal gescannte Venus von Milo lässt sich in nahezu jedem Material und Maßstab beliebig produzieren. Ähnlich ist es mit den neuesten Entwürfen von Premium-Produkten. Werden heute schon viele Produkte in Fernost kopiert, so lässt sich die Time-to-Market der Fälscher durch 3D-Scannen nochmals verkürzen.

Neben den wirtschaftlichen Auswirkungen des Diebstahls für die Bestohlenen könnte Produktpiraterie sogar lebensgefährliche Konsequenzen für die Kunden mit sich bringen: Der Zugriff auf kostengünstige 3D-Drucke aus minderwertigen

Bau-Materialien könnte bei Ersatzteilen für Maschinen, Fahrzeuge oder Geräte im Privatbereich zu schweren Unfällen führen.

Die Frage des Urheberrechts ist eine, die sich mit der Verbreitung von 3D-Druck immer dringender stellen wird. So ist die Vervielfältigung eines Kunstwerks, zum Beispiel einer Skulptur, ohne die Einwilligung des Künstlers oder eines Rechteinhabers nicht möglich.

Daneben wird der Schutz für ein Produkt normalerweise durch ein Schutzrecht wie ein Patent, eine Marke, ein Geschmacks- oder Gebrauchsmuster garantiert. Jedoch kann ein Schutzrecht, wie es zum Beispiel bei Legosteinen der Fall ist, schon ausgelaufen sein. So dürfen Legosteine gedruckt werden – aber nicht mit dem Firmenlogo, weil wiederum Logos, Unternehmens- und Warenbezeichnungen zumeist durch das Markenrecht geschützt sind.

Hinzu kommt, dass Patente nach derzeitiger deutscher Rechtsprechung im Regelfall nur den gewerblichen Gebrauch betreffen. Der Grund dafür ist, dass das Patentrecht die gewerblichen Interessen des Erfinders schützen will. So heißt es nach § 11 Nr. 1 PatG, dass Handlungen, die im privaten Bereich zu nicht gewerblichen Zwecken vorgenommen werden, keine Patentverletzungen seien.

In der Zeitschrift c't wurde 2011 darüber berichtet, dass die auf Thingiverse zum Ausdruck zur Verfügung gestellten Steine zum Spielset „Die Siedler von Catan" nicht patentfähig und damit nicht geschützt seien. Patente und Gebrauchsmuster bezögen sich nur auf technische Erfindungen. Spiele und deren Bestandteile würden dadurch in der Regel nicht erfasst.

Logos, Unternehmens- und Warenbezeichnungen hingegen unterliegen dem Markenschutz und können selbst beim Ausdruck für den Eigengebrauch Probleme aufwerfen.

Eigene Herstellungen eines 3D-Modells nach einem Vorbild gelten üblicherweise als gestattet. Das erklärt sich damit, dass in diesen Fällen rechtlich in der Regel von der Entstehung eines neuen Werkes ausgegangen wird. Die Nachbildung von zum Beispiel berühmten Bauwerken für den Modellbau wiederum könne, so die Zeitschrift c't, problematisch werden. Hier gelten oft lange und strikte Urheberrechtsgesetze zu Gunsten des Werks des Architekten.

Wenigstens 3D-Druck-Dienstleister müssen sich keine Sorgen machen: Wenn ein Dienstleister im Kundenauftrag ein 3D-Modell druckt, hat er dafür zurzeit weder Kontroll- noch Haftungspflichten. Dennoch ist es sinnvoll, als Dienstleister in seinen allgemeinen Geschäftsbedingungen auf diese Tatsache explizit noch einmal hinzuweisen – das reicht dann aber aus.

6.1.6   Perspektiven – Forschung in Deutschland

Wenngleich in diesem Buch manchmal die Einschätzung entstehen muss, es werde überwiegend in den USA auf dem Gebiet der 3D-Druck-Technologie geforscht und weiterentwickelt, möchte ich diesem Eindruck hier mit Nachdruck entgegentreten. An sehr vielen Hochschulen in Deutschland gibt es Forschungsinstitute, die sich mit den verschiedensten Verfahren beschäftigen und auf dem Gebiet forschen.

Zunehmend wachsen auch in Deutschland sowohl Anerkennung als auch öffentliches Interesse an dieser Zukunftstechnologie. So wurde am 14. November 2011 Professor Dr. Reinhart Poprawe, Leiter des Fraunhofer Instituts für Lasertechnik ILT in Aachen, von Hannelore Kraft, Ministerpräsidentin des Landes NRW, mit dem Innovationspreis des Landes Nordrhein-Westfalen ausgezeichnet.

Professor Dr. Poprawe und sein Team sind weltweit führend im Bereich Selective Laser Melting (SLM). Das SLM-Verfahren wurde vom Fraunhofer Institut für Lasertechnik erstmals 1996 zum Patent angemeldet und ist in Europa, den USA und Japan erteilt. Professor Dr. Poprawe ist Mitinhaber einer Patentfamilie für ein Verfahren zur Herstellung von Formkörpern. Das Selektive Laserschmelzen wurde wesentlich von ihm und seinem Team entwickelt. Die schichtweise Produktion von metallischen Werkstücken durch Aufschmelzen von Metallpulver mit einem Laser erzeugt Bauteile, die nahezu 100 Prozent der Belastbarkeit von traditionell gefertigten Werkstücken aufweisen, aber dennoch eine beliebige Formgebung ermöglichen.

In der Kategorie „Innovation" wurde der Forscher für seine Leistungen im Bereich der On-Demand-Fertigungstechnologie geehrt. Die Begründung der Jury dazu: „Durch die Arbeiten von Herrn Professor Poprawe wird eine 'enabling technology' marktfähig, die über die eigentliche Technologie hinausgehend einen großen Einfluss auf die weitere wirtschaftliche Entwicklung haben wird – mit einer nahezu unbegrenzten Vielzahl an Anwendungen."

Wissenschaftsministerin Svenja Schulze beschreibt den Preis als Auszeichnung für „diejenigen, die in Nordrhein-Westfalen mit ihrem Wissen über gesellschaftliche Zusammenhänge oder mit herausragenden medizinischen und technischen Problemlösungen Innovationen möglich machen." Dieser hoch dotierte Innovationspreis gehört zu den bedeutendsten deutschen Forschungspreisen. Das zeigt, dass diese Zukunftstechnologie inzwischen die Aufmerksamkeit erhält, die sie verdient.

Zusammenfassend lässt sich sagen, dass es die größten Entwicklungen mit der 3D-Druck-Technologie wahrscheinlich in der Architektur, der Robotik, der Produktdesign-, Konsumgüter-, Automobil-, Luft- und Raumfahrt- und medizinischen Industrie geben wird.

Auf einige dieser Technologien wird im Folgenden noch detaillierter eingegangen.

6.2   3D-Druck in der Luft- und Raumfahrt

Die Luft- und Raumfahrt ist getrieben durch den Wunsch nach Gewichts- und Energieeinsparung. Gerade die Gewichtsreduktion von Bauteilen ist deshalb von hoher Bedeutung, weil sie zwangsläufig zur Energieeinsparung führt.

Es gibt Schätzungen, denen zufolge nur ein eingespartes Kilogramm Gewicht über die Nutzungsdauer eines Flugzeugs rund 3.000 US-Dollar an Treibstoffkosten einspart.

Dazu kommt noch ein angenehmer Nebeneffekt, der sich aus einem geringeren Treibstoffverbrauch ergibt: Die Umwelt wird weniger stark durch Kohlendioxidausstoß belastet.

Abb. 6.5 Das Airbike
von EADS, Quelle: EADS

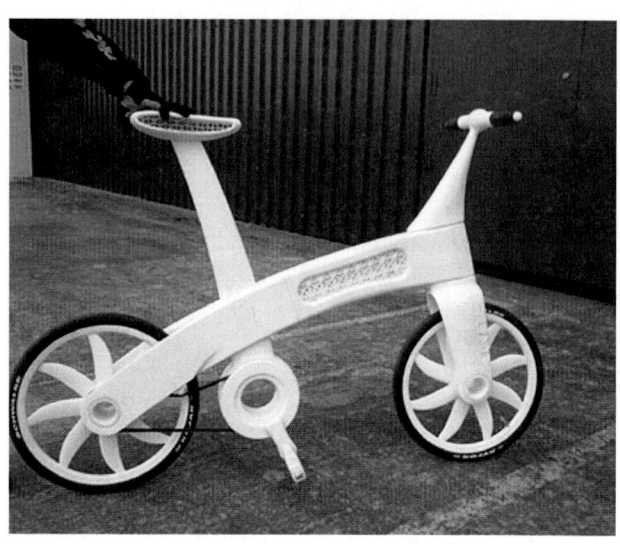

Von EADS (European Aeronautic Defence and Space Group) in Bristol wurde
Anfang 2011 das sogenannte „Airbike" vorgestellt, das erste komplette Fahrrad,
das aus dem 3D-Drucker kam und dadurch Weltbekanntheit erlangte. Inzwischen
werden auch in Deutschland Designer-Fahrräder oder Fahrradteile mit Hilfe von
3D-Druck produziert. Hierzu gibt es eine ausführliche Bilddokumentation im Kapitel „3D-Druck im Design: ausgewählte 3D-Objekte von Designern".

Das in Abb. 6.5 dargestellte EADS-Fahrrad wurde 2011 mit dem sogenannten
Additive-Layer-Manufacturing-Verfahren hergestellt. Dabei wird das Objekt durch
sukzessives Hinzufügen oder Ablagern von Material erzeugt. Bau-Material ist ein
Nylon-Pulver, das papierdünn Schicht für Schicht aufgetragen und durch einen
Laser gehärtet wird.

Das Nylon ist genauso stabil wie eine Stahl- oder Aluminiumkonstruktion,
aber rund 65 % leichter. Die Additive-Layer-Manufacturing-Technik ermöglicht
es, mehrere Komponenten in einem Produktionsschritt zu fertigen. So wurden die
Reifen, der Rahmen und die Achse gleichzeitig gedruckt. Mit der Additive-Layer-
Manufacturing-Technik können ebenfalls höchst komplexe Objekte mit beweglichen Teilen gefertigt werden – wie zum Beispiel die Radachse des Fahrrads.

Mit dieser Technik stellt EADS auch Flugzeugteile her. Besonders interessant
ist das Verfahren für die Luftfahrt, weil stabilere Bauteile viel leichter sind als
bei herkömmlichen Fertigungsverfahren – beim Fliegen wird so weniger Kerosin
verbraucht.

Hinzu kommt, dass durch das Drucken der Flugzeugbauteile viel weniger Rest-
material als früher entsteht: Bisher wurden die Bauteile aus massiven, in der Luft-
und Raumfahrttechnologie verwendeten Titan-Rohlingen herausgeschnitten, wobei
teilweise 90 % des Materials zerspant wurde. Die anfallenden Späne waren auf
Grund der hohen Materialanforderungen für die Herstellung von weiteren Flug-
zeugteilen nicht mehr zu verwerten, da Verunreinigungen zu Rissen führen könnten.

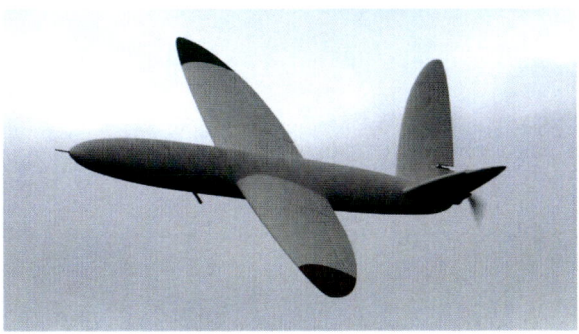

Inzwischen stellt EADS Serienteile für Flugzeuge mit dem Additive-Layer-Manufacturing-Verfahren (Lasersintern) mit Titanpulver als Bau-Material her. Dadurch wird nur 10 % des Rohstoffs benötigt, der früher gebraucht wurde. Zudem ist das Herstellungsverfahren weniger energieintensiv als ältere Verfahren. Mit dem Additive-Layer-Manufacturing-Verfahren von EADS lassen sich nach Angaben des Unternehmens neben Titan auch Bau-Materialien wie Stahl, Aluminium oder Kohlenstoff-verstärkte Kunststoffe verarbeiten.

Die Wissenschaftler Jim Scanlan, Andy Keane, Mario Ferraro und Jeroen Van Schaik von der Universität Southampton in Großbritannien stellten im Juli 2011 die weltweit erste von einem 3D-Drucker aus Kunststoff gebaute Drohne vor. Vom Design bis zum Bau nahm der ganze Herstellungsprozess nicht mehr als eine Woche in Anspruch. Die Drohne trägt den Namen SULSA (**S**outhampton **U**niversity **L**aser **S**intered **A**ircraft). Hergestellt wurde sie mit einem Lasersinter-Drucker der Firma EOS. Die Forscher an der Universität in Southampton sind der Ansicht, dass diese Herstellungstechnik – mit einem pulverisierten Kunststoff als Ausgangsmaterial – leicht eine Anpassung der unbemannten Flugzeuge an ihre jeweilige Aufgabe ermöglicht.

Am Computer wird das Design den jeweiligen Anforderungen – wie Tragfähigkeit, Reichweite, Aerodynamik, Ausrüstung – angepasst, der 3D-Drucker fertigt das veränderte Objekt nach den Vorgaben. Weil das Budget dafür auf 5.000 Pfund begrenzt war, hat die Drohne vorerst kein Fahrwerk. Hinzu kommt, dass sie mit einem V- statt einem T-förmigen Heck ausgestattet ist – das V-förmige Heck konnte in nur zwei Teilen ausgedruckt werden.

Insgesamt besteht die Drohne aus fünf Komponenten, die innerhalb von wenigen Minuten zusammengesteckt werden können. So ist sie sehr schnell einsatzbereit. SULSA erreicht eine Geschwindigkeit von 160 km/h und hat eine Spannweite von ungefähr 2,1 Metern. Angetrieben wird die Drohne von einem Elektromotor.

In Abb. 6.6 ist die fliegende Drohne SULSA in der Luft zu sehen, während Abb. 6.7 den Wissenschaftler Jerome Van Schaik mit der Drohne am Boden zeigt.

Abb. 6.7 Wissenschaftler
Jerome Van Schaik mit
Drohne SULSA,
Quelle: Mario Ferraro/
University of Southampton

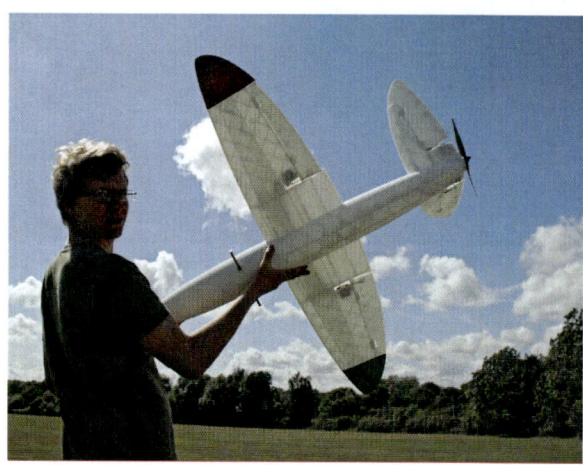

6.3   3D-Druck in der Robotik

Nicht nur in der Luft kommt der 3D-Druck zur Anwendung. Auch ganz nah am
Boden bewegen sich zum Teil die mit seiner Hilfe erzeugten Produkte.

Gegenwärtig wird geforscht und experimentiert, um Roboter mit dem 3D-Druck-
Verfahren herzustellen. Dies ist sehr schwierig, weil dafür Bauteile aus unterschiedlichen Materialien mit verschiedenen Eigenschaften, wie Festigkeit, Maßhaltigkeit
und Gewicht, zu entwickeln sind. Außerdem ist die für den Roboter notwendige
Aktorik und Sensorik sowie die Verkabelung zu berücksichtigen.

Auf der Messe EuroMold in Frankfurt wurde 2011 der Prototyp einer von For-
schern am Fraunhofer Institut für Produktionstechnik und Automatisierung (IPA)
mit dem Lasersinter-Verfahren hergestellten Roboterspinne vorgestellt. Dieser
Laufroboter mit dem Namen ArachNOphobia, in Abb. 6.8 in Bewegung gezeigt,
orientiert sich beim Antrieb der Spinnenbeine an dem tierischen Vorbild.

In der Natur gelingt es Spinnen, sich auf Grund ihrer hydraulisch betriebenen
Faltenbälge sehr effektiv fortzubewegen. Diese Faltenbälge arbeiten bei Spinnen
wie die Gelenke bei Lebewesen mit Knochen. Es werden mit ihnen der für die Fort-
bewegung erforderliche Druck und die Streckung erzeugt. So lag es nahe, sich bei
der Konstruktion des Spinnen-Roboters an diesem biologischen Vorbild zu orientieren. Als der Natur abgeschaut, ist ArachNOphobia eindeutig ein Kind der Bionik.

Durch das dem 3D-Druck sehr ähnliche selektive Lasersintern ist der Roboter
erheblich kostengünstiger zu produzieren als mit konventionellen Maschinenbau-
verfahren. Außerdem ist er durch das Bau-Material Polyamidpulver sehr leicht.
Gleichzeitig bietet Polyamidpulver eine hohe Stabilität.

Spinnen besitzen ein Außenskelett, alle Organe und die Muskeln befinden sich
im Inneren der Spinne. Dieses Bauprinzip sollte auch bei dem Laufroboter ver-
wirklicht werden, was in klassischer Bauweise zu einem mehrschaligen Gehäuse
geführt hätte.

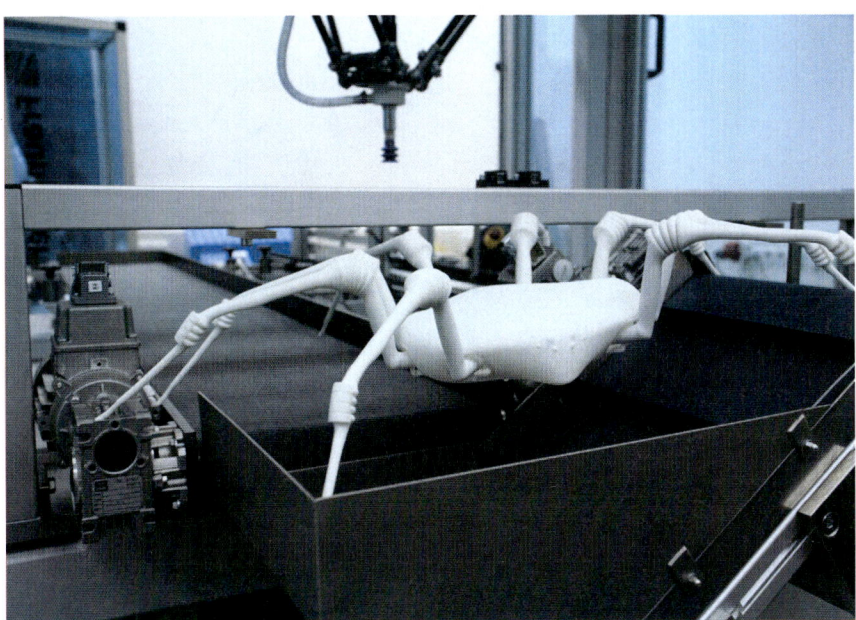

Abb. 6.8 Der Spinnen-Roboter ArachNOphobia, Quelle: Fraunhofer IPA

Durch den nicht mehr notwendigen Formschluss und die dadurch notwendigen Verschraubungen wäre das Gewicht deutlich gestiegen. Mit Hilfe des generativen Fertigungsverfahrens lassen sich sowohl die erforderlichen starren als auch die elastischen Formen des Roboters – ähnlich denen einer echten Spinne – produzieren. Dies geschieht in einem Bauteil und in einem Fertigungsschritt, sodass unterschiedlichste Funktionen sofort integriert werden können.

Abbildung 6.9 zeigt den Roboter noch einmal als Rendering.

Als Aufgaben für den Spinnen-Roboter sind einige denkbar: Ausgestattet mit Kamera, Sensoren und Messgeräten könnte er in Krisengebieten Daten über giftige Substanzen liefern und sich auch in Katastrophenregionen problemlos über unebenes Gelände bewegen. Gerade bei Naturkatastrophen können Roboter bei der visuellen Aufklärung und Datenerhebung bedeutende Hilfe leisten.

Das Laufmuster des Roboters ArachNOphobia ergibt sich durch die gleichzeitige Bewegung seiner diagonal gegenüberliegenden Beine. Kai Ondraschek von der Universität Stuttgart schreibt: „Die Vorwärtsbewegung kommt zustande, indem der Körper durch Beugung der vorderen Beinpaare gezogen und durch Streckung der hinteren Beinpaare geschoben wird. Dabei befinden sich jeweils vier Beine auf dem Boden, während sich die anderen vier nach vorne in ihre nächste Ausgangsposition drehen. Bei dieser Drehbewegung werden die Beine, über die Faltenbälge im Körperinneren, entsprechend umgelenkt. Auf diese Weise kommt eine dynamische Bewegungsabfolge zustande."

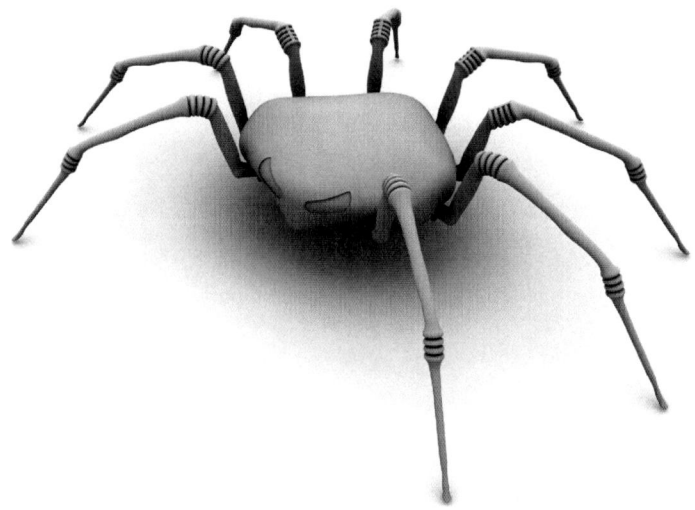

Abb. 6.9 Der Spinnen-Roboter – ein Kind der Bionik, Quelle: Fraunhofer IPA

Dadurch, dass Filmscharniere verwendet wurden, kann ArachNOphobia sowohl Vorwärts- als auch Drehbewegungen ausführen. Der Laufroboter bewegt sich somit auf acht pneumatisch betriebenen Beinen, die sich mit Hilfe von elastischen Faltenbälgen beugen und strecken können.

Die Beine des Spinnen-Roboters werden mit Druckluft bewegt – die für den Antrieb erforderlichen Bauteile befinden sich direkt im Körper. Es ist möglich, Beine und Körper separat herzustellen, sie nachträglich zusammenzufügen und bei Bedarf auszutauschen. Durch diese modulare Bauweise würden die Herstellungszeiten sogar noch verkürzt.

6.4   3D-Druck in der Automobilindustrie

Die Zeiten, zu denen Auto-Prototypen aus Ton geformt wurden, sind lange vorbei. In der Automobilindustrie ist 3D-Druck inzwischen selbstverständlich, unverzichtbar und vollkommen gängige Praxis. Die Herstellungszeiten für Prototypen – seien es Chassis, Innenraum oder Motor – werden durch die Möglichkeiten, die der 3D-Druck bietet, extrem verkürzt. Gerade die Überprüfung der Montierbarkeit, das heißt, ob ein Bauteil später schnell und problemlos in der Massenfertigung am Montageband einzubauen ist, ist auf zügig verfügbare Prototypen angewiesen.

So ist es nicht verwunderlich, dass die Fahrzeugindustrie seit Langem auf 3D-Druck in der Entwicklung setzt. Mehr und mehr geht die Tendenz in die Richtung, dass versucht wird, die 3D-gedruckten Teile nicht nur als Prototypen zu verwenden, sondern sie tatsächlich im fertigen Auto zu verbauen. Neben der Vielzahl von Ausstattungsvarianten heutiger Fahrzeuge könnte so auch auf individuelle Kundenwünsche noch besser eingegangen werden.

6.4.1 Das Plugin-Hybridauto „Urbee"

Bereits im Jahr 2011 stellte der kanadische Öko-Autoentwickler Kor Ecologic zusammen mit dem 3D-Drucker-Hersteller Stratasys ein Plugin-Hybridauto mit dem Namen „Urbee" – zusammengesetzt aus Urban-Electric Ethanol – vor.

„Urbee" ist das erste Auto, dessen Karosserie komplett mittels 3D-Druck-Technik produziert wird.

„Urbee" wurde nach folgenden Kriterien konzipiert:
• sehr geringer Energieverbrauch (zurzeit liegt dieser bei 1,2 L/100 km)
• größtmögliche Fahrsicherheit (nach „race-car crash standards" gebaut)
• lange Haltbarkeit (30 Jahre)
• extreme Wartungsfreundlichkeit
• Verwendung wieder erneuerbarer Materialien, soweit wie möglich.

Die Kunststoffkarosserie dieses auf geringen Luftwiderstand konzipierten Autos ist vollkommen aus ABS-Material hergestellt.

Der Name „Urbee" deutet auch die Antriebsformen des Fahrzeugs hin: Es wird entweder über zwei elektrische Motoren bei geringer Geschwindigkeit angetrieben oder – bei höheren Geschwindigkeiten und bei längeren Strecken – über einen Ethanol-Verbrennungsmotor.

Weil das dreirädrige Fahrzeug über das Hinterrad gelenkt wird, konnten beide Vorderräder komplett abgedeckt werden. Dadurch wird der Luftwiderstandsbeiwert sogar noch weiter reduziert. Nach Angaben von Dipl.-Ing. Jack Slivinski, Entwickler bei Kor Ecologic Inc., liegt der Cw-Wert von „Urbee" bei nur 0,15.

Der schnittige Zweisitzer verfügt über Luftfederung und lässt sich bei Bedarf in der Höhe verstellen. So kann „Urbee" mühelos den jeweiligen Straßenverhältnissen angepasst werden – wie zum Beispiel dem Sommer- oder Winterbetrieb, einer Stadt- oder Geländefahrt sowie komfortabler oder sportlicher Fahrwerksabstimmung.

Die Höchstgeschwindigkeit dieses im kanadischen Winnipeg/Manitoba hergestellten Fahrzeugs liegt bei 112 km pro Stunde (70 mph). Im Jahr 2014 soll „Urbee" auf den Markt gebracht werden.

In Abb. 6.10 ist Dipl.-Ing. Jack Slivinski mit dem „Urbee" zu sehen. Die Aufnahme entstand Ende 2011 bei der Messe EuroMold in Frankfurt/Main, wo der „Urbee" vorgestellt wurde.

6.4.2 Local Motors – Open Source in der Automobilindustrie

Dass inzwischen auch Privatpersonen unterstützt und ermutigt werden, um zusammen in ihrer Web Community individuelle Kleinserien zu bauen, ist noch nicht weit verbreitet und bekannt. Das US-amerikanische Start-up-Unternehmen Local Motors, im Jahr 2008 von Jay Rogers gegründet, bietet seinen Kunden die Möglichkeit, Designschritte, Prototypen und Testfahrten auf der Webseite von Local Motors mitzuverfolgen.

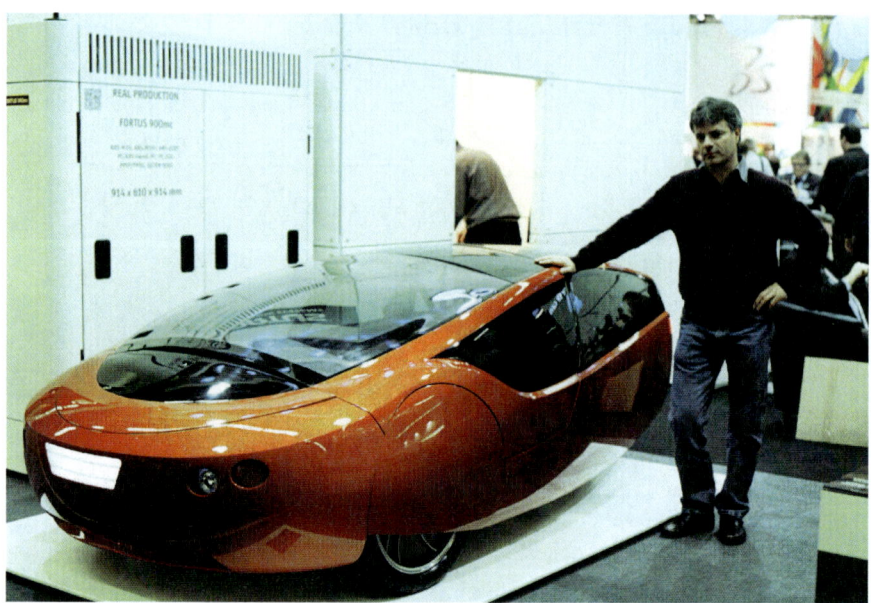

Abb. 6.10 Entwickler Jack Slivinski mit dem Hybrid-Auto "Urbee", Quelle: Kor Ecologic

Ganz anders als bei vielen anderen auf Diskretion bedachten Autoherstellern geschieht bei Local Motors in Chandler, Arizona, alles öffentlich – hier findet man eine Art Open Source in der Automobilindustrie.

Durch eine Kombination von moderner Software für 3D-Scanner, 3D-Drucker und Reverse Engineering ermöglicht Local Motors Designern und Entwicklern, zusammen mit dem Unternehmen die Entwürfe für das Auto ihrer Wünsche umzusetzen. Für die virtuelle Fertigung werden CAD-Modelle geschaffen.

Mit einem hausinternen 3D-Drucker der ZCorporation werden bei Local Motors, wie in Abbildungen 6.11, 6.12 und 6.13 gezeigt, in der Planungsphase Auto-Prototypen mit dem Pulverdruckverfahren ausgedruckt – so zum Beispiel der Rally Fighter.

Die Geschäftsidee scheint simpel: Mit dem jungen Unternehmen führt Jay Rogers Designwettbewerbe durch, bei denen auch Geldpreise zu gewinnen sind.

Anfang 2012 gibt es nach Aussage von Unternehmenssprecher Aurélien François bei Local Motors 14.000 Netzwerk-Mitglieder. Viele Maschinenbauer und Industriedesigner sind Teil der Community.

Schon in einem Artikel von Mai 2010 schrieb das Manager Magazin, dass bereits mehr als 60.000 Autoskizzen online gestellt worden seien. Täglich werden es mehr.

Was außerdem beeindruckend und erwähnenswert ist: Die bei Local Motors veröffentlichten Designs lassen sich online weiterbearbeiten. So können Entwürfe von Kreativen und Spezialisten optimiert und weiterentwickelt werden und auf diese Weise innerhalb kürzester Zeit Prototypen entstehen – dank der engen Zusammenarbeit in der Community und dem öffentlichen Entwicklungsprozess.

Abb. 6.11 Probedrucke
im Pulverdruckverfahren,
Quelle: Local Motors

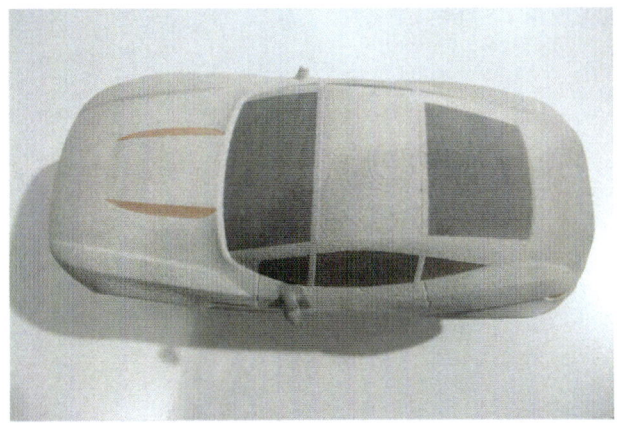

Abb. 6.12 Probedrucke
des Rally Fighter,
Quelle: Local Motors

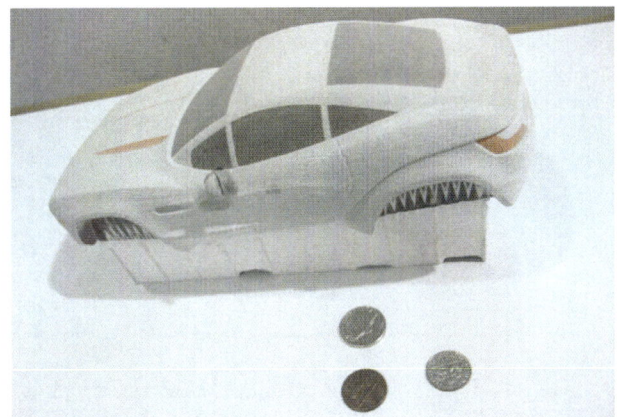

Abb. 6.13 Probedrucke,
Quelle: Local Motors

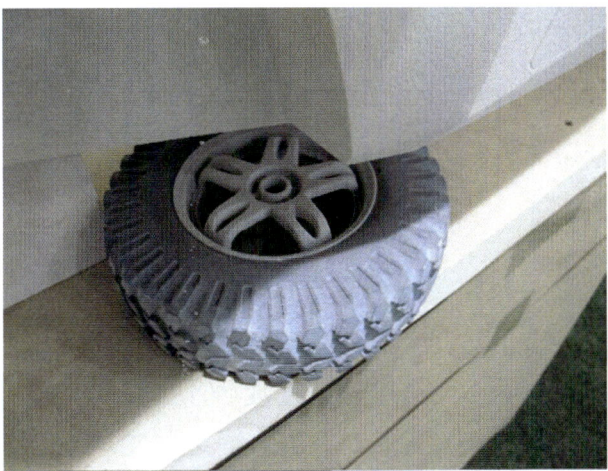

Abb. 6.14 Beta-Version
des Rally Fighter, Quelle:
Nyko de Peyer/Local
Motors

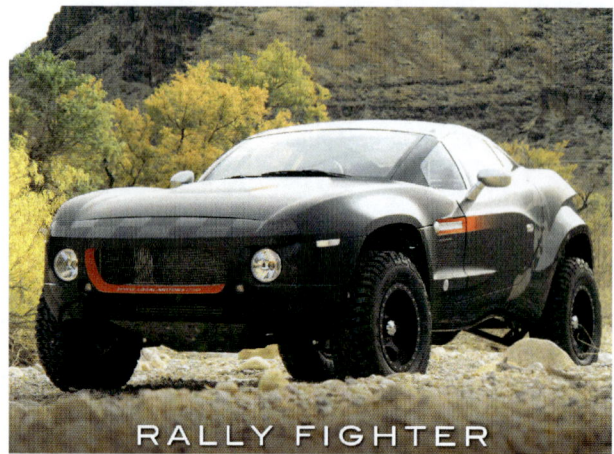

Abb. 6.15 Der Rally
Fighter, Quelle: Eric
Cassee/Local Motors

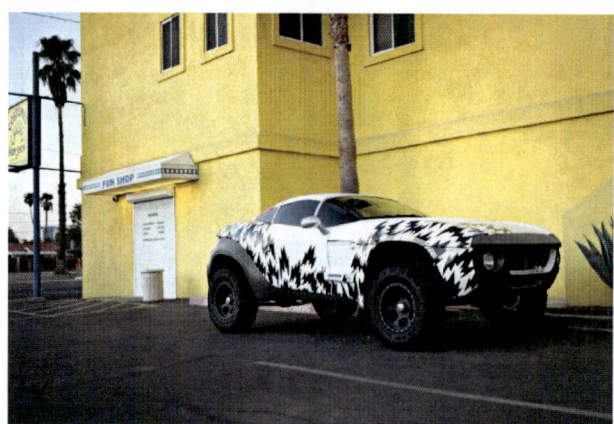

Ein Beispiel von einer kurzen Planungsphase wird zu dem Entwurf des Fahrzeugs mit dem Namen Rally Fighter des Designers Sangho Kim genannt: Knapp
zwei Jahre nach Sangho Kims erstem Posting sei der Prototyp des Autos bereits
fahrtüchtig gewesen. Bei großen Herstellern kann ein solcher Prozess fünf bis sieben Jahre dauern.

Abbildung 6.14 zeigt eine ältere Beta-Version des Rally Fighter, fotografiert von
Nyko de Peyer von Local Motors.

Ganz aktuell ist Abb. 6.15 mit einer neueren Variante des Rally Fighter.

6.5   3D-Druck in der Zahntechnik

Neben rein technisch-industriell geprägten Anwendungen ist 3D-Druck in der Zahntechnik mittlerweile eine Standard-Technologie. Eine große Anzahl der Zahnprothesen, die heute Patienten beim Zahnarzt eingesetzt bekommen, sind in einem dem 3D-Druck ähnlichen Verfahren gefertigt.

Mit dem Lasersinter-Verfahren des deutschen Unternehmens EOS, das zurzeit als Weltmarktführer im Lasersintern gilt, wird die automatisierte Fertigung von individuellen Zahnkronen und -brücken möglich. Das Bau-Material, das dafür verwendet wird, ist biokompatibles Metallpulver.

Zunächst eine kurze Begriffserläuterung zum Lasersintern – eine detaillierte Beschreibung ist im Kapitel „Rapid-Prototyping-Verfahren: eine Übersicht" dieses Buchs zu finden. Dort wird Lasersintern in der Übersicht der unterschiedlichen Verfahren ausführlich erklärt.

Selektives Lasersintern basiert auf dem schichtweisen Versintern eines Pulverwerkstoffs. Das Werkstück wird Schicht für Schicht aufgebaut, ein Laser versintert die Metallkörnchen zu einem dreidimensionalen Objekt. Sintern im Allgemeinen ist ein Verfahren zur Herstellung von Werkstoffen. Dabei werden feinkörnige Pulver auf Temperaturen knapp unterhalb deren Schmelztemperaturen erhitzt und die einzelnen Körner am Rand miteinander verschmolzen. Das dabei entstehende Material besitzt mehr oder weniger feine Poren.

Bisher wurde Zahnersatz vor allem konventionell aus Metallen per Gusstechnik hergestellt. Mit dieser Methode ist es einem Zahntechniker möglich, ungefähr 20 Zahngerüste pro Arbeitstag zu produzieren. Bei gleicher Qualität kann eine Lasersinter-Anlage vollautomatisiert im gleichen Zeitraum bis zu 150 Einheiten von Zahnkronen und -brücken herstellen.

Eine Lasersinter-Anlage hat zudem nicht nach einer Regelarbeitszeit von 8 Stunden „Feierabend", sondern kann – bis auf Wartungszeiten – 24 Stunden durcharbeiten. Dies bedeutet für die Dentallabore eine immense Zeitersparnis und einen großen wirtschaftlichen Vorteil. Zahntechniker ersparen sich die Arbeit mit den Gussrohlingen und können sich auf die Nachbearbeitung des metallenen Zahnersatzgerüsts und seine Aufwertung durch eine Keramikverblendung fokussieren.

Das Lasersinter-System des Unternehmens EOS stellt Zahnersatz mit Hilfe eines fokussierten Festkörperlasers her. Ein hochpräziser Scanner beim Zahnarzt dient zuvor zur Erzeugung der individuellen 3D-CAD-Daten. Für den Patienten entfällt dadurch auch der unangenehme Schritt der Abformung der Zahngeometrie.

Die Abb. 6.16 und 6.17 zeigen Dentalmodelle der Firma EOS.

Abb. 6.16 Dentalmodell,
Quelle: EOS Electro
Optical Systems

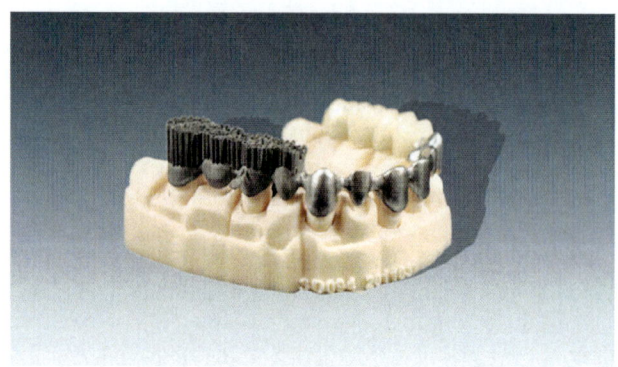

Abb. 6.17 Dentalmodell,
Quelle: EOS Electro
Optical Systems

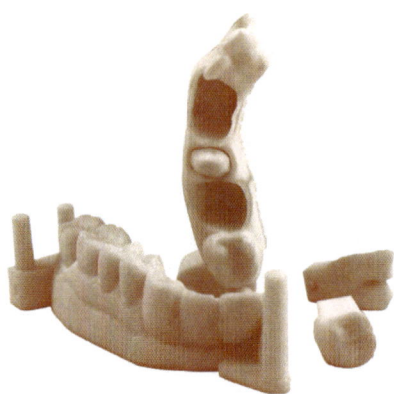

6.6   3D-Druck in der Filmindustrie

3D-Drucker, mit denen Zahnersatz produziert wird, finden inzwischen sogar Anwendung in der Film-Industrie: So wurden für den amerikanischen Stop-Motion-Film „The Pirates! Band of Misfits" (deutsch: „Die Piraten – Ein Haufen merkwürdiger Typen" – 2012) von Sony Pictures die Münder der Knetfiguren mit Hilfe von 3D-Druckern hergestellt.

Die Eigenheit von Stop-Motion-Filmen ist, dass eine Animation aus unbeweglichen Gegenständen – in diesem Fall Trickfilm-Figuren – erzeugt wird. Aus einer Menge von Einzelbildern werden bei der Stop-Motion-Technik zum Beispiel Zeichentrickfiguren animiert, indem sie für jedes Bild nur geringfügig verändert werden.

Üblicherweise geschieht das heute mit Hilfe von Computer-Animation, aber für den Film „The Pirates! Band of Misfits" wurde entschieden, dass die Gesichtsausdrücke der Figuren zum Teil mit echten Vorlagen erschaffen werden sollten. Um die Charaktere beim Sprechen möglichst natürlich aussehen zu lassen, so

Chef-Animator Ian Whitlock gegenüber Fox News, wurden für diese im 3D-Druck-Verfahren insgesamt rund 8.000 Münder mit Zähnen gefertigt.

Allein für den Piratenkapitän seien 257 unterschiedliche Münder gedruckt worden. Durch die 3D-Druck-Technik können so Filmproduktionen enorm beschleunigt werden.

6.7   3D-Druck in der Medizintechnik

Für die Medizintechnik wird 3D-Druck immer bedeutender. So ist Operationsbesteck, das häufig aus dem Metall Titan mit 3D-Druckern gedruckt wird, mittlerweile überall in der Anwendung. Gerade sonst schwierig zu produzierende Formen können im 3D-Druck-Verfahren ebenso problemlos wie auch präzise hergestellt werden.

Die bahnbrechendsten Entwicklungen wird es jedoch in der Zukunft geben, wenn es darum geht, „Ersatzteile" für den menschlichen Körper herzustellen.

6.7.1   Bioprinting

In einem Forschungsprogramm unternehmen Wissenschaftler vom „Wake Forest Institute for Regenerative Medicine" des „U.S. Department of Defense" in Winston-Salem, North Carolina, derzeit Versuche, mit Hilfe von 3D-Druckern menschliche Haut für Brandopfer und Kriegsverletzte herzustellen.

Dr. Anthony Atala, Direktor des Instituts, erklärte in einem CNN-Interview Anfang 2011, wie mit entnommenen und gezüchteten Hautzellen ein flüssiges Material erzeugt werden kann, mit dem sich das entsprechende Hautstück dreidimensional drucken lässt. An Stelle der Tinte befinden sich in den Drucker-Kartuschen Hautzellen. Diese Technologie, mit welcher direkt auf die verletzte Körperstelle gedruckt werden soll, könne der Menschheit schon in fünf Jahren zur Verfügung stehen.

Das Verfahren – genannt Bioprinting –, mit welchem Haut auf Brandwunden gedruckt wird, arbeitet nach diesem Prinzip: Der Bio-Printer verfügt über einen Laser-Scanner, der die Wunde abtastet. Mit Hilfe des Scanners entwickelt das System ein 3D-Modell der Wunde – entsprechend ihrer Größe und Form. Auf der Grundlage dieses Bildes erstellt der 3D-Drucker das Hautstück.

Der Drucker sprüht daraufhin präzise zwei Schichten von Zellen auf die Verletzung: zunächst Fibroblasten – bewegliche Bindegewebszellen –, danach Keratinozyte, das sind hornbildende Zellen. Alles Weitere, das den Heilungsprozess betrifft, übernehmen daraufhin die Zellen selbst.

Mit diesem Verfahren wurde bereits ein zehn Quadratzentimeter großes Hautstück auf ein Schwein gedruckt.

6.7.2 Tissue Engineering

Tissue Engineering, die Gewebekonstruktion, ist in der Medizin mittlerweile ein
etabliertes Verfahren. Hier verbinden sich Methoden aus den Ingenieurswissen-
schaften mit denen aus der medizinischen Wissenschaft. Mit Hilfe von Tissue Engineering lässt sich durch künstlich außerhalb des menschlichen Körpers neu gezüch-
tetes Gewebe das kranke Gewebe bei Patienten ersetzen oder wieder herstellen.

Dazu werden zuerst dem Erkrankten körpereigene Zellen entnommen und
anschließend im Labor vermehrt. Diese Zellen können als Zellrasen kultiviert und
später dem Empfänger retransplantiert werden. Häufig lässt sich so eine Gewebe-
funktion wieder rekonstruieren. Dieses Verfahren ist etabliert, neu jedoch ist die
Rekonstruktion aus unterschiedlichen Zellen.

Schon im Jahr 2001 erhielt der damals zehnjährige Luke Massella von Dr. Atala
eine mittels Tissue Engineering hergestellte künstliche Blase. Zehn Jahre später ist
Luke Massella College-Student – und die Ärzte können mit Gewissheit sagen, dass
sein Körper das künstliche Organ angenommen hat.

Das Team um Dr. Atala am Wake Forest Institute arbeitet derzeit an verschiedensten Organen und Geweben, unter anderem auch an Ohrmuscheln aus körper-
eigenen Zellen. Dr. Atala ist es bereits gelungen, ein funktionierendes Stück einer
menschlichen Leber herzustellen.

Tissue Engineering in Verbindung mit 3D-Druck-Technik kann früher unvor-
stellbare Anwendungen finden: Im März 2011 stellte Dr. Atala bei der Konferenz
für Technology, Entertainment, Design (TED), einer jährlich stattfindenden Tech-
nologiekonferenz in Monterey, Kalifornien, USA, eine Methode zur künstlichen
Herstellung von transplantierbaren Nieren vor.

Auf der Grundlage einer kleinen Gewebeprobe und einer 3D-Aufnahme der Nieren soll mit körpereigener „DNA-Tinte" eine komplette Niere im Schichtbauverfahren gedruckt werden, die anschließend in den Körper transplantiert wird. Um
diese „Tinte" herzustellen, werden zuerst Stammzellenkulturen produziert. Daraufhin wird als eine Art Grundgerüst ein Hydrogel verwendet, in welches die Niere
hineingedruckt werden soll.

Wie viele andere 3D-Drucker verfügt auch dieser Drucker über zwei Druckköpfe: Der eine baut das Gel, der andere die Zellen auf. Damit die Zellen richtig
zusammenwachsen können, muss die hergestellte Niere einige Zeit in einer Nähr-
lösung aufbewahrt werden. Prototypen der Niere hat Dr. Atala inzwischen gedruckt
und er arbeitet an der weiteren Verbesserung des Verfahrens.

In Deutschland wird bei den Fraunhofer Instituten im Rahmen des Projekts „Bio-
Rap" daran gearbeitet, künstliche Blutgefäße mit Hilfe von Rapid Prototyping herzustellen. Laut Fraunhofer Institut sei beim Tissue Engineering der Aufbau größerer
Konstrukte menschlichen Gewebes im Labor bisher noch begrenzt, weil eine Nähr-
stoffversorgung durch ein Gefäßsystem, das mit dem Blutgefäßsystem des Körpers
zu vergleichen sei, fehle.

Mit einer Kombination aus 3D-Inkjet-Drucktechnik und Multiphotonenpoly-
merisation sei erstmals die Herstellung von verzweigten Gefäßen mit Durchmes-
sern unter 1 mm möglich geworden. Für das Verfahren seien unter der Leitung des

Fraunhofer Instituts spezielle Tinten entwickelt worden, welche auf einem Baukasten mit unterschiedlichen Monomer- und Polymerkomponenten basieren und sich zu Materialien mit maßgeschneiderten elastischen Eigenschaften vernetzen lassen.

Der Schwerpunkt am Fraunhofer IGB sei die Biologisierung der synthetischen Röhrenstrukturen hin zu biomimetischen Gefäßsystemen. Endothelzellen, die im Körper die Blutgefäße auskleiden, sollen an die künstlichen Gefäße angebunden werden. Erster Schritt dazu sei die Biofunktionalisierung des künstlichen Materials.

Noch werden vermutlich einige Jahre vergehen, bis zum Beispiel funktionsfähige und massentaugliche Nieren – Nieren sind die am häufigsten benötigten Transplantationsorgane – oder andere Organe aus dem 3D-Drucker menschlichen Patienten eingesetzt werden können. Dass so dem Warten auf Spenderorgane ein Ende bereitet werden könnte, wäre in der Medizin ein gegenwärtig für einen Laien noch kaum vorstellbarer Fortschritt.

6.7.3   Implantate

Manches, das vor wenigen Jahren noch undenkbar schien, ist jedoch schon umgesetzt: Einige 3D-Druck-Systeme ermöglichen es bereits jetzt, die Eigenschaften und die innere Struktur des zu druckenden Materials zu variieren. Es wird erwartet, dass medizinische Titan-Implantate auf den Markt kommen – mit Eigenschaften, die denen von Knochen gleichen. In diesem Bereich entwickelt zum Beispiel das britische Unternehmen Within Technologies.

So ist das entwickelte Oberschenkel-Implantat an den Stellen kompakt, an denen Biegesteifigkeit und Bruchfestigkeit erforderlich ist. Dort jedoch, wo Knochen in das Implantat hineinwachsen sollen, verfügt das gedruckte Implantat über Porenkanäle, durch welche Gitterstrukturen geschaffen werden. Diese sehr feinen netzartigen Strukturen stimulieren das Knochenwachstum und die Verzahnung wesentlich besser, als es eine herkömmliche Oberfläche ermöglichen kann. Es ist höchstwahrscheinlich, dass solche Implantate länger im Körper bleiben als herkömmliche.

In Abb. 6.18 ist ein Implantat für eine Prothese dargestellt, das von der Firma Within Technologies entwickelt wurde.

Im Februar 2012 wurde auf golem.de berichtet, dass es belgischen und niederländischen Ärzten bereits im Juni 2011 gelungen sei, einer Patientin ein komplettes 3D-gedrucktes Kieferimplantat einzusetzen. Nachdem mit einem MRT-Scanner der Kieferknochen der Patientin gemessen worden war, konnte die Produktion der Prothese beginnen.

Die Unterkieferprothese wurde durch das belgische Unternehmen LayerWise mittels Lasersinterns aus Titanpulver hergestellt und später mit einer Biokeramik beschichtet. Auf Öffnungen wurde in dem gedruckten Implantat verzichtet – mit dem Ziel, dass sich die Muskeln der Patientin mit dem künstlichen Kiefer verbinden und zur Lenkung des Wachstums der Nerven und Adern. Damit sei es den Wissenschaftlern der Universitäten Hasselt und Leuven in Belgien sowie der Universitäten in Maastricht und Sittard-Geleen in den Niederlanden zum ersten Mal gelungen, einen Unterkiefer vollständig zu ersetzen.

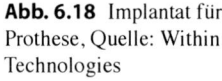

Abb. 6.18 Implantat für
Prothese, Quelle: Within
Technologies

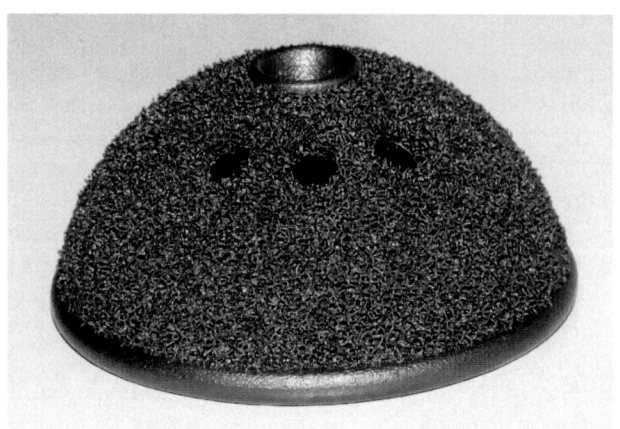

Durch eine chronische Entzündung war der eigene Unterkiefer der 83-jährigen aus Belgien stammenden Patientin zerstört worden, sodass er entfernt werden musste. Das sei unausweichlich gewesen, um zum einen die Atemwege offen zu halten und zum anderen der Frau weiterhin das Kauen und Schlucken zu ermöglichen.

Eine herkömmliche Operation zur Kieferwiederherstellung hätte länger gedauert und vor allem einen sich daran anschließenden längeren Krankenhausaufenthalt erfordert. Das Einsetzen des 3D-gedruckten Unterkiefers habe nur vier Stunden in Anspruch genommen. Am Tag nach der Implantation habe die Patientin schon wieder normal sprechen und schlucken können.

Nicht alle Implantate sind aber dazu vorgesehen, im Körper zu verbleiben. Beim Ideenwettbewerb Venture Cup 2010 des Landes Mecklenburg-Vorpommern wurde in der Kategorie *Forscherteam* das Team um Sebastian Spath vom Lehrstuhl für Fluidtechnik und Mikrofluidtechnik von der Universität Rostock mit dem ersten Preis ausgezeichnet: Das Forscherteam erhielt den Preis für ein 3D-Druck-Verfahren, das in Kombination mit neuen Materialien eine völlig neue Generation von Knochenersatzimplantaten ermöglicht.

Die individuell gefertigten Implantate verbleiben nicht dauerhaft im Körper, sondern werden durch den Knochenumbauprozess abgebaut. Im Gegenzug wird umliegender Knochen zum Wachstum angeregt und die Fehlstelle gleichzeitig mit körpereigenem Knochen gefüllt.

Die Implantate ermöglichen so die Wiederherstellung der Ästhetik des Patienten und minimieren das Infektions- und Ausfallrisiko im Vergleich zu Transplantaten bzw. Implantaten tierischen Ursprungs oder aus Titan.

6.7.4   Prothesenkosmetiken – individuell

Das South-Park-Viertel in San Francisco, USA, ist nicht nur Standort vieler kleiner Firmen, die sich mit Webtechnologien befassen: Hier hat das Unternehmen

Bespoke Innovations seinen Sitz, welches mittels selektiven Lasersinterns Hilfsmittel für Beinprothesen fertigt.

Diese werden auch Prothesenkosmetiken genannt und können nach individuel-
lem Kundenwunsch mit allen möglichen Materialien überzogen werden – wie zum
Beispiel Leder, Chrom, hochglanzpoliertem Metall oder Fleece. Die Designmög-
lichkeiten sind dabei unbegrenzt.

Die Möglichkeit, selbst zu gestalten, wird mit „Design your own" auf der unter-
nehmenseigenen Webseite beworben. Wer möchte, kann sich sogar Tätowierungen
in das Leder der Prothesenverkleidung lasern lassen. Bespoke Innovations nennt
diese Designer-Verkleidungen für Beinprothesen Fairings.

Scott Summit, Industriedesigner, und Kenneth Trauner, orthopädischer Chirurg,
– beide Gründer des Unternehmens – entwickeln individuelle Elemente für Prothesen, welche exakt der Beinanatomie des Kunden entsprechen. Allerdings kosten
diese durch den Einsatz des Lasersinter-Verfahrens gefertigten Teile weniger als
eine herkömmliche Prothesenkosmetik, obwohl sie den ästhetischen Bedürfnissen
der Kunden entsprechend entworfen werden.

Zudem sind die mit einer SLS-Anlage des Unternehmens 3D Systems aus dauerhaft haltbarem Polymer hergestellten Teile sogar spülmaschinengeeignet, was sie
besonders für Sportler – wie Abb. 6.19 sehr eindrucksvoll zeigt – attraktiv macht.
Bei beschichteten Kosmetiken ist die Metallschicht kratzfest und lässt sich polieren.

Scott Summit hat sich zum Scannen eine spezielle Vorrichtung selbst entwickelt.
Es wird dabei sowohl ein Bild vom „gesunden" Bein als auch von der Beinprothese
gescannt. Dadurch, dass das „gesunde" Bein auf die Prothese gespiegelt wird, kann
für den Träger eine größtmögliche körperliche Symmetrie entwickelt werden.

Für beidseitig Amputierte ist das Verfahren schwieriger, aber nicht ausgeschlossen. Es kann jemand mit ähnlicher Körpersymmetrie gefunden werden, dessen
Daten sich nutzen lassen. Aus den gescannten Daten werden am Computer die Prothesenkosmetiken entwickelt, ausgedruckt und schließlich mit dem vom Kunden
bestimmten Material beschichtet.

Diese Beinkosmetiken kosten derzeit – abhängig von Design und Oberflächen-
material – zwischen 4.000 und 6.000 US-Dollar. Sie wiegen – abhängig von Größe
und Material – zwischen 230 und 450 Gramm.

6.7.5   Prothesen – preisgünstig und über Open Source?

Die zuvor beschriebenen individuellen Prothesenkosmetiken zeigen, wie 3D-Druck
die Lebensqualität verbessern kann. Jedoch sind diese individuell gestalteten Beinkosmetiken sicherlich ein Produkt, das nicht jeder, der dies vielleicht benötigen
würde, finanziell in der Lage ist zu erwerben. Es sollte damit gezeigt werden, welche Möglichkeiten die Technologie bietet.

In Entwicklungsländern ist für viele Bedürftige selbst eine Standard-Prothese oft
unerschwinglich. Dabei ist der Prozentsatz an Amputierten auf Grund von Kriegs-
folgen, Krankheiten und mangelnder medizinischer Versorgung in diesen Ländern
deutlich höher als in Industrienationen. Von Prothesenkosmetiken wird in diesen

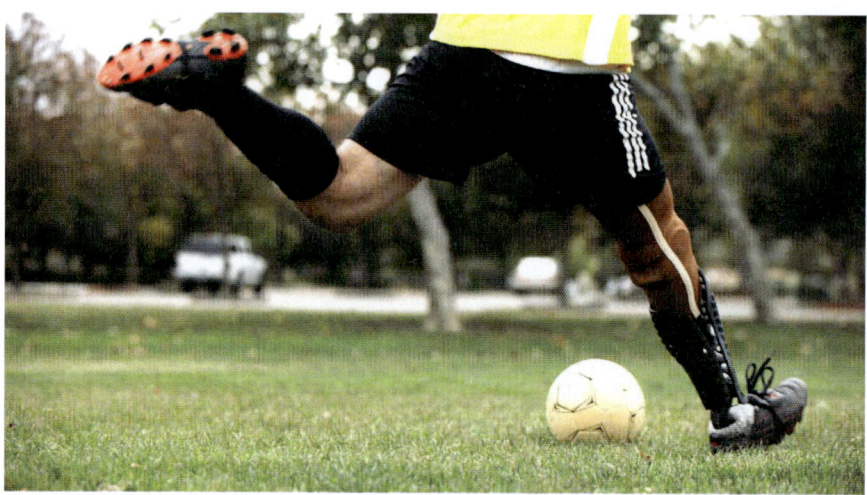

Abb. 6.19 Prothesenkosmetik für Sportler, Quelle: Bespoke Innovations

Fällen keine Rede sein. Allein eine einfache Handprothese, mit welcher rein mechanisch und ohne jede Elektronik die Finger bewegt werden können, kostet derzeit mindestens 600 US-Dollar. Das könnte sich durch die Möglichkeiten, die 3D-Druck bietet, ändern.

Der US-amerikanische Maschinenbaustudent Eric Ronning gewann im Februar 2012 mit seiner 3D-gedruckten Handprothese namens „Manu Print" den Innovationspreis „Schoofs Prize of Creativity" der University of Wisconsin-Madison. Im 3D-Druck-Verfahren produziert, soll die von Ronning entwickelte Prothese zu einem Preis von rund 20 US-Dollar herzustellen sein.

Eric Ronnings Idee bei dem Wettbewerb war es, eine Handprothese für all jene zu entwickeln, die sich handelsübliche Prothesen nicht leisten können. 3D-Modellierung hatte der junge Amerikaner schon in der High School gelernt.

Vorstellbar und keineswegs in weiter Ferne liegend ist es, dass die 3D-Modelle von Prothesen auf Open-Source-Plattformen wie zum Beispiel Thingiverse der Allgemeinheit zur freien Verfügung gestellt und mittels 3D-Druck preisgünstig gefertigt werden.

Bei allem Enthusiasmus dafür, dass auf diese Art bald für jeden Amputierten zu einem geringen Preis eine Prothese produziert werden könnte, muss dabei jedoch immer berücksichtigt und hinterfragt werden: Wie lässt sich ausschließen, dass minderwertige Materialien oder Modelle in Umlauf gebracht werden, welche unter Umständen sogar gefährlich sein könnten?

Wie so oft, birgt jede Chance auch ein Risiko.

6.8   3D-Druck und die Umwelt

6.8.1   3D-Druck als nachhaltige Technologie

Oftmals kommt unter Umweltschützern die kritische Frage auf, was mit den ganzen Prototypen aus „Plastik" nach der Nutzung geschehen soll. Diese seien nicht biologisch abbaubar, schlecht zu recyceln und böten eine gefährliche Hinterlassenschaft für nachkommende Generationen. Dazu möchte ich einiges erläutern, das meiner Einschätzung nach für 3D-Druck als eine Technologie spricht, die sich langfristig eher als eine Art Nachhaltigkeitstechnologie entwickeln wird – statt die Umwelt zu belasten.

Wie in vorherigen Kapiteln schon erwähnt, entsteht bei der Produktion mit 3D-Druck geringerer Ausschuss und weniger Abfall als dies mit den meisten anderen Herstellungsverfahren früher der Fall war.

Zudem werden sehr viele Prototypen bereits heute mit 3D-Druck-Verfahren, bei denen als Material Metall verwendet wird, hergestellt. Alle möglichen weiteren Materialien befinden sich in der mehr oder minder ernsthaften Erprobung – seien diese Holz, Schokolade, Papier oder Wachs. Es lässt sich hoffen, dass es nicht mehr lange dauern wird, bis standardmäßig für Prototypen haltbare, aber recycelbare oder biologisch abbaubare Materialien verwendet werden.

Der RepRap-3D-Drucker, bekannt geworden als der preiswerte Drucker, der seine eigenen Kunststoffbauteile selbst produzieren kann, lässt sich sogar mit Polylactiden als Druckmaterial ausstatten. Polylactide bestehen aus Milchsäuremolekülen und sind biokompatibel. Produkte aus diesem Bio-Kunststoff zersetzen sich in industriellen Kompostieranlagen innerhalb kurzer Zeit. Hinzu kommt, dass Polylactide auf Basis nachwachsender Rohstoffe wie Mais entstehen, statt aus Erdöl wie bei konventionellen Kunststoffen.

Ein sehr preiswertes und zudem umweltfreundliches Bau-Material für 3D-Druck ist Ton. Mit diesem Material stellt zum Beispiel der britische Künstler Jonathan Keep auf einem umgebauten RapMan-Drucker Ton-Skulpturen her. Der Nachteil an den mit Ton 3D-gedruckten Bauteilen ist der, dass sie nach dem Druck noch gebrannt werden müssen. Dem gegenüber steht aber die lange Haltbarkeit und Lebensmittelechtheit von glasierten Tonobjekten, wie sie seit Jahrtausenden bekannt ist.

Insbesondere mit Blick auf den Lebensmittel- und den medizintechnischen Bereich wird zurzeit von verschiedenen Seiten nach bio- und umweltverträglichen Materialien zielstrebig geforscht und in hohem Tempo weiterentwickelt.

Vom irischen Unternehmen Mcor Technologies wurde auf der CeBIT 2011 der 3D-Drucker Matrix 300 vorgestellt. Bei diesem 3D-Drucker handelt es sich um eine Maschine, welche dreidimensionale Objekte mit Papier druckt. Die Betriebskosten des Druckers sind erheblich geringer als bei herkömmlichen 3D-Druckern. Papier als Material für den 3D-Drucker ist nicht nur ein biologisch abbaubares, sondern auch ein weltweit verfügbares und preisgünstiges Material.

Das Unternehmen Mcor Technologies wirbt auf seiner Seite mit seinen Leistungen als „Technology – as nature intended", das heißt „Technologie – wie die Natur sie wollte".

All diese bunten im Folgenden gezeigten Teile sind aus Papier dreidimensional gedruckt: Sei es der Reifen in Abb. 6.20, der bunte Sessel in Abb. 6.21 oder auch der Schädel in Abb. 6.22.

Als Anschauungsobjekte erfüllen sie auf jeden Fall ihre Funktion.

Das 3D-Druck-Verfahren mit Papier ist schnell erklärt: Zum Drucken werden gewöhnliche Papierblätter im A4-Format genutzt.

Eine Software zerlegt auf dem Computer die 3D-Modelle in viele einzelne Lagen und schickt die Form jeder Lage an den 3D-Drucker. Dieser zieht Blatt für Blatt ein, klebt jedes Blatt auf die darunter liegende Schicht und schneidet die gewünschte Form der Bauteile mit einem Messer aus. Dieser 3D-Drucker könnte insbesondere für Designer und Architekten als Alternative zu 3D-Druckern, die teures Kunststoffmaterial verarbeiten, in Frage kommen.

In der Zukunft könnten 3D-Drucker sogar als Recycler bekannt werden, stellt das deutsche Online-Magazin 3Druck.com fest: Forscher von IBM und Stanford haben in der Fachzeitschrift Macromolecules ein kostengünstiges Verfahren vorgestellt, bei dem gebrauchte PET-Flaschen chemisch bereits bei 75°C eingeschmolzen und so wiederverwendet werden können.

Die Flaschen werden zuvor geschreddert und in eine Äthylenglycol-Lösung eingebracht. Die dadurch ausgelöste chemische Reaktion ermöglicht ein Weiterverarbeiten der PET-Masse in derselben Qualität wie bei der ersten Produktion. Dieses Verfahren würde auch eine Verwendung von PET im 3D-Drucker als kostengünstigen und stabilen – wenngleich nicht als umweltfreundlichen – Werkstoff interessant machen.

Anders als in Deutschland jedoch werden in vielen Ländern die PET-Flaschen nach Gebrauch häufig fortgeworfen. Recycelt wurden sie, wenn überhaupt, bisher zumeist nur als Pullover oder als Teppich, nicht jedoch als neue Wasserflaschen.

Im Januar 2012 produziert der Entwickler Tyler McNaney in Milton, Vermont, USA, mit dem Prototyp „Filabot", einem 3D-Plastik-Extrusionssystem, bereits eigenes 3D-Druck-Bau-Material aus Plastikabfällen. Aus nahezu jedem recycelbaren Plastik, seien dies Shampoo-Flaschen oder Produktverpackungen, stellt der Filabot die für den 3D-Druck erforderlichen Kunststoffdrähte her.

Anfang 2012 steht das Projekt noch auf der Webseite Kickstarter.com, einer Internetplattform für kreative Projekte, auf der um Finanzierung für viel versprechende Ideen geworben wird. Dem Aufruf zur Finanzierung, ganz wie beim früher schon erwähnten Drucker Printrbot, kam die Community schnell nach. Jetzt bleibt abzuwarten, wann serienmäßig Plastikabfälle zu 3D-Druck-Material recycelt werden.

In dem Unterkapitel „3D-Druck in der Automobilindustrie" wird das vom kanadischen Öko-Autohersteller Kor Ecologic entwickelte Plugin-Hybridauto „Urbee" im Detail vorgestellt. Seine Karosserie wurde mit Hilfe von 3D-Druck-Technik produziert.

In dieses Kapitel hätte das leichte, umweltfreundliche Fahrzeug, das entweder mit Ethanol oder elektrisch angetrieben wird, ebenso gut gepasst. Denn sein Hersteller Kor Ecologic hat eine glaubwürdige Mission: Das Unternehmen setzt auf Nachhaltigkeit und Umweltfreundlichkeit. Nach eigener Aussage strebt es an, mit

Abb. 6.20 Reifen,
3D-gedruckt aus Papier,
Quelle:
Mcor Technologies

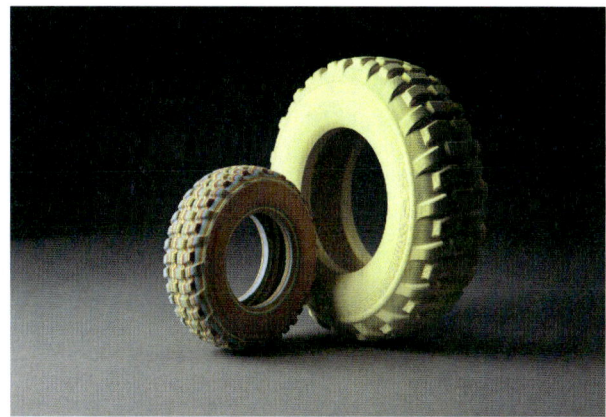

Abb. 6.21 Ein bunter
Sessel, dreidimensional
aus Papier gedruckt,
Quelle:
Mcor Technologies

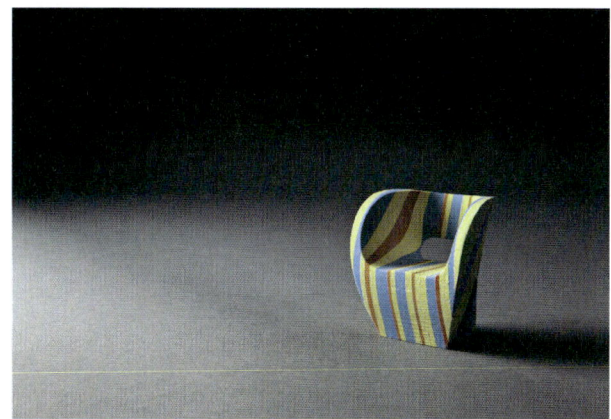

Abb. 6.22 Auch der
Schädel wurde aus
Papierschichten gedruckt,
Quelle:
Mcor Technologies

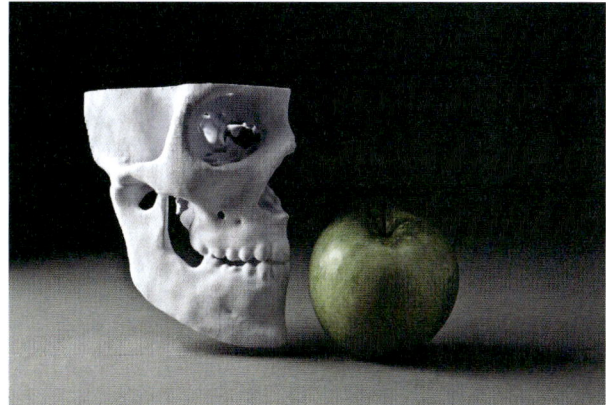

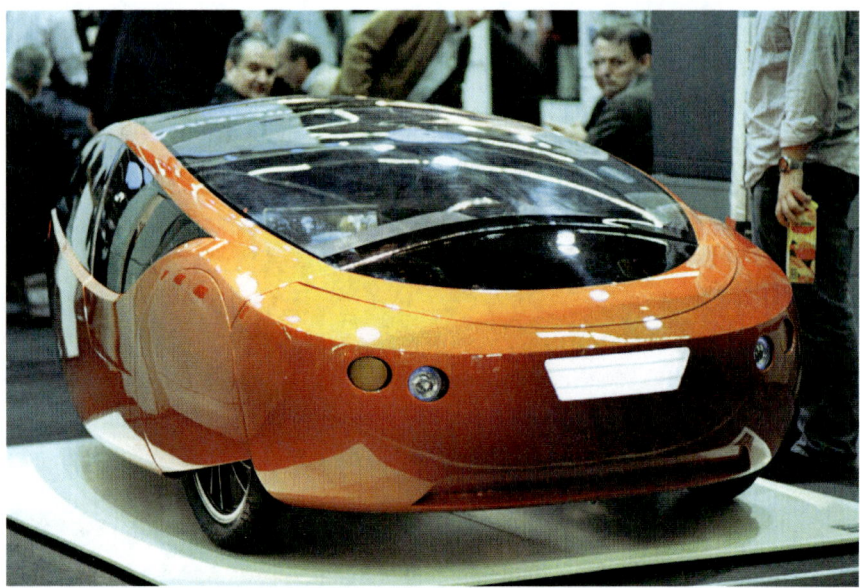

Abb. 6.23 Das umweltfreundliche Hybrid-Auto "Urbee", Quelle: Kor Ecologic

„Urbee" – in Abb. 6.23 gezeigt – ein Auto herstellen zu wollen, das während der Produktion, Nutzung und des Recyclingprozesses darauf ausgerichtet sein soll, die Umwelt geringstmöglich zu belasten.

Clemens Gleich führt in einem Artikel in der „Welt" einen weiteren wichtigen Punkt an, der hier unter dem Kapitel „Umwelt" aufgeführt wird, dem aber eher der „Eine Welt"-Gedanke zu Grunde liegt: Mit der zu erwartenden Verbreitung des 3D-Drucks unter den Massen sei es wahrscheinlich, dass „funktionierende Mini-fabriken auf unseren Schreibtischen" – gemeint sind 3D-Drucker – den Handel mit kleinen Gegenständen wie zum Beispiel dringend benötigten Ersatzteilen grundlegend verändern werden.

Regionen der Dritten Welt mit sehr geringer Kapitalkraft hätten damit die Möglichkeit, schnell und billig an dringend benötigte Bauteile und Ersatzteile zu kommen, wenn nur eine Person in der weiteren Umgebung einen 3D-Drucker besitzt.

Ein weiterer Aspekt zu Gunsten der Umwelt: Der Versand für Ersatz- oder Spezialteile würde bei einer sehr starken Verbreitung von 3D-Druck in der Zukunft nahezu überflüssig werden. Wenn jeder Haushalt über einen 3D-Drucker verfügte, könnten Transportwege für Ersatz- und Spezialteile weitgehend entfallen. So würde die Umwelt geschont. Der Kunde würde sich die dreidimensionalen Ersatzteil-Daten online beim Händler oder Hersteller beschaffen, um sie selbst zu Hause auszudrucken. Das zu tun wäre ihm rund um die Uhr, 24 Stunden täglich, möglich.

Dies ist nur reine Spekulation, aber vorstellbar wäre es doch: dass der in vielen Jahren vermutlich überall verbreitete 3D-Drucker nicht allein durch umweltverträgliche Druck-Materialien Nachhaltigkeit fördert. Zusätzlich könnte er sogar dafür sorgen, dass der Einzelne nicht nur konsumiert, sondern zuvor gründlich darüber nachdenkt, was er wirklich braucht und wie er etwas haben möchte.

Das wäre viel einfacher, als sich auf den Weg zu machen, um etwas zu kaufen, das Gewünschte nicht zu finden – aber stattdessen etwas anderes zu erwerben, das nicht wirklich gebraucht wird. Mit einem eigenen oder einem leicht zugänglichen öffentlichen 3D-Drucker könnte sich jeder passgenau das Objekt drucken, welches er gerade benötigt.

Auch der gesellschaftliche Nutzen des 3D-Drucks könnte überwältigend werden: Einmal angenommen, dass jeder sich die dreidimensionalen Daten zum Beispiel der Sportschuhe, welche er gern tragen möchte, herunterladen und ausdrucken kann: Könnte das nicht das Aus für Kinderarbeit in Entwicklungsländern einleiten?

Wenn sich mit 3D-Druckern Essen drucken lässt – Bau-Material vorausgesetzt: Könnte das nicht ein Ende des Hungers in der Welt bedeuten?

Dies sind nur Fragen und nicht einmal Hypothesen. Es sollen aber in jedem Fall Denkanstöße sein zu dem, was alles möglich sein könnte. 3D-Druck könnte die nachhaltigste Technologie werden, welche die Menschheit erfunden hat. Was daraus wird, bleibt abzuwarten, aber die positiven und nachhaltigen Möglichkeiten dieser Zukunftstechnologie sind nahezu unbegrenzt.

6.8.2   3D-Druck ermöglicht umweltfreundliche Formstoffe in der Gießerei

Auf der alljährlich in Düsseldorf stattfindenden Messe GIFA (internationale Fachmesse für Gießerei, Gusserzeugnisse und Gießereitechnik) präsentierte das Unternehmen Voxeljet GmbH zusammen mit Hüttenes-Albertus im Jahr 2011 zum ersten Mal anorganisch gebundene Formen und Kerne, die werkzeuglos im 3D-Druckverfahren hergestellt wurden. Der 3D-Druck wird hier somit für das Rapid Tooling eingesetzt, mit dem der klassische Modellbau in der Gießereitechnik ersetzt wird. Diese Neuentwicklung ist insofern von besonders hoher Bedeutung, als der Wunsch nach umweltfreundlichen Formstoffen beim 3D-Druck in der Gießerei immer größer wird. Die Qualität des Verfahrens ist ebenfalls überzeugend.

Wie Voxeljet im Rahmen einer Pressemitteilung schrieb, werden gerade für die Automobilindustrie die Faktoren Nachhaltigkeit und Ökologie im Produktionsprozess immer wichtiger. Schon seit Längerem werden in der Motorenfertigung anorganische Binder für die Herstellung von Sandkernen eingesetzt. Anorganisch gebundene Kerne sind umweltverträglicher als organische Binder, die Qualität der fertigen Gussteile ist besser.

Bis vor Kurzem waren beim Additive Manufacturing (AM), einem Verfahren, bei dem Sandformen auf 3D-Drucksystemen werkzeuglos nach CAD-Daten hergestellt werden, anorganische Binder nicht verfügbar. Voxeljet, Hersteller von 3D-Drucksystemen und Hüttenes-Albertus, Hersteller von Produkten für die Gießerei-Industrie, bieten mit einem serientauglichen anorganischen Bindersystem inzwischen eine Lösung für den umweltfreundlichen und qualitativ hochwertigen 3D-Druck.

Das von Hüttenes-Albertus in Zusammenarbeit mit Voxeljet entwickelte Formstoff-System ermöglicht den Einsatz auf den Voxeljet-3D-Druckern. Der Schichtbauprozess läuft grundsätzlich genauso ab wie beim Einsatz organischer Binder. Beim neuen System wird ein mit anorganischem Binder versetzter Formstoff – anorganischer Fertigsand – in mikrometerfeinen Schichten auf eine Baufläche aufgetragen und anschließend selektiv mit einer Flüssigkeit bedruckt. Die Drucklösung aktiviert den Binder im Sand, der die umliegenden Formstoffpartikel bindet.

Dieser Prozess wird so lange Schicht für Schicht fortgesetzt, bis die gewünschte Form hergestellt ist. Nach dem Druck werden die Formen und Kerne vom umliegenden Formstoff befreit. Das nicht bedruckte Partikelmaterial lässt sich nach einer Aufbereitung wieder dem Prozess zuführen. Die gedruckten Bauteile kommen nach dem Schichtbauprozess für wenige Stunden zur Trocknung in einen Ofen und stehen dann für den Abguss zur Verfügung.

Voxeljet-Geschäftsführer Dr. Ingo Ederer sieht in der Neuentwicklung einen wichtigen Schritt auf dem Weg zu einer nachhaltigeren Produktion: „Bisher kamen anorganische Bindersysteme nur in der Serienfertigung zum Einsatz. Uns war es deshalb besonders wichtig, die ökologischen und technologischen Vorteile auch der innovativen AM-Welt zu erschließen. Jetzt können Anwender auch bei Kleinserien und der Prototypherstellung von den Pluspunkten der anorganischen Systeme profitieren."

In einigen Bereichen sind anorganische Binder Produkten auf Kunstharzbasis überlegen. Im Gegensatz zu organischen verbrennen anorganische Binder beim Gießvorgang nicht. Die von organischen Systemen bekannte Entstehung umwelt- und gesundheitsschädlicher Emissionen wird damit vermieden. Auch die typische Geruchsbildung beim Gießen als Folge der Verbrennung des organischen Materials entfällt bei der neuen Technologie.

Der Gießprozess läuft geruchsfrei und kondensatfrei ab. Aus diesem Grund gilt das Verfahren insgesamt als umweltfreundlich. Gleichzeitig hat es positive Auswirkungen auf die Qualität des Gusses: Beispielsweise im Nichteisen- und Leichtmetall-Guss führt die thermische Stabilität der anorganischen Binder während des Gießens zu einer hervorragenden Beständigkeit der Sandformen und damit zu einer vorbildlichen Maßhaltigkeit der Bauteile.

7.1   EuroMold in Frankfurt/Main

Alljährlich findet in Frankfurt am Main die EuroMold statt – die Weltmesse für Werkzeug- und Formenbau, Design und Produktentwicklung. Diese Messe, veranstaltet von der DEMAT GmbH, gilt als deren größte Veranstaltung. Im Jahr 2011 (Ende November bis Anfang Dezember) zeigten dort bei der 18. EuroMold an den vier Messetagen 1.324 Aussteller aus 38 Ländern ihre Produktentwicklungen. Mit fast 58.000 Besuchern aus 97 Nationen schloss die EuroMold im Jahr 2011 ab.

Durch das Konzept „Vom Design über den Prototyp bis zur Serie" greift die EuroMold zwei wesentliche Aspekte auf: Zum einen die Aufgliederung der Prozesskette in einzelne Bereiche und zum anderen die Vernetzung entlang dieser Prozesskette. Die Vernetzung von strukturierter Information schafft wiederum Synergieeffekte und damit neue Absatzmärkte.

Nach Aussage der Veranstalter schließt das Messekonzept der EuroMold die Lücke zwischen Industriedesignern, Produktentwicklern, Verarbeitern, Zulieferern und Anwendern. So zeigt sie Wege für eine schnellere, kostengünstigere und effizientere Entwicklung neuer Produkte auf.

Neben Herstellern von zum Beispiel Drehmaschinen und CNC-Fräsen etc. stellen auch sehr viele Hersteller von Rapid-Prototyping-Anlagen jedes Jahr auf der EuroMold aus.

Wenn Sie selbst den Kauf eines eigenen Druckers erwägen, empfehle ich Ihnen, sich vorher in Frankfurt bei der EuroMold umzuschauen, um sich dort einen groben Überblick zu verschaffen. Nicht nur, weil Sie sich von den Vertretern der einzelnen Hersteller beraten lassen können, sondern auch, weil Sie hier die Möglichkeit haben, die Maschinen „live" zu betrachten.

Sie können den zum Verkauf angebotenen 3D-Druckern bei der Arbeit zusehen, teilweise sogar gedruckte Referenzobjekte, in jedem Fall aber genügend an Prospekten und aktuellem Informationsmaterial zu 3D-Druckern erhalten.

Unter der Internetadresse www.euromold.com erfahren Sie mehr über frühere und noch geplante Messen.

P. Fastermann, *3D-Druck/Rapid Prototyping*, X.media.press,
DOI 10.1007/978-3-642-29225-5_7, © Springer-Verlag Berlin Heidelberg 2012

7.2   Rapid.Tech in Erfurt

In Erfurt findet jedes Jahr die von der Messe Erfurt veranstaltete Rapid.Tech statt. Die Rapid.Tech informiert über Stand und Entwicklung der Herstellung von Prototypen und insbesondere über die direkte Fertigung von Endprodukten und deren Komponenten. Sie versteht sich als eine Kombination aus Fachmesse, Anwendertagung und Konstrukteurstag. Hinzu kommen noch spezielle Fachforen. Ziel der Messe ist es, dass sich Maschinenentwickler, Konstrukteure und Anwender von generativen Verfahren zu einem schnellen, praxisnahen und bereichsübergreifenden Wissensaustausch treffen können.

Zu den Ausstellungsgütern gehören nach und nach immer größere Anlagen, die Besuchern die Verfahren des Rapid Prototyping, Rapid Tooling und Rapid Manufacturing verdeutlichen.

Im Jahr 2011 informierten sich rund 1.200 Tagungsteilnehmer und Fachbesucher bei 56 Ausstellern über die verschiedenen Verfahren.

Unter der Internetadresse www.rapidtech.de erfahren Sie mehr über frühere und noch geplante Messen.

Rapid-Prototyping-Verfahren: eine Übersicht

8

Im Folgenden finden Sie eine Übersicht zu Rapid-Prototyping-Verfahren. Einige davon habe ich an früheren Stellen in diesem Buch schon erwähnt – und dabei Objekte, die mit ihrer Hilfe hergestellt wurden, genannt.

Ich gehe dabei so vor, dass ich das Verfahren zunächst definiere und bei einigen Verfahren auch Beispiele nenne, die damit gedruckt wurden. Anschließend erfahren Sie Details über die Werkstoffe, mit denen bei dem beschriebenen Verfahren produziert werden kann.

Zum Schluss gebe ich noch eine Einschätzung zu dem Verfahren: wofür es sich gut eignet und wofür weniger gut. Hier können auf Grund der jeweils geltenden Anforderungen die Einschätzungen und Präferenzen sicher unterschiedlich sein – ich gebe Ihnen an dieser Stelle meine eigenen Erfahrungen und Kenntnisse aus meinen eigenen Recherchen weiter. Leider ist es wegen der dynamischen Entwicklung auf dem Gebiet des Rapid Prototyping kaum möglich, eine vollständige Liste der Verfahren darzustellen.

Grundsätzlich wird zurzeit grob zwischen drei Verfahrensgruppen unterschieden: a) dem Sinter- oder Pulverdruckverfahren, b) dem Drucken mit flüssigen Bau-Materialien und c) der Stereolitographie, bei welcher das Modell in einem Bad aus einem flüssigen Bau-Material, das bei Belichtung aushärtet, produziert wird.

Die große Anzahl der verschiedenen Verfahren mag zunächst verwirrend und wenig überschaubar wirken. Letztlich funktionieren sie jedoch alle nach einem recht ähnlichen Grundprinzip, dem Schichtbauverfahren.

Zu den Verfahren des Rapid Prototyping gehören:

8.1 3D-Druck mit Gipspulver

Beim 3D-Pulverdruck wird das Werkstück aus vorher flüssigem Material im Schichtbauverfahren aufgebaut. „Gedruckt" wird mit einem sehr ähnlichen Verfahren wie beim Tintendruck. Viele der 3D-Drucker haben – ähnlich wie Tintenstrahldrucker – mehrere Druckköpfe, aus denen ein Bindemittel in Form von kleinen Tröpfchen geschossen wird. Das flüssige Bindemittel verhält sich ähnlich wie ein Klebstoff oder ein Härter und lässt die einzelnen Pulverkörner kristallisieren.

P. Fastermann, *3D-Druck/Rapid Prototyping*, X.media.press,
DOI 10.1007/978-3-642-29225-5_8, © Springer-Verlag Berlin Heidelberg 2012

Schicht für Schicht wird Pulver aufgetragen und verklebt – in den Bereichen, in denen der Binder aufgedruckt wird. Das Pulverbett bewegt sich beim Drucken immer um eine Schicht nach unten, damit das Modell Schicht für Schicht nach oben hin aufgebaut werden kann. Bei dem flüssigen Bindemittel, das auf Pulverschichten aufgetragen wird, ist es möglich, unterschiedlich farbige Tinten hinzuzufügen. So können mehrfarbige 3D-Modelle hergestellt werden. Sind die Modelle fertig, werden sie vom umgebenden Pulver befreit und gegebenenfalls mit einer Art Sekundenkleber imprägniert (Infiltration). Das überschüssige Pulver wird erneut zum Drucken verwendet.

Werkstoffe: Kunststoffe, Kalkpulver mit Epoxid-Hülle, Gips und weitere pulverförmige Materialien verschiedener Art

Einschätzung des Verfahrens: Nach dem Drucken ist immer noch Nacharbeit erforderlich. So müssen zum Beispiel bei den aus Kalkpulver hergestellten Objekten nach dem Druck Teile von anhaftendem Pulver mit Hilfe von Druckluft entfernt werden. Nicht infiltrierte Bauteile sind recht spröde.

Von Vorteil jedoch ist dabei, dass es möglich ist, nicht oder nur schwer entformbare Bauteile herzustellen, gerade weil das Pulver im Innern des Bauteils auch durch kleine Öffnungen recht problemlos entfernt werden kann. Zur Erhöhung der Stabilität dieser oft nach dem Druck spröden Teile ist es erforderlich, dass ein Klebstoff in die Poren des Bauteils eingefügt wird. Trotzdem bleiben infiltrierte Bauteile empfindlich und können leicht zerbrechen.

8.2   Selektives Lasersintern (SLS)

Vom Verfahren her ähnelt das Lasersintern dem Pulverdruck mit Gips. Es unterscheidet sich von diesem jedoch durch das Ausgangsmaterial und das Verfestigen der Schichten. Selektives Lasersintern basiert auf dem schichtweisen Versintern eines Pulverwerkstoffs. Das Werkstück wird Schicht für Schicht aufgebaut, ein Laser versintert die Materialkörnchen zu einem dreidimensionalen Objekt. Das heißt, durch eine Laserquelle werden die Partikel an der Oberfläche miteinander verschmolzen.

Wegen der nur kurzen Einwirkzeit des Laserstrahls muss die Temperatur zum Sintern des Werkstoffs sehr nahe an die Schmelztemperatur des Materials gebracht werden. Schicht für Schicht wird beim Drucken die Bauplattform um eine Schichtdicke gesenkt und eine neue Lage Pulver durch einen Rakel auf der vorherigen Schicht aufgebracht – nach jedem Vorgang des Verschmelzens wird dieser Arbeitsschritt wiederholt.

Werkstoffe: Thermoplaste (wie zum Beispiel Polycarbonate, Polyamide, Polyvinylchlorid), Metalle, Keramiken, Sande

Einschätzung des Verfahrens: Es sind keine Stützstrukturen erforderlich, da das Pulverbett für Überhänge genügend Halt gibt. Die Genauigkeit der Bauteile ist durch die Größe der Pulverpartikel begrenzt. Durch den Temperatureinfluss kommt es zu Schrumpfungsprozessen beim Abkühlen der Schicht, die zu Maßabweichungen führen können, wenn sie nicht von der Maschine vorher durch eine Berechnung korrigiert werden.

Oft weisen die Objekte durch die Korngröße des Pulvers eine etwas raue Oberfläche und eine leichte Porosität auf. Dieser Porosität lässt sich entgegenwirken, indem man das fertige Bauteil in zum Beispiel flüssigem Kupfer oder einem Harz tränkt. Die Oberfläche kann durch Perlstrahlen – dabei werden kleine Metall- oder Glaskügelchen mit Pressluft auf das Bauteil geblasen – geglättet und verdichtet werden. Vorteile sind auf jeden Fall die hohe mechanische Belastbarkeit und die große Auswahl an zur Verfügung stehenden Materialien. Das Verfahren eignet sich für Endprodukte.

8.3   Selektives Laserschmelzen (SLM, Selective Laser Melting)

Anders als beim Selektiven Lasersintern (SLS) wird beim Selektiven Laserschmelzen das Materialpulver nicht gesintert, sondern direkt an dem Bearbeitungspunkt lokal aufgeschmolzen.

Das Pulver wird mit Hilfe eines Lasers dabei vollständig umgeschmolzen. Nach dem Erkalten verfestigt sich das Material. Das Objekt wird Schicht für Schicht aufgebaut: durch Absenkung der Bauplattform, immer wieder neuen Auftrag von Pulver und erneutes Schmelzen.

Das SLM-Verfahren macht es möglich, eine poren- und rissfreie Struktur aufzubauen, sodass – zumindest theoretisch – eine 100 %-Dichte des Ausgangsmaterials erreicht werden kann.

Wie auch beim Lasersintern kommt es durch den Temperatureinfluss zu Schrumpfungsprozessen beim Abkühlen der Schicht. Das kann zu Maßabweichungen führen, wenn sie nicht von der Maschine vorher in einer Berechnung korrigiert werden.

Werkstoffe: Metalle (zum Beispiel Aluminium, Edel- oder Werkzeugstahl oder Titan), Kunststoffe, Keramiken

Einschätzung des Verfahrens: Es sind keine Stützkonstruktionen erforderlich. Die Genauigkeit ist durch die Größe der Pulverpartikel begrenzt. Es ist durch die poren- und rissfreie Struktur sogar möglich, hundertprozentig dichte Bauteile herzustellen – vergleichbar mit herkömmlich gegossenen Bauteilen. Allerdings ergeben sich an den Schichtgrenzen Kristallgrenzen, welche die Endfestigkeit beeinflussen können.

8.4   Elektronenstrahlschmelzen (EBM, Electron Beam Melting)

Das Verfahren des Elektronenstrahlschmelzens ist auch als Elektronenstrahlsintern bekannt und dient zur Herstellung von metallischen Bauteilen. Durch einen Elektronenstrahl wird schichtweise Metallpulver aufgeschmolzen. Dieser Elektronenstrahl wird durch eine elektromagnetische Feder gelenkt.

Werkstoffe: Metalle

Einschätzung des Verfahrens: Das Verfahren wird oft als Alternative zu laser-gestützten Verfahren gesehen, weil der Laser durch einen Elektronenstrahl ersetzt wird. Der Vorteil des Elektronenstrahlschmelzens ist eine hohe Flexibilität und eine sehr gute Kontrolle über Temperatur (der Bauraum der Maschine wird auf etwa 1.000 Grad Celsius aufgeheizt) und Schmelzgeschwindigkeit.

Der hohe Wirkungsgrad des Elektronenstrahls und das für einige Materialien bessere Absorptionsverhalten gegenüber dem Laser werden als Vorteile gesehen. Die Oberflächengüte ist nicht immer überzeugend.

8.5   Fused Deposition Modeling (FDM, Schmelzschichtung)

Bei dem von der Firma Stratasys entwickelten Fused-Deposition-Modeling-Verfahren handelt es sich um ein Fertigungsverfahren, bei welchem ein Objekt schicht-weise aus einem schmelzfähigen Kunststoff generativ bzw. additiv aufgebaut wird. Drahtförmiges Kunststoff- oder auch Wachsmaterial wird verflüssigt und mit Hilfe einer beweglichen und beheizten Düse schichtweise auf das bereits erstarrte Mate-rial zu einer Form aufgebaut.

Von einer Spule läuft das drahtförmige Material in die Schmelzkammer nach. Der nur knapp über seinen Verflüssigungspunkt erhitzte Werkstoff erstarrt sofort auf der Bauplattform. Fused Deposition Modeling ist ein Extrusionsverfahren.

Werkstoffe: ABS (Acrylnitril-Butadien-Styrol), Polycarbonate, Wachs

Einschätzung des Verfahrens: Überstehende Bauteile können mit dem FDM-Ver-fahren teilweise nur mit Stützkonstruktionen erzeugt werden – welche wiederum in einem zusätzlichen Nachbearbeitungsschritt entfernt werden müssen. Zwar sind die Bauteile relativ stabil, dabei aber nicht so belastbar wie ein Spritzgussbauteil aus dem gleichen Material.

Von Vorteil ist, dass auch Objekte hergestellt werden können, die gar nicht oder nur schwer entformbar sind. Der Grund dafür ist, dass die Stützkonstruktionen im Innern eines Bauteils bei einigen Stützmaterialien ausgewaschen werden können. Die Oberflächenqualität der Modelle ist oft nicht besonders hoch, die einzelnen Schichten sind deutlich zu erkennen. Dafür zählt aber das FDM-Verfahren zu den preisgünstigeren Verfahren.

8.6   Laserauftragschweißen

Laserauftragschweißen gehört zum Cladding (Verfahren einer Auftragschweißung, bei der ein hochlegierter Stahl als Oberflächenschutz auf stark belastete metallische Bauteile aufgetragen wird), bei dem auf ein Werkstück ein Oberflächenauftrag mit-tels Aufschmelzens und gleichzeitigen Aufbringens eines nahezu beliebigen Mate-rials erfolgt. Dies kann in Pulverform – zum Beispiel als Metallpulver – oder auch mit einem Schweißdraht bzw. -band geschehen. Beim Laserauftragschweißen dient als Wärmequelle ein leistungsfähiger Laser, zumeist ein Dioden- oder Faserlaser.

Zum Laserauftragschweißen gehören zum Beispiel Direct Metal Deposition (DMD), Laser Metal Forming (LMF) oder Laser Engineered Net Shape (LENS).

Diese Verfahren sind einander alle recht ähnlich: Es wird Metallpulver mit einer Düse und dem Laser auf eine bestehende Werkzeugoberfläche aufgetragen, wodurch beispielsweise Werkzeuge repariert oder deren Oberflächen veredelt werden können. Mit Laserauftragschweißen ist es aber nicht nur möglich, Bauteile zu reparieren. Es können mit dem Verfahren auch Metallprototypen hergestellt werden.

Werkstoffe: Metalle

Einschätzung des Verfahrens: Es entsteht beim Laserauftragschweißen eine feine körnige Mikrostruktur, deren Ergebnis ein dichtes Produkt mit guten metallurgischen und mechanischen Eigenschaften wird. Durch die Dichte (die Schichten sind frei von Poren, Rissen und Anbindungsfehlern) und den damit geringen verbundenen Wärmeeintrag wird der Verzug von Bauteilen minimiert.

8.7   Multi-Jet Modeling (MJM)

Beim Multi-Jet-Modeling-Verfahren wird ein Modell durch einen Druckkopf, der ähnlich wie der Druckkopf eines Tintenstrahldruckers funktioniert, schichtweise aufgebaut. Anders als beim Tintenstrahldrucker kann der Druckkopf sowohl in x- als auch in y-Richtung verfahren werden. Die Bauplattform ist in z-Richtung verfahrbar und wird nach jedem Bauprozessschritt um eine Schichtdicke nach unten gesenkt. Das im Ausgangszustand flüssige Bau-Material wird sofort nach dem Aufdrucken auf die bereits gebauten Schichten mit Hilfe von UV-Licht polymerisiert und verfestigt.

Um Überhänge fertigen zu können, sind Stützkonstruktionen notwendig. Diese werden – das ist von Hersteller zu Hersteller unterschiedlich – entweder massiv aus einem niedriger schmelzenden Wachs oder als nadelartige Stützen aus dem eigentlichen Bau-Material aufgebaut. Die Stützstrukturen müssen nach dem Druck wieder entfernt werden. Handelt es sich bei dem verwendeten Stützmaterial um Wachs, kann dieses mit relativ geringem Aufwand durch Erwärmen abgeschmolzen werden.

Werkstoffe: wachsartige Thermoplaste, UV-empfindliche Photopolymere

Einschätzung des Verfahrens: Auch beim Multi-Jet-Modeling-Verfahren ist es erforderlich, nach dem Druck die Stützkonstruktionen zu entfernen. Die Oberflächenqualität der Modelle und die Druckauflösung sind meist hoch.

Wegen der bei diesem Verfahren nur äußerst kleinen beim Drucken erzeugten Tröpfchen können sehr feine Details gut dargestellt werden, dafür dauert der Druckprozess lange. Das Multi-Jet-Modeling-Verfahren ist von den erzielbaren Ergebnissen dem Stereolitographie-Verfahren sehr ähnlich.

8.8   Stereolithographie (STL oder auch SLA)

Bei der Stereolitographie wird ein lichtaushärtender flüssiger Kunststoff (Photopolymer), zum Beispiel Kunst- oder Epoxidharz, von einem Laser in dünnen Schichten ausgehärtet. Dies geschieht in einem Bad, welches mit den Basismonomeren

des lichtempfindlichen (photosensitiven) Kunststoffes gefüllt ist. Nach jedem
Schritt wird das Werkstück einige Millimeter in die Flüssigkeit abgesenkt und auf
eine Position zurückgefahren, die um den Betrag einer Schichtstärke unter der vorherigen liegt.

Der flüssige Kunststoff wird über der vorherigen Schicht durch einen Wischer
gleichmäßig verteilt. Danach fährt ein Laser, der über bewegliche Spiegel gesteuert
wird, auf der neuen Schicht über die auszuhärtenden Flächen. Nach dem Aushärten erfolgt das Absenken der Bauplattform und die nächste Schicht wird gedruckt,
sodass nach und nach ein dreidimensionales Modell entsteht. Weil das Bauteil nicht
in das flüssige Bad gedruckt werden kann, da es wegschwimmen würde, sind Stützstrukturen in Form kleiner Säulen erforderlich. Diese bestehen aus dem gleichen
Bau-Material wie das Modell. Diese Stützkonstruktionen müssen am fertigen Bauteil mechanisch entfernt werden.

Die Stereolitographie war eines der ersten additiven Rapid-Prototyping-Verfahren. Das damals entwickelte Schichtbauverfahren ist nach wie vor typisch für Rapid
Prototyping.

Werkstoffe: flüssige Duromere (Epoxidharze, Acrylate) oder Elastomere

Einschätzung des Verfahrens: Beim Stereolitographie-Verfahren müssen nachträglich Stützkonstruktionen entfernt werden. Das Verfahren bietet häufig nur eine
geringe thermische und mechanische Belastbarkeit der fertigen Bauteile. Sein Vorteil ist, dass recht feine und glatte Oberflächen mit hohem Detailgrad erzeugt werden können.

Außerdem ist Stereolithographie das bisher am längsten kommerziell eingesetzte
Rapid-Prototyping-Verfahren, sodass auf einen großen Reichtum an Erfahrungen
und Bau-Materialien zurückgegriffen werden kann. Wegen der relativ hohen Materialkosten zählt Stereolithographie zu den teureren Rapid-Prototyping-Verfahren.

8.9   Film Transfer Imaging (FTI)

Das dem Stereolitographie-Verfahren sehr ähnliche Film-Transfer-Imaging-Verfahren (der Firma 3D Systems) basiert auf einem Bildprojektionssystem. Hier wird
das Bau-Material mit einem Beamer statt mit einem Laser verfestigt. Allerdings
geschieht das nicht in einem Bad, sondern mit Hilfe einer Transportfolie wird das
noch nicht vollständig ausgehärtete Bau-Material auf der Bauplattform aufgebracht.

Auf der Transportfolie wird mittels einer Beschichtungsvorrichtung ein Mate-
rialfilm erstellt, der die Breite des Bauraums umfasst. Belichtet wird das Bauteil
durch die Folie. Durch die Belichtung werden die zum Bauteil und den Stützen
gehörenden Teile erhärtet.

Das Material, welches unbelichtet bleibt, bleibt an der Folie haften. Zusammen
mit der Folie wird es nach dem Druck vom Bauteil und dem am Bauteil haftenden
Stützmaterial abgezogen. Materialreste und benutzte Folie werden in die Druckerkartusche zurücktransportiert und zusammen mit dieser ausgewechselt.

Werkstoffe: Photopolymere

Einschätzung des Verfahrens: Das Film-Transfer-Imaging-Verfahren ermöglicht
eine feine Auflösung und eine gute Oberflächenqualität. Die Stützkonstruktionen

müssen vom fertigen Bauteil nachträglich entfernt werden. Verglichen mit der Stereolitographie ist das Verfahren recht materialintensiv, es ermöglicht aber den Bau von einfacheren Druckern.

8.10 Digital Light Processing (DLP)

Digital Light Processing ist eine von dem US-amerikanischen Unternehmen Texas Instruments entwickelte und als Marke registrierte Projektionstechnik.

Der ZBuilder Ultra der ZCorporation fertigt seine Bauteile nach diesem Prinzip: Bei dem additiven Bauverfahren wird ein flüssiges Photopolymer mit dem hochauflösenden DLP-Projektor (Digital Light Processor), einer Beamer-Bauart, verfestigt. Die Bewegung bei der Produktion geht dabei ausschließlich in Z-Richtung.

Das Fertigungsverfahren ist dem zuvor beschriebenen Film-Transfer-Imaging (FTI)-Verfahren recht ähnlich, die Objekte werden aber in einem Bad gebaut.

Werkstoffe: Photopolymere

Einschätzung des Verfahrens: Das Digital-Light-Processing-Verfahren bietet eine feine Auflösung und eine hohe Oberflächenqualität. Vor allem die präzise Lichtsteuerung ermöglicht scharfe Kanten an den Bauteilen.

Die für den Bau erforderlichen Stützkonstruktionen müssen vom fertigen Bauteil nachträglich mechanisch entfernt werden. Da die Stützkonstruktionen aus demselben Material wie das Bauteil sind, ist es recht aufwendig, sie vom gedruckten und ausgehärteten Objekt zu trennen.

8.11 PolyJet

Das PolyJet-Druck-Verfahren der Firma Objet ist dem Multi-Jet-Modeling-Verfahren sehr ähnlich und nutzt ebenfalls Druckköpfe wie ein Tintenstrahldrucker. Die 3D-Drucker haben zwei oder mehr Druckköpfe – einen für das Modell- und einen für das Support-Material –, die Schicht für Schicht die Konturen des Modells auf der Druckplattform aufspritzen. Bei dem Modellmaterial handelt es sich um Photopolymere, welche nahezu sofort mit einer UV-Lampe im Drucker gehärtet werden. Das Support-Material hat eine gelartige Konsistenz und muss vom fertigen Bauteil mechanisch abgelöst werden.

An dieser Stelle soll kurz das Mehrkomponenten-3D-Drucken mit dem PolyJet-Verfahren erwähnt werden: Auf einigen 3D-Druckern der Firma Objet kann man gleichzeitig in verschiedenen Materialien mit jeweils unterschiedlichen Eigenschaften drucken. Diese 3D-Drucker verfügen über drei Druckköpfe für die verschiedenen Bau-Materialien. Ein Druckkopf verteilt das Support-Material, während die beiden anderen die zwei Bau-Materialien in den unterschiedlichen Eigenschaften, wie Farbe oder Shore-Härte, auftragen. Durch die Mischung der beiden Materialien lassen sich die Eigenschaften des Bauteils für jeden Voxel individuell einstellen.

Der Objet-Drucker ermöglicht es, zum Beispiel Shore-Härten zwischen 30 und 95 zu drucken. Die Shore-Härte 27 ist ganz weich, während man sich die Shore-Härte 95 als hart wie ein Radiergummi vorstellen muss. Das Besondere dabei ist die Gleichzeitigkeit des Druckens dieser weichen und harten Materialien. Für das Mehrkomponentendrucken ist es erforderlich, dass schon in den STL-Dateien die in den Baugruppen erwünschten Hart- und Weichkomponenten voneinander getrennt sind. Nur so können sie von der Software entsprechend verarbeitet werden.

Werkstoffe: Photopolymere

Einschätzung des Verfahrens: Das PolyJet-Druck-Verfahren bietet sehr feine Strukturen und Oberflächen an der Seite, die nach oben gedruckt wird. Oberflächen mit hohen Qualitätsanforderungen sollten aus diesem Grund immer nach oben ausgerichtet gebaut werden. Es sind sehr dünne Wandstärken zu realisieren.

Durch das dem Inkjet-Verfahren sehr ähnliche Verfahren sind mehrere Materialien kombinierbar. Eine Nachbearbeitung der Bauteile ist notwendig, weil das Stützmaterial von der Bauteilunterseite nach dem Drucken entfernt werden muss.

8.12 Laminated Object Modeling (LOM) oder Folienlaminier-3D-Druck

Beim Folienlaminier-3D-Druck handelt es sich um ein sehr frühes Verfahren des Rapid Prototyping. Das Bauteil wird schichtweise – zum Beispiel aus Papier – aufgetragen. Die Form wird aus Papierschichten oder auch mit Folien aus Keramik, Kunststoff oder Aluminium aufgebaut. Jede neue Schicht wird auf die vorhandene Schicht laminiert und so zu einem stabilen Modell verklebt.

Dies kann durch Solid Foil Polymerization (Folien-Polymerisation) oder galvanisch (Electrosetting) erfolgen. Im Anschluss daran wird die Kontur mit einem Messer, einem heißen Draht oder einem Laser geschnitten. Danach kann die nächste Schicht aufgebracht werden.

Werkstoffe: Papier, Kunststoffe, Keramik oder Aluminium

Einschätzung des Verfahrens: Hinterschnittene Bauteile sind bei dieser Technik nur zu fertigen, wenn diese am Hinterschnitt getrennt und später wieder verklebt werden. Auch bei diesem Verfahren ist Nacharbeit erforderlich, weil überschüssige und nicht verklebte Folienschichten, von denen das Modell umgeben ist, manuell entfernt werden müssen. Es fällt immer ungenutztes Material in der Breite der aufgebrachten Bahn an, das als Abfall entsorgt werden muss.

Von Vorteil ist, dass keine speziellen Stützkonstruktionen erforderlich sind, weil die Modelle als ein Block hergestellt werden. Laminated Object Modeling ist im Vergleich recht hoch auflösend und außerdem wegen der geringen Materialkosten ein sehr preisgünstiges 3D-Druck-Verfahren. Mit Epoxidharzen lassen sich die fertigen Bauteile leicht infiltrieren und damit sehr haltbar machen.

Nachfolgend einige Verfahren, die auch zu den Rapid-Prototyping-Verfahren gehören, da sie eine schnelle Vervielfältigung von Teilen erlauben.

8.13   Polyamidguss

Polyamidguss ist ein Verfahren, bei dem Bauteile aus thermoplastischen Materialien entstehen. Als Basis dient ein Urmodell, welches in Silikon abgeformt wird. In dieses Silikonwerkzeug wird ein Monomer, das zuvor mit Füllstoffen, Additiven sowie Aktivator und Katalysator versetzt wurde, gegossen. Die Polymerisation erfolgt drucklos innerhalb weniger Minuten direkt im Werkzeug. Bei vergleichbaren Materialien sind Zeit- und Kostenersparnis zum konventionellen Kunststoffspritzguss um 50 %.

Werkstoffe: Polyamide

Einschätzung des Verfahrens: Der Prozess ist empfindlicher als der klassische Vakuumguss. Bei der Verarbeitung muss auf exakte Temperaturführung geachtet werden. Außerdem ist der Ausschluss von Feuchtigkeit zu gewährleisten.

Der Polyamidguss als druckloser Formguss eignet sich besonders gut für die Produktion von Gussteilen mit großem Volumen, die nahezu fertig bearbeitet sind. Spannungsarme, dickwandige Teile mit großen Abmessungen lassen sich mit dem Polyamidgussverfahren gut herstellen.

8.14   Space Puzzle Molding (SPM)

Beim Space Puzzle Molding handelt es sich um eine Kombination aus Rapid Tooling und Rapid Prototyping. Space Puzzle Molding ist eine Art des Kunststoffspritzgießens. Es lassen sich damit Bauteile in serienidentischer Qualität produzieren. Dabei können die Stückzahlen durchaus Tausende sein. Es können Prototypen zur Anschauung, aber auch einsetzbare Teile hergestellt werden.

Werkstoffe: Kunststoffe

Einschätzung des Verfahrens: Ein sehr großer Vorteil des Space Puzzle Molding sind seine im Vergleich zum klassischen Spritzguss geringen Kosten und seine hohe Flexibilität.

8.15   Contour Crafting (CC)

Bei diesem Verfahren handelt es sich um ein computergestütztes Bauverfahren zur Errichtung von Gebäuden. Entwickelt wurde Contour Crafting von Dr. Behrokh Khoshnevis von der University of Southern California in Los Angeles, USA. Hintergrund für die Entwicklung dieser Technologie zur schnellen Hauskonstruktion war für den aus dem Iran gebürtigen Forscher nicht zuletzt die Vorstellung, dass nach Naturkatastrophen, wie zum Beispiel den Erdbeben in seinem Heimatland, komplette Häuser innerhalb kürzester Zeit aufgebaut werden könnten. Dass ganze Siedlungen zukünftig „gedruckt" werden könnten, scheint eine phantastische Idee zu sein.

Zunächst wird dabei das Haus am Computer entworfen und anschließend werden die Daten an den Drucker weitergeleitet. Der Drucker ist ein vollautomatischer

Portalroboter und größer als das zu errichtende Gebäude selbst. Aus den Düsen dieses riesigen 3D-Druckers kommt ein Beton-ähnliches, schnell bindendes Material. Auf diese Weise können Objekte in der Größe von Häusern entstehen, die am Stück ausgedruckt werden. Der Drucker arbeitet mit Hilfe eines mobilen Roboters oder eines Aluminiumgerüsts, über das dickflüssige Bau-Materialien in Schichten aufgebaut werden.

Schritt für Schritt trägt die Maschine fünf bis zehn Millimeter dicke Schichten aus Sand, Mineralstaub oder Kies auf und verfestigt sie mit einem anorganischen Bindemittel. Für eine Schicht von 30 Quadratmetern benötigt der Drucker ungefähr zwei Minuten. So soll es möglich sein, ein Haus innerhalb von 24 Stunden nahezu lautlos zu bauen. Das Einbauen von Elektrik, Lüftungen und Installationen in dem Haus soll nachträglich unproblematisch erfolgen können, da entsprechende Installationsschächte direkt mitgedruckt werden können.

Werkstoffe: Beton (es werden Bau-Materialien mit hoher Fließfähigkeit benötigt – neben Beton kommt auch Lehm in Frage)

Einschätzung des Verfahrens: Ein Verfahren, das ganze Gebäude errichten kann, fällt in dieser Aufzählung natürlich aus dem Rahmen und kann mit den anderen Verfahren nicht mit Blick auf die Oberflächenqualität oder die Festigkeit des Materials verglichen werden.

Die Vorteile, die eine Maschine, die ganze Gebäude drucken kann, mit sich bringt, sind sehr nahe liegend: 55 % der geschätzten Arbeitskosten, die beim Hausbau für Bau-Personal anfallen, könnten so eingespart werden. Für den Bauherrn entfallen wegen des zügigen Hausdrucks die üblichen Kosten für eine mehrmonatige Bauzeit und deren Finanzierung.

Beim Drucken eines Hauses entsteht kaum Ausschuss (in Form von Bauschutt), sodass die Umwelt geschont wird. Ebenso entfällt der monatelange Baulärm, der zwangsläufig beim herkömmlichen Hausbau nicht ausbleibt. Durch den dreidimensionalen Entwurf im Rechner als direkte Bauunterlage entfallen die auf Irrtümern entstehenden Baumängel.

Wie in der Automobilindustrie, können auch beim Bau vorgefertigte Elemente eingefügt werden. Insgesamt wird durch Contour Crafting das Bauen effizienter und effektiver. Eine Verbreitung dieses Bauverfahrens könnte zur Folge haben, dass langfristig ganze Berufsgruppen ihre Arbeitsplätze verlieren, weil sie durch den 3D-Drucker ersetzt würden. Seien dies nun Maurer, Betonbauer oder Estrich- und Fliesenleger – keiner von deren Arbeitsplätzen wäre mehr vor dem 3D-Drucker sicher.

Ich muss aber zugeben, dass ich bisher noch kein gedrucktes Haus besichtigt habe – und vor allem über dessen Langlebigkeit und Stabilität keine Aussage treffen kann.

Rapid Prototyping zum Anschauen

9

9.1   Beispiele einiger Rapid-Prototyping-Maschinen repräsentativ ausgewählter Hersteller

Es wäre zu aufwendig, alle Hersteller von 3D-Druckern und deren angebotene Maschinen mit den jeweils unterschiedlichen Verfahren in einem Buch dieses Formats umfassend darzustellen. Ich möchte Ihnen an dieser Stelle die Möglichkeit geben, sich ein Bild davon zu machen, dass die Hersteller Drucker anbieten, die mit verschiedenen 3D-Druck-Verfahren arbeiten.

Die Drucker und Druckverfahren stelle ich Ihnen vor, damit Sie einen Einblick bekommen, was im Moment am Markt erhältlich und Stand der Technik ist. Natürlich ist es dabei nicht mein Ziel, bei Ihnen für den einen oder anderen 3D-Drucker eine Präferenz zu erzeugen, was auch auf Grund der unterschiedlichen Anforderungen kaum möglich wäre.

Die Informationen zu den Druckern und die Bilder habe ich von den Unternehmen selbst oder deren Webseiten bezogen. Da ich nicht mit allen Druckverfahren selbst produziert habe, bin ich darauf angewiesen, darauf zurückzugreifen, was mir die Hersteller selbst an Sachinformationen zu ihren Produkten zur Verfügung stellen.

Üblicherweise bietet jeder Hersteller eine Palette an unterschiedlichen Druckertypen an. Da ich unter meiner Leserschaft überwiegend Privatpersonen oder Inhaber/Geschäftsführer kleinerer und mittlerer Unternehmen vermute, lege ich bei den Beschreibungen bei jedem Hersteller den Schwerpunkt auf die Einstiegsklasse der 3D-Drucker. Weil die Preise sich schnell ändern und manchmal Verhandlungssache sind, werden hier keine Preise genannt. Ich wähle lediglich aus dem Sortiment der vorgestellten Hersteller den gegenwärtig preisgünstigsten und außerdem einen möglichst bürotauglichen Druckertyp, um Ihnen einen Überblick über Kaufoptionen zu verschaffen.

Was mir dabei besonders wichtig ist: Dass Sie eine Vorstellung davon bekommen, wonach Sie fragen und worauf Sie achten sollten, wenn Sie den Kauf eines eigenen 3D-Druckers erwägen – ganz gleich, bei welchem Unternehmen.

Die Punkte, die ich bei den hier vorgestellten Herstellern jeweils erläutere (zum Beispiel verwendete Bau-Materialien, Software, Druckverfahren, technische Daten) sollten Sie auch bei jedem anderen Hersteller unbedingt abfragen. Die

P. Fastermann, *3D-Druck/Rapid Prototyping*, X.media.press,
DOI 10.1007/978-3-642-29225-5_9, © Springer-Verlag Berlin Heidelberg 2012

meisten Unternehmen stellen im Internet auf ihren jeweiligen Webseiten aktuelle Datenblätter mit umfangreichen Informationen zu ihren Produkten zur Verfügung.

Und noch ein Tipp: Lassen Sie sich auf jeden Fall ein Benchmark mit einem von Ihnen in die engere Wahl gezogenen 3D-Drucker produzieren. Schicken Sie dem Hersteller dazu ein typisches der von Ihnen konstruierten 3D-Modelle. Das ist die beste Möglichkeit, sich davon zu überzeugen, dass der Drucker genau für den Zweck, für den Sie ihn verwenden möchten, geeignet ist.

Vertrauen Sie nicht allein auf die Muster, die Hersteller Ihnen zur Verfügung stellen. Diese Musterbauteile sind häufig so entworfen, dass sie für das jeweilige Verfahren ungünstige Geometrien vermeiden. Außerdem können Sie, wenn Sie Ihre eigenen Modelle als Muster fertigen lassen, mit den dann bekannten Abmessungen Abweichungen ermitteln. Lassen Sie sich neben den Kosten für die Verbrauchsmaterialien auch die Energiekosten, die Baugeschwindigkeit und den Nachbearbeitungsaufwand möglichst genau nennen. Ebenso sollten Sie nach dem Preis für die Verschleißteile der Maschinen fragen – wie zum Beispiel Laser oder Druckköpfe.

Die jeweiligen Hersteller drucken Ihnen in der Regel gern ein kostenfreies Muster Ihres CAD-Modells aus.

9.2   3D Systems

9.2.1   Die großen Produktionsanlagen des Unternehmens

Das Unternehmen 3D Systems vertreibt die Systeme V-Flash, ProJet, iPro und sPro – in Deutschland mit verschiedenen Vertriebspartnern.

Für die Produktion bei großen Firmen sind die höherpreisigen ProJet-3D-Produktionsanlagen geeignet.

Seit einiger Zeit wird von 3D Systems jedoch auch der ProJet-1500-3D-Drucker über das weltweite Händlernetzwerk verkauft. Dieser ist nicht nur erschwinglich, sondern außerdem bürotauglich und kann hochaufgelöste robuste Kunststoffmodelle in bis zu sechs verschiedenfarbigen Materialien drucken.

Mit den großen ProJet-3D-Produktionsanlagen von 3D Systems lassen sich über zwei optional einstellbare Baumodi (High Definition und Ultra High Definition) präzise, einheitliche und sofort einsatzbereite Modelle erstellen. Die Anlagen weisen einen hohen Durchsatz, ein großes Fertigungsvolumen und die Möglichkeit, mehrere Teile zu stapeln und zu verschachteln auf.

Dadurch können sie über längere Zeiträume unbeaufsichtigt betrieben werden und sind optimal für die Nacht- und Wochenendfertigung geeignet. Diese 3D-Produktionsanlagen arbeiten mit der von 3D-Systems entwickelten und patentierten Multi-Jet Modeling (MJM)- Technologie. In Verbindung mit Stützmaterialien, die eine manuelle Entfernung der Stützen überflüssig machen, wird eine hohe Genauigkeit und Oberflächenqualität erreicht.

Die Produktionsanlage HD3000 wird unter anderem in der Konzeptentwicklung, Designprüfung, Form- und Passanalyse sowie in der Fertigung von Gussmodellen, im Feinguss von Schmuck sowie in anderen Bereichen, in denen eine

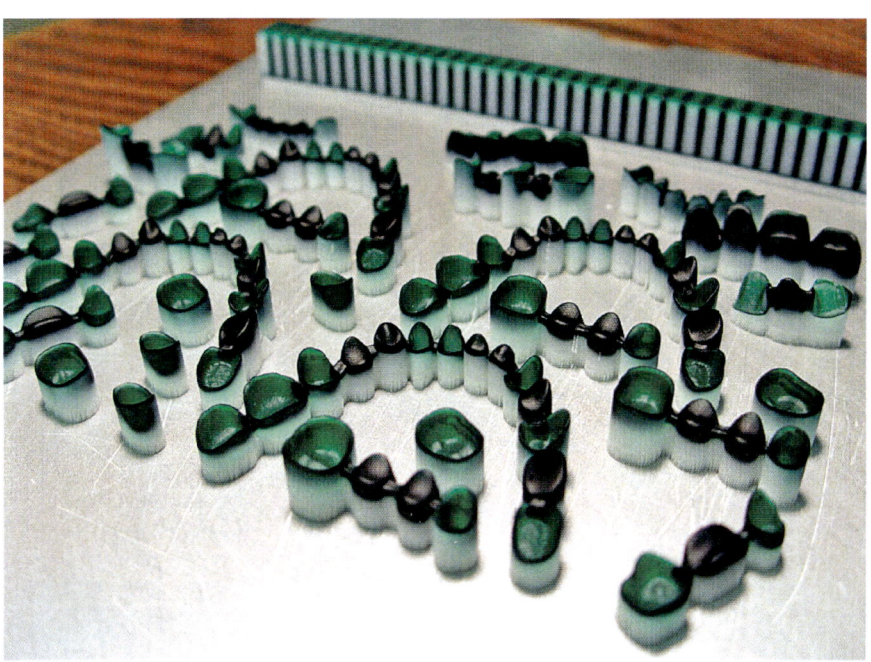

Abb. 9.1 Wax-ups, mit der Produktionsanlage ProJet DP3000 hergestellt, Quelle: 3D Systems

hohe Detailgenauigkeit erforderlich ist, eingesetzt. Die Produktionsanlage DP3000 ermöglicht in der Zahntechnik die detailgenaue, einheitliche und kostengünstige Herstellung von Wachsabdrücken: Der Anwender scannt ein Modell, daraufhin wird mit Hilfe einer 3D-Software ein virtueller Wax-up – eine Art Simulations-Zahnersatz, wie er in Abb. 9.1 zu sehen ist,– erstellt.

Nachdem die entsprechenden Daten an die Produktionsanlage geschickt worden sind, werden die Wax-ups schichtweise aufgebaut. Die Anlage kann pro Zyklus Hunderte von Abdrücken herstellen. Diese Wax-ups weisen eine glatte Oberfläche auf und können mit Hilfe konventioneller Techniken weiterbearbeitet werden.

9.2.2   V-Flash Desktop Modeler

Das für Privatpersonen oder kleine und mittlere Unternehmen ebenfalls geeignete System ist der V-Flash Desktop Modeler, der als Personal 3D-Printer vertrieben wird und in Abb. 9.2 zu sehen ist.

Dieser bietet Designern, Ingenieuren und Hobbybastlern die Möglichkeit, die Umsetzbarkeit ihrer eigenen Entwürfe zu überprüfen. Mit dem V-Flash Desktop Modeler können hochwertige Kunststoffmodelle direkt am eigenen Schreibtisch hergestellt werden.

Abb. 9.2 Der V-Flash
Desktop Modeler,
Quelle: 3D Systems

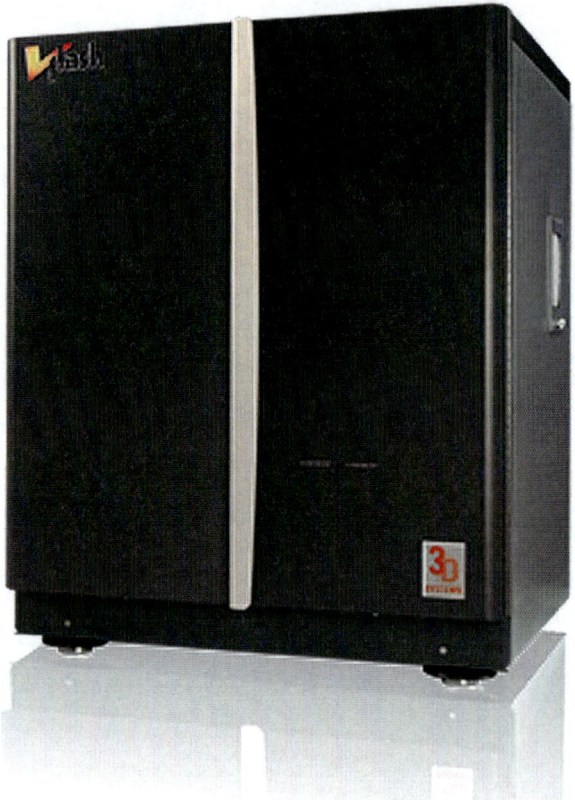

Die Maße des Druckers sind 660 x 685 x 787 mm³ (Breite x Tiefe x Höhe). Er wiegt 66 kg und ist kompatibel mit den Betriebssystemen Windows XP, Windows Vista und Windows 7.

Die maximale Fertigungsgröße ist 228 x 171 x 203 mm³, die minimale Dicke einer vertikalen Wand 0,64 mm, die Auflösung 768 x 1.024 dpi (X- und Y-Achse). Die Schichtstärke beträgt 102 µm bzw. 0,102 mm.

Folgende Angaben macht der Hersteller zu den Materialeigenschaften: Dichte 1,11 g/cm³, Bruchdehnung 5,0 %, Zugfestigkeit 33 MPa, Biegefestigkeit 53 MPa, Elastizitätsmodul 1.550 MPa, Biegemodul 1.700 MPa.

Materialien
Das ausgehärtete Plastikmaterial (FTI-Material), das in Kartuschen geliefert wird, lässt sich bohren, sägen, kleben, lackieren und beschichten. Die mechanische Nachbearbeitung ist weitgehend problemlos und die Oberflächen sind bis auf die Bereiche mit den Stützstrukturen glatt. Als Bauplattform dient eine Kunststoffplatte, die ausgewechselt wird.

Software
Die V-Flash Client Software ermöglicht es, die Support-Strukturen vorher zu sehen
und in die richtige Richtung zu orientieren. Das Menü ist leicht verständlich

Verfahren
Der V-Flash Desktop Modeler nutzt das dem Stereolitographie-Verfahren sehr ähn-
liche Film-Transfer-Imaging-Verfahren der Firma 3D Systems. Dabei handelt es
sich um ein Verfahren, das mit einem Projektor statt wie üblicherweise mit einem
Laser funktioniert. Das Film-Transfer-Imaging-Verfahren ermöglicht eine feine
Auflösung und eine gute Oberflächenqualität.
Ein wesentlicher Bestandteil der FTI-Technologie ist die in sich geschlossene
V-Flash-Kartusche. Durch den Einsatz der V-Flash-Einwegkartusche entsteht nicht
nur ein geringer Materialverbrauch: Außerdem sind Verschleißteile der Materialbe-
arbeitung in der Einwegkartusche enthalten, sodass sich der Wartungsaufwand für
den Drucker reduziert.
Nachteilig an dem Verfahren sind die Stützstrukturen aus dem Bau-Material, welche am fertigen Bauteil mechanisch entfernt werden müssen. Dadurch haben die
fertigen Bauteile auf einer Seite eine geringere Oberflächenqualität.
Werkstoffe: Photopolymere

9.2.3   Der 3D-Drucker RapMan – von 3D Systems vertrieben

3D Systems vertreibt – ausschließlich über das Internet – den 3D-Drucker RapMan,
der aus dem RepRap-Projekt entstanden ist. Gegenwärtig wird sowohl der RapMan
3.2 (als kostengünstigeres Baukastensystem) als auch der 3DTouch, ein schon fertig
zusammengebauter 3D-Drucker, angeboten.
 Der RapMan basiert auf dem Open-Source-3D-Drucker RepRap Darwin und
wurde etwas abgeändert. Anders als der Darwin benötigt der RapMan keinen
PC, weil die Daten mittels SD-Karte eingelesen werden können. Wie bei allen
3D-RepRap-Druckern, wird auch beim RapMan geschmolzener Kunststoff mittels
eines Extruders – das ist ein erhitzter Druckkopf, der den flüssigen Kunststoff durch
eine Düse presst – auf eine ebenfalls bewegliche Plattform gebracht und so Schicht
für Schicht ein 3D-Objekt gebaut.
 Diesem extrem kostengünstigen System, das für Privatpersonen sehr geeignet
ist, habe ich ein ganzes Kapitel gewidmet. Vielleicht haben Sie dazu das Kapitel
„RepRap – der 3D-Drucker, der seinen Nachfolger selbst druckt" schon gelesen.
Wenn nicht, empfehle ich Ihnen, das nachzuholen.
 Weil das Baukastensystem zum Selbstzusammenbau des RapMan äußerst preis-
günstig ist, wird es besonders gern zu Ausbildungszwecken an Hochschulen oder in
FabLabs genutzt. Der Bausatz besteht aus elektrischen und mechanischen Elemen-
ten sowie Steuersoftware und Testfiles.
 Bei der Montage hilft nicht nur die Installationsanleitung: Nützlichen Rat finden
Sie auch in zahlreichen Foren der weltweiten Nutzer-Community. Was das Preis-
Leistungs-Verhältnis betrifft, kann beim RapMan-Bausatz derzeit vermutlich kein

Tab. 9.1 Technische Daten RapMan-3.2-Baukastensystem

Eigenschaft	RapMan 3.2 Single	RapMan 3.2 Double
Baugröße X-Achse	270 mm	190 mm
Baugröße Y-Achse	205 mm	205 mm
Baugröße Z-Achse	210 mm	210 mm
Auflösung Z-Achse	0,125 mm (125 Mikron)	0,125 mm (125 Mikron)
Toleranz	+/- 1 % in der X- und Y-Achse oder +/- 0,2 mm, es gilt der jeweils höhere Wert. In der Z-Achse +/- die Hälfte der gebauten Auflösung in Z. Schrumpf und Verzug können in Abhängigkeit des verwendeten Materials und der Bauteilegeometrie auftreten	
Druckgeschwindigkeit	Maximal 15 Kubikmillimeter pro Sekunde, abhängig vom Bauteil und Polymer	
Stromverbrauch	60 Watt (5A @ 12 V)	
Gewicht (ungefähr)	17 kg	
Gesamtgröße exkl. Spritzdüsen	490 mm (B) x 500 mm (L) x 510 mm (H)	
Gesamtgröße inkl. Spritzdüsen	490 mm (B) x 500 mm (L) x 820 mm (H)	
Maximale Düsentemperatur	280 Grad Celsius	

anderes Produkt ernsthaft mithalten. Für den Zusammenbau werden ungefähr zwei bis drei Tage gerechnet.

Weitere Vorteile sowohl des Baukasten-RapMan als auch des schon fertig zusammengebauten 3DTouch sind, dass bei diesen 3D-Druckern geringe Folgekosten entstehen, sie über kostenlose Firmware verfügen und dass keine Wartungsverträge erforderlich sind – der Nutzer kann sie selbst sehr leicht warten. Der Drucker hat nur wenige Verschleißteile, die sich zudem einfach wechseln lassen. So ist der Pflegeaufwand im Vergleich zu 3D-Druckern für die Industrie sehr gering.

Als Material sind viele verschiedene thermoplastische Kunststoffe – wie zum Beispiel PLA (Polylactide), ABS, Polypropylen, Polyethylen – verfügbar. Die Dateien können in die 3D-Drucker direkt vom USB-Laufwerk eingelesen werden. Ein PC-Anschluss ist nicht erforderlich. Beide Maschinen sind mit der Axon-Software ausgestattet, welche die STL-Dateien für den Druck konvertiert. Die Anforderungen an den verwendeten Rechner sind erfreulich niedrig.

Die Oberflächenqualität der mit dem 3DTouch-Drucker hergestellten Bauteile ist höher als die der mit dem RapMan hergestellten Bauteile. Sehr feine Details sind jedoch mit beiden Druckern nicht herstellbar. Die für alle FDM-Verfahren typisch gestreifte Oberfläche ist auch hier gegeben.

Die tatsächlich erzielte Bauteilgröße kann von der maximalen Baugröße abweichen und ist abhängig von der Bauteilgeometrie und den Materialspezifikationen.

Wenn Sie Ihren Drucker nicht selbst montieren möchten, hier noch einige Informationen zum fertig montierten 3DTouch. Dieser ist komplett zusammengebaut und sofort einsetzbar, er bietet einen etwas größeren Bauraum als das Baukastensystem. Durch ihren leisen und sauberen Betrieb sind beide Systeme bürotauglich. Die tatsächlich erzielte Bauteilgröße kann von der maximalen Baugröße abweichen und ist abhängig von der Bauteilgeometrie und den Materialspezifikationen.

Tab. 9.2 Technische Daten zum 3DTouch

Eigenschaft	3DTouch Single	3DTouch Double	3DTouch Triple
Baugröße X-Achse	275 mm	230 mm	185 mm
Baugröße Y-Achse	275 mm	275 mm	275 mm
Baugröße Z-Achse	210 mm	210 mm	210 mm
Auflösung Z-Achse	0,125 mm (125 Mikron)		
Toleranz	+/- 1 % in der X- und Y-Achse oder +/- 0,2 mm, es gilt der jeweils höhere Wert. In der Z-Achse +/- die Hälfte der gebauten Auflösung in Z. Schrumpf und Verzug können in Abhängigkeit des verwendeten Materials und der Bauteilegeometrie auftreten		
Druck-geschwindigkeit	Maximal 15 Kubikmillimeter pro Sekunde, abhängig vom Bauteil und Polymer		
Stromanschluss	110 – 240 Watt (6A @ 15 V)		
Gewicht (ungefähr)	36 kg	37 kg	38 kg
Gesamtgröße	515 mm (B) x 515 mm (L) x 590 mm (H)		
Maximale Düsentemperatur	280 Grad Celsius		
Stützenmaterial	PLA/ABS/lösliches, transluzentes PLA		
Stützen entfernen	Das transluzente PLA ist löslich (hydrolysiert in einer Natronlauge in einem beheizten Ultraschallreinigungsgerät). Bei diesem Verfahren ist Vorsicht geboten.		

9.2.4   Cubify – 3D Systems bietet ein Gesamtpaket

Um zu zeigen, wie rasant sich der 3D-Druck-Markt in eine „All inclusive"-Richtung entwickeln wird, wird an dieser Stelle das von 3D Systems Anfang 2012 auf der CES (Consumer Electronics Show) in Las Vegas, USA, vorgestellte 3D-Gesamtpaket aus drei Bausteinen erwähnt: eine Rapid-Prototyping-Plattform mit dem Namen Cubify, welche den preisgünstigen für Privatkunden gedachten 3D-Drucker Cube umfasst, ebenso wie als zweiten Baustein eine Datenbank mit 3D-Modellen, die der Kunde bei Bedarf herunterladen und drucken kann.

Wer den 3D-Drucker Cube nicht kauft, hat schließlich die Möglichkeit, sich über den 3D-Druck-Dienstleister Cloud 3D Print, der den dritten Baustein von Cubify ausmacht, seine aus der Datenbank heruntergeladenen oder selbst erstellten Modelle ausdrucken zu lassen.

So gibt es alles aus einer Hand über die von 3D Systems zur Verfügung gestellte offene Plattform, auf welcher – ganz wie bei den anderen schon früher erwähnten offenen Plattformen Thingiverse von MakerBot oder Shapeways – jeder, der möchte, 3D-Modelle oder Apps entwickeln und vermarkten kann.

In einem Interview mit CNET TV sprach Cathy Lewis von 3D Systems darüber, dass zahlreiche Künstler der offenen Plattform ihre Kreationen zum Teilen zur Verfügung stellen wollen. Lewis hob hervor, dass nicht jeder das CAD-Zeichnen lernen müsse, um sich Individuelles fertigen zu lassen. Auf diese Weise kann der Markt von Konsumenten noch größer werden. Ein solches „Alles aus einer Hand"-Modell wie Cubify ist möglicherweise ein Trend, der andere Hersteller von 3D-Druckern bald in Zugzwang versetzen wird.

Abb. 9.3 Der 3D-Drucker
Cube, Quelle: 3D Systems

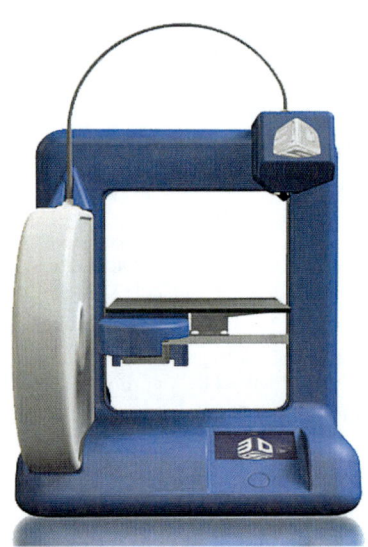

Der 3D-Drucker „Cube" – übersetzt „Würfel" – wird optisch seinem Namen
gerecht, weil er einem Würfel tatsächlich sehr ähnlich sieht. Das lässt sich in
Abb. 9.3 sehr gut erkennen. Bei einer Größe von 350 mm x 350 mm x 450 mm
wiegt er 4 Kilogramm. Er kann Objekte bis zu einer Maximalgröße von 140 mm
x 140 mm x 140 mm drucken. Der Cube wird über einen Touchscreen bedient, die
Datenübertragung auf den 3D-Drucker erfolgt über USB oder WLAN.

Anders als beim RapMan, wird beim Cube als Bau-Material kein Draht geschmolzen, sondern das Material als flüssiger Kunststoff (ABS) in Kartuschen geliefert. Es
soll in zehn unterschiedlichen Farben gedruckt werden können. Der Cube wird in
den Medien oft als direkter Konkurrent für den neuen MakerBot Replicator von
MakerBot dargestellt.

Der MakerBot Replicator jedoch kann in zwei Farben gleichzeitig drucken und
verfügt über einen etwas größeren Bauraum als der Cube. Das schlichte Industrie-
design des Cube wiederum begeistert sehr viele Designer und hebt ihn unter seinen
oft grob aussehenden Konkurrenten als 3D-Drucker besonders hervor.

9.3   Objet

Die vom Unternehmen selbst als Objet-Familie bezeichneten 3D-Drucker bieten
hoch aufgelöstes Rapid Prototyping für die Büroumgebung. Dieses Rapid Prototyping basiert auf der patentierten Software von Objet, um – so Objet – praktisch
jeder Rapid-Prototyping-Anwendung eine umfassende 3D-Druck-Lösung bereitzu-
stellen: Es handelt sich um die PolyJet- und PolyJet-Matrix-Technologie.

In Deutschland vertreibt das Unternehmen RTC – Rapid Technologies & Con-
sulting die Systeme von Objet.

Zunächst möchte ich Ihnen eine Produktübersicht über die 3D-Drucker des Herstellers Objet verschaffen.

9.3.1 Connex und Eden

Objet unterscheidet zurzeit in seiner Produktfamilie zwischen Connex-, Eden- und den Objet24/30-Druckern. Hierbei sind die Connex- und Eden-Maschinen von ihrer Größe, ihrer Leistungsfähigkeit und ihrem Preis her eher auf die Bedürfnisse größerer Unternehmen oder ein hohes Druckvolumen zugeschnitten.

Der Connex500-Drucker ist sogar in der Lage, Multimaterialbauteile herzustellen. Alle Connex-Drucker können Einzelteile und Modellmaterialien mit verschiedenen mechanischen oder physikalischen Eigenschaften in einem einzigen Vorgang drucken. Connex-Maschinen ermöglichen es, Verbundmaterialien herzustellen, die eine vordefinierte Kombination mechanischer Eigenschaften haben.

Mit den leistungsfähigen 3D-Multimaterial-Druckern Eden und Connex500 werden im eigenen 3D-Printing-Model-Shop des Unternehmens Microsoft die Prototypen für die nächste Generation von Microsoft-Produkten hergestellt. Ein Film auf der Objet-Webseite zeigt eindrucksvoll die bei Microsoft von Objet-3D-Druckern produzierten Maus- oder auch Gehäuse-Prototypen und sonstige Computerperipherie.

Für Roboterfiguren in dem amerikanischen Science-Fiction-Film Real Steel von Shawn Levy – mit Hugh Jackman in der Hauptrolle –, setzte 2011 das Unternehmen Legacy Effects auf 3D-Drucker von Objet: Der Film basiert auf der Annahme, dass im Jahr 2020 der Boxsport nicht mehr von Menschen, sondern von Robotern ausgetragen wird. Diese „Roboter-Boxer" werden für illegale Kämpfe gebaut und trainiert. Der Schauspieler Hugh Jackman, der in dem Film einen ehemaligen Boxer spielt, findet auf einer Müllhalde einen veralteten Roboter namens „Atom", den er repariert und trainiert.

Dieser Roboter „Atom" wurde als Kampfdarsteller von Legacy Systems in Motion-Capture-Technologie gebaut. Abbildung 9.4 zeigt das finale Konzeptmodell von „Atom", im Maßstab 1:5 – fertig zusammengebaut und lackiert.

Durch die Möglichkeit, hochauflösende Modelle mit einem 3D-Drucker herzustellen, war es für die Designer ein schneller Schritt vom Konzept zum finalen Design. Die Zeitersparnis erhöht die Wettbewerbsfähigkeit der Filmstudios und ermöglicht Einsparungen an den Gesamtkosten der Produktion.

Die hier vorgestellten Fotos geben einen Eindruck davon, wie der Roboter in seinen Herstellungsphasen aussieht: In Abb. 9.5 ist zu sehen, wie in einem Schnelldruck- und Testverfahren „Atoms" Torso und linker Arm in dem Material Vero Gray ausgedruckt wurden.

Abbildung 9.6 zeigt „Atoms" ebenfalls im Material Vero Gray ausgedruckten Rücken.

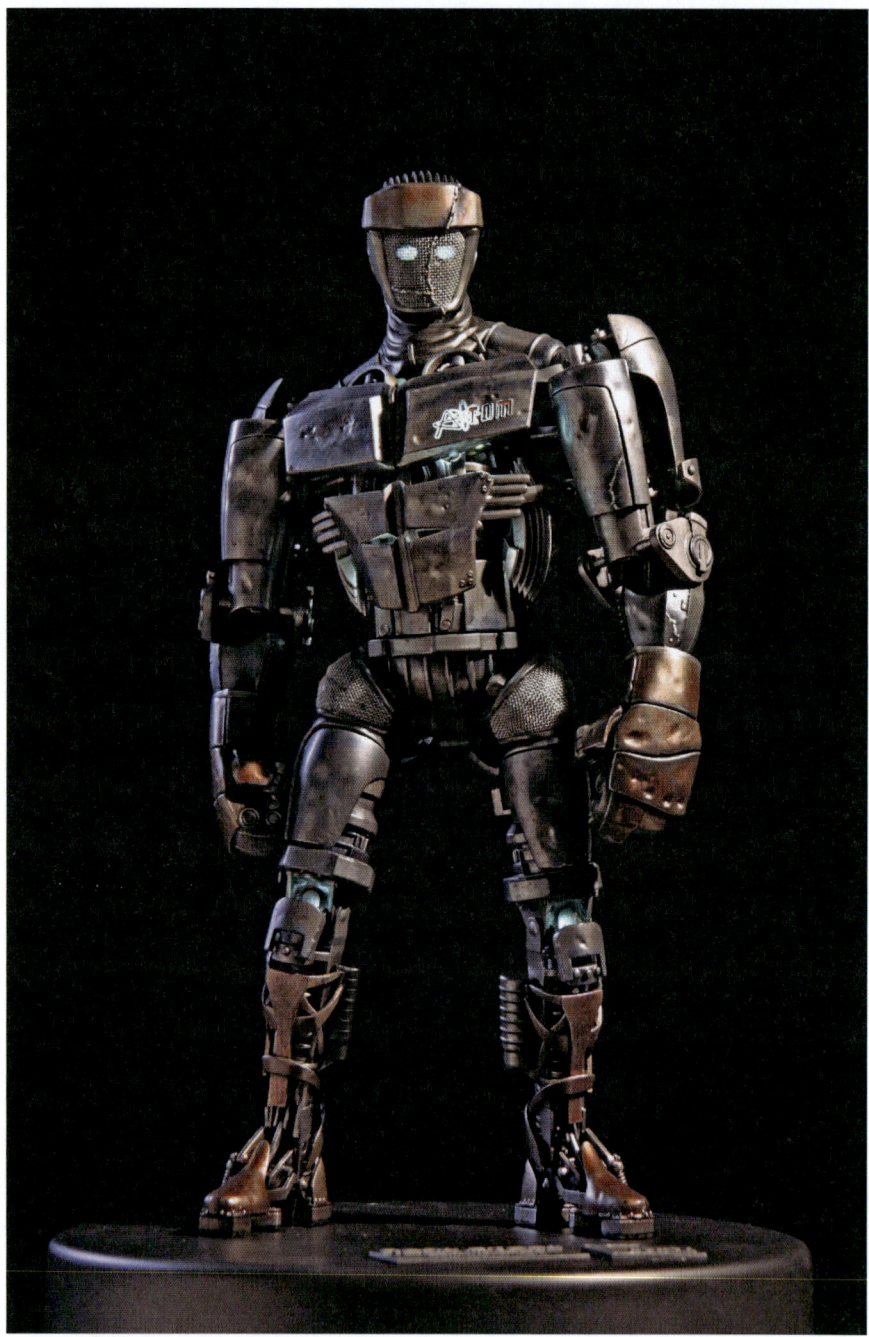

Abb. 9.4 "Atom", fertig zusammengebaut und lackiert, Quelle: Objet Ltd.

Abb. 9.5 Teile von „Atom", im Schnelldruck hergestellt, Quelle: Objet Ltd.

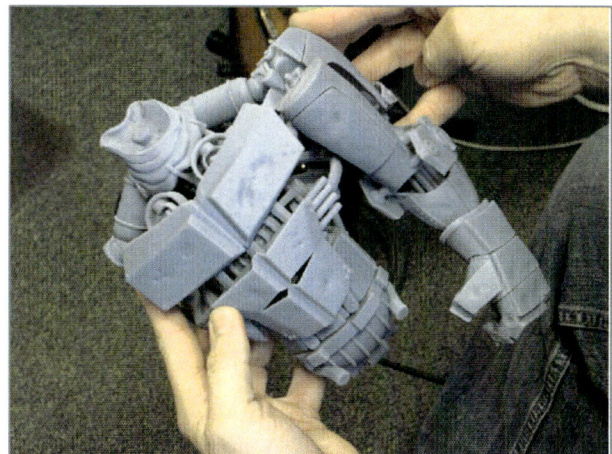

Abb. 9.6 Der gedruckte Rücken des Roboters, Quelle: Objet Ltd.

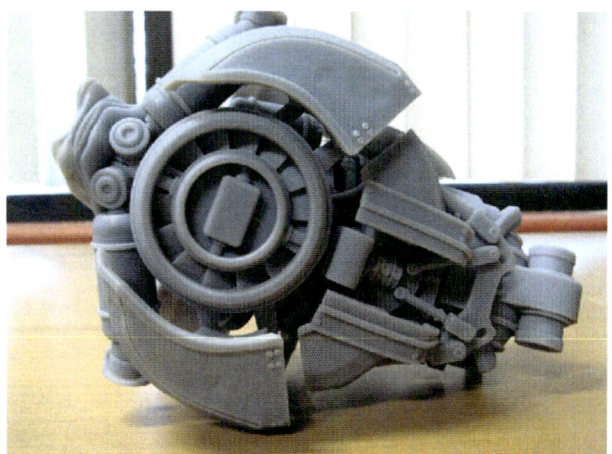

9.3.2 Objet 24 und Objet 30

Für kleinere Projekte als den Boxer-Roboter bietet das Unternehmen Objet mit den als bürotauglich vertriebenen 3D-Druckern Objet 24 und Objet 30 hoch aufgelösten 3D-Druck (mit 0,028 mm Schichtstärke) für Privatpersonen oder Unternehmen ohne großes Budget.

Die Maschinen nehmen nicht mehr Raum ein als ein Kopierer – jeder der beiden Drucker fände auf einem größeren Schreibtisch Platz, wie Abb. 9.7 mit dem Objet 24 und Abb. 9.8 mit dem Objet 30 gut zeigt. So können Designer und Ingenieure direkt in ihrer Büroumgebung Modelle und Prototypen mit präzisen Details herstellen.

Beide 3D-Drucker sind in der Lage, bewegliche Teile zu drucken, ebenso wie dünne Wände. Die Drucker bauen direkt lackierbare Oberflächen. Die sehr präzisen

Abb. 9.7 Der Objet24-3D-
Drucker, Quelle: Objet Ltd.

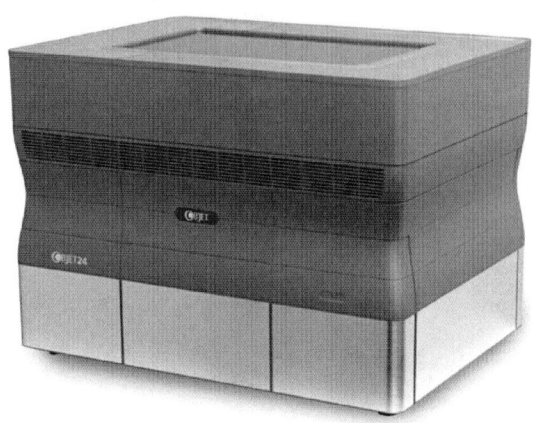

Abb. 9.8 Der Objet30-3D-
Drucker, Quelle: Objet Ltd.

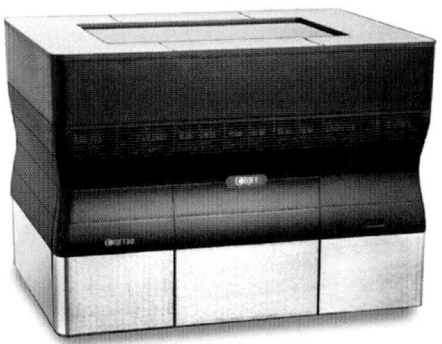

Modelle können sowohl zur Anschauung wie auch zur Passform- und Montageprü-
fung hergestellt werden. Sie lassen sich problemlos lackieren, schleifen, verkleben,
mit Bohrungen versehen und auch als Gussform oder für Vakuumverfahren nutzen.

Eine Fachausbildung oder besondere Vorkenntnisse brauchen Nutzer nicht. Um
die Maschinen bedienen zu können, genügt eine kurze Unterweisung durch den
Techniker, der die Maschine installiert. Die Modelle lassen sich auf der Druckplattform automatisch platzieren. Die Stützstrukturen werden automatisch in
Echtzeit erstellt und bestehen aus einem nicht toxischen gelartigen Photopolymer,
welches sich mit einem Wasserstrahlgerät oder manuell entfernen lässt. Beide Drucker haben, ähnlich wie Tintenstrahldrucker, zwei Druckköpfe: Der eine verteilt
das Bau-, der andere das Stützmaterial. Zu erwähnen ist, dass die Drucker sehr
geräuscharm arbeiten, was sie für den Gebrauch angenehm macht.

Als Betriebsumgebung wird vom Hersteller eine Temperatur von 18 bis 25 Grad
Celsius mit einer relativen Luftfeuchtigkeit von 30 bis 70 % genannt; besondere

Tab. 9.3: Gegenüberstellung Objet-Desktop-Drucker

	Objet24	Objet30
Schichtstärke	28 μ	28 μ
Genauigkeit	0,1 mm	0,1 mm
Modellmaterial	Vero White Plus	Vero White Plus, Vero Blue, Vero Black, Vero Gray, Durus White
Nettodruckgröße (X x Y x Z)	234 x 192,6 x 148,6 mm^3	294 x 192,6 x 148,6 mm^3
Bauplattform (XYZ)	240 x 200 x 150 mm^3	300 x 200 x 150 mm^3
Auflösung (XYZ)	600 x 600 x 900 dpi	600 x 600 x 900 dpi
Anzahl von Druckköpfen	2 Druckköpfe	2 Druckköpfe
Maschinengewicht	93 kg	93 kg
Maschinenabmessung (Breite x Tiefe x Höhe)	82,5 x 62 x 59 cm^3	82,5 x 62 x 59 cm^3

räumliche Bedingungen sind jedoch nicht erforderlich. Mit den Systemen Windows XP und Windows 7 sind die beiden 3D-Drucker kompatibel. Sie werden über eine Netzwerkverbindung gesteuert und können so von mehreren Nutzern geteilt werden.

Im Unterschied zum Objet24-Drucker kann der Objet30-Drucker in einer Auswahl von verschiedenen Druckmaterialien drucken: mit unterschiedlichen Stufen von physikalischen und mechanischen Eigenschaften (Festigkeit und Flexibilität). Zudem stehen dem Objet30-Drucker zum Druck vier Farben zur Verfügung (Weiß, Blau, Schwarz und Grau) und seine Bauplattform ist größer als die des Objet24-Druckers.

Zur besseren Übersicht in Tab. 9.3 eine Gegenüberstellung der technischen Daten der beiden beschriebenen 3D-Drucker.

Materialien

Die Photopolymer-Materialien von Objet FullCure bieten eine breite Auswahl an Farben und mechanischen Eigenschaften. Trägermaterialien für komplexe Geometrien sind inbegriffen.

Damit kann optimale Flexibilität beim Erstellen von hochauflösenden Modellen erzielt werden, die den umfangreichen Anforderungen an Passgenauigkeit, Formen, Funktionen und haptischen Eigenschaften Genüge tragen.

Die Materialeigenschaften von FullCure sind teilweise leicht unterschiedlich. Das Material Vero White Plus kann sowohl mit dem Objet24- als auch mit dem Objet30-Drucker verarbeitet werden. Die Materialien Vero Blue, Vero Black, Vero Gray und Durus White lassen sich nur mit dem Objet30-Drucker verarbeiten.

Das Support-Material hat eine gelartige Konsistenz. Es muss von den fertigen Modellen nach dem Druck entfernt werden.

Software

Die Client-Server-Software Objet Studio unterstützt STL- und SLC-Dateien, die aus 3D-CAD-Softwarepaketen exportiert wurden. Mit Hilfe des intuitiven Interface

können Nutzer leicht Modelle organisieren, prüfen und aufbauen, indem sie die
STL-Datei per Drag-and-Drop in die Bauplattform von Objet Studio kopieren. Die
Stützstrukturen werden automatisch generiert, die Platzierung und Orientierung auf
der Plattform erfolgt automatisch.

Verfahren

Das PolyJet-Druck-Verfahren der Firma Objet ist dem Stereolitographie-Verfahren
sehr ähnlich. Mit dem Verfahren sind sehr dünne Wandstärken zu realisieren. Die
Drucker haben zwei Druckköpfe – einen für das Modell- und einen für das Support-
Material –, die Schicht für Schicht die Konturen des Modells auf der Druckplattform aufspritzen.

Bei dem Bau-Material handelt es sich um Photopolymere, die nahezu sofort mit
einer UV-Lampe im Drucker gehärtet werden.

Werkstoffe: Photopolymere

9.4   Dimension

Das Unternehmen Dimension ist eine Geschäftseinheit der Stratasys, Inc.

Mit Systemen von Dimension können Entwickler direkt vom Schreibtisch aus
dreidimensionale Objekte fertigen. Die bürotauglichen Rapid-Prototyping-Systeme
erfordern keine chemische Nachbehandlung und keine besondere Belüftung oder
Umbauten. Dimension spezialisiert sich auf preisgünstige 3D-Drucker in Desktop-
Größe.

9.4.1   SST- und Elite-Drucker

Preislich kommen meiner Einschätzung nach deshalb sowohl der Elite-Drucker
als auch der SST-Drucker (s. Abb. 9.9) für Privatpersonen und kleine und mittlere
Unternehmen in Frage. Die beiden genannten Drucker bieten eine stabilere Oberfläche und feinere Details als der später ausführlicher erklärte BST-Drucker. Außerdem lassen sich bei beiden 3D-Druckern die Stützkonstruktionen in heißem Wasser
mit Seifenlauge wegspülen und müssen nicht per Hand weggebrochen werden.

9.4.2   Der 3D-Drucker Dimension BST (Breakaway Support
         Technology)

Die Dimension BST (Breakaway Support Technology) ist gegenwärtig von allen
die preisgünstigste und zudem eine bürofreundliche Maschine. Die Dimension BST
verfügt über dieselbe FDM-Technologie wie die Dimension SST und produziert
ebenfalls Modelle aus widerstandsfähigem ABS-Kunststoff.

Abb. 9.9 Der
3D-Drucker 1200eSST,
Quelle: Dimension

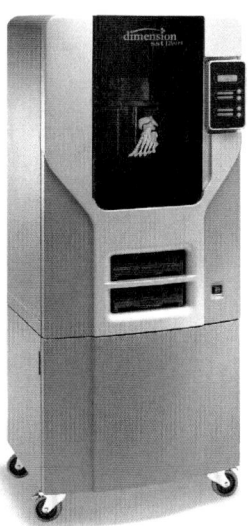

Im Unterschied zum SST- und zum Elite-Drucker ist es aber erforderlich, dass bei den vom Dimension-BST-Drucker hergestellten Bauteilen der Nutzer die Stützkonstruktionen per Hand wegbricht.

Die maximale Baugröße beträgt 254 x 254 x 305 mm³, die Schichtdicke 0,245 mm oder 0,33 mm aufgetragenes ABSplus- und Stützmaterial.

Die Größe des Dimension-BST-Druckers beträgt 838 x 737 x 1.143 mm³, das Gewicht beträgt 148 kg. Besondere Voraussetzungen oder Installationen sind für die Anlage nicht erforderlich. Dimension-BST-Drucker sind netzwerkfähig und kompatibel mit Windows NT/Windows2000/Windows XP.

Materialien

ABS-Kunststoff in Weiß, Blau, Gelb, Schwarz, Rot, Grün oder Stahlgrau. Benutzerdefinierte Farben sind verfügbar.

Software

Die Catalyst Software importiert automatisch STL-Dateien, richtet das Teil aus, slict die Datei, erzeugt automatisch Stützstrukturen und berechnet die Verfahrwege des Druckkopfs.

Die Software bietet eine Verwaltungsfunktion für eine Warteschlange der Druckaufträge und Informationen über Bauzeit, Material- und Systemstatus. Der 3D-Drucker läuft unbeaufsichtigt und sendet Informationen über System und Baustatus, zum Beispiel per E-Mail.

Verfahren

Basierend auf dem patentierten Fused Deposition Modeling (FDM, deutsch: Schmelzschichtung)-Prozess stellen Dimension-Systeme die Prototypen her. Bei FDM handelt es sich um ein Fertigungsverfahren, bei welchem ein Objekt schichtweise aus einem geschmolzenen Kunststoff aufgebaut wird. Drahtförmiges Kunststoff- oder auch Wachsmaterial als Stützmaterial wird durch Erhitzen verflüssigt und mit Hilfe einer beheizten Düse schichtweise auf das bereits erstarrte Material der darunter liegenden Schicht zu einem Bauteil aufgebaut.

Von einer Spule wird das drahtförmige Material in die Schmelzkammer nachgeführt. Der nur knapp über seinen Verflüssigungspunkt erhitzte Werkstoff erstarrt sofort auf der Bauplattform.

Überstehende Bauteile können mit diesem Verfahren teilweise nur mit Stützkonstruktionen erzeugt werden, geringe Überstände kommen ohne Stützmaterial aus.

Werkstoffe: ABS (Acrylnitril-Butadien-Styrol), Polycarbonate

9.5   Solidscape (Stratasys)

Das US-amerikanische Unternehmen Solidscape hat seinen Sitz in Merrimack, New Hampshire. Obwohl bereits von Stratasys übernommen (2011), tritt Solidscape als eigenes Unternehmen auf. In Deutschland, Österreich und in der Schweiz vertreibt die Horbach GmbH die Produkte von Solidscape.

Dieser Beitrag zu Herstellern von 3D-Druckern fällt ein wenig aus der Reihe: Bei allen anderen Herstellern, die ich hier mit ihren Verfahren vorstelle, wurde der Schwerpunkt darauf gelegt, den Leserinnen und Lesern einen bürotauglichen und möglichst preisgünstigen 3D-Drucker vorzustellen. Die Annahme war dabei, dass sie möglicherweise selbst für ihr Büro einen 3D-Drucker erwerben wollen.

Bei der Vorstellung des Wachsdruck-Verfahrens von Solidscape geht es mir insbesondere darum, speziell Juwelieren zu zeigen, welche Möglichkeiten ihnen der 3D-Druck bei der Herstellung von Schmuck bietet. Die hohe Qualität und Präzision der Ergebnisse bei der Herstellung von Ringen und anderen Schmuckstücken ist in Abb. 9.10 sehr gut zu sehen.

Der Wachsdruck dient dabei nicht zur direkten Fertigung von Prototypen oder Endprodukten, sondern vielmehr zur Herstellung von Gussformen. Er ist somit den Rapid-Tooling-Verfahren zuzuordnen.

Es gibt Dienstleister, die mit diesen Maschinen schnell und kostengünstig Prototypen für Juweliere herstellen können, sodass es sicher nicht erforderlich ist, dass jeder Juwelier sich seinen eigenen 3D-Drucker beschafft.

In Abb. 9.11 ist zu erkennen, wie die Ringe im CAD-Programm am Bildschirm des Schmuck-Designers aus verschiedenen Ansichten aussehen.

Die 3D-Drucker von Solidscape werden jedoch nicht allein in der Schmuck-Industrie eingesetzt, sondern auch in vielen anderen Bereichen – zum Beispiel für die Herstellung von Gussformen, Mustermodellen und Prototypen in der Medizin- und Dentaltechnik, dem Modellbaubereich oder der Elektronik.

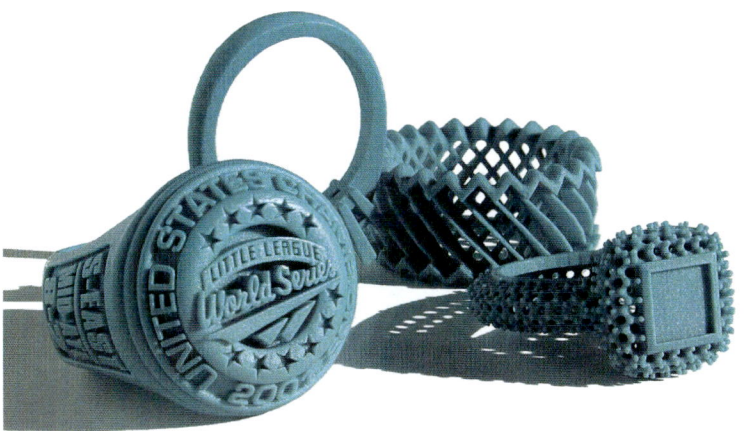

Abb. 9.10 Im Wachsdruckverfahren hergestellte Ringe, Quelle: Solidscape

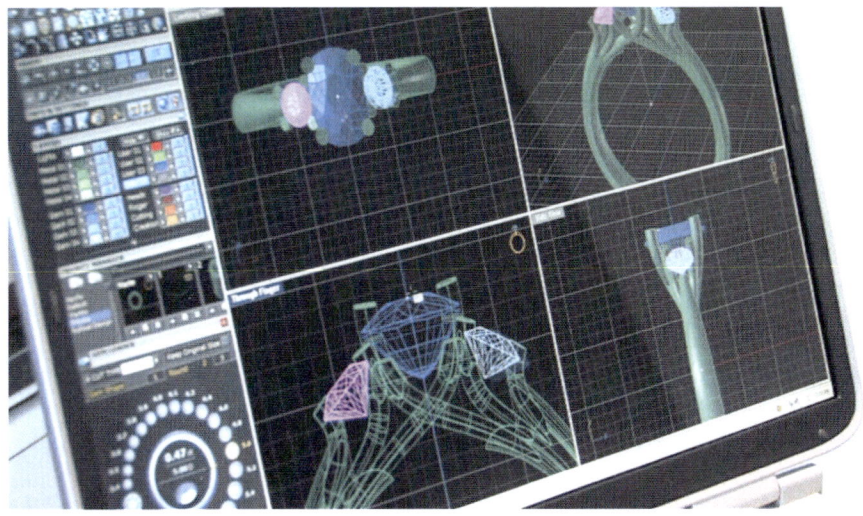

Abb. 9.11 3D-CAD-Ansichten eines Rings auf dem Bildschirm, Quelle: Solidscape

Speziell zur Veranschaulichung der Schmuckherstellung mit einem Rapid-Pro-totyping-Verfahren wird hier ein 3D-Drucker von Solidscape vorgestellt, weil diese Drucker sich insbesondere für detailgenaue Objekte mit besonders glatten Oberflächen eignen und durch das Druckmaterial Wachs direkt zum Bau von Gussformen genutzt werden können.

Abb. 9.12 Detailgenaue
Objekte,
Quelle: Solidscape

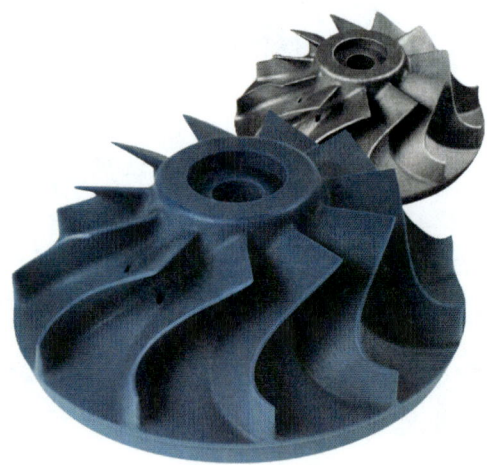

Abbildung 9.12 zeigt Schaufelräder für Pumpen, im Vordergrund das mit dem Wachsdruckverfahren von Solidscape hergestellte Urmodell und im Hintergrund das fertig gegossene Teil.

Das Unternehmen Solidscape ist der weltweit führende Hersteller von 3D-Wachsdruckern. Bei allen Systemen wird ein spezielles Wachs zur Herstellung der Prototypen verwendet, das für alle Gussanwendungen eingesetzt werden kann.

Dieses Wachs kann sofort dem Gussprozess (Wachsausschmelzverfahren) zugeführt werden und verbrennt ohne Expansion oder Restasche. Es lässt sich auch direkt in Silikon (RTV, 2 Komponenten) abformen. Da die Stützstrukturen zu 100 % chemisch aufgelöst werden, ist keine manuelle Nacharbeit erforderlich. Beeindruckend ist die sehr glatte Oberfläche der Urmodelle.

9.5.1   Der 3D-Drucker T76PLUS

Der 3D-Drucker T76PLUS von Solidscape ist ein Präzisions-3D-Drucker für mittlere bis große Schmuckmanufakturen und 3D-Druck-Dienstleister. Er kann direkt gießfähige Urmodelle herstellen.

Bei diesem 3D-Drucker ist keine spezielle Ausrüstung oder Technik notwendig, um im Wachsausschmelzverfahren Gussteile zu produzieren. Die Generierung der erforderlichen Stützkonstruktionen erfolgt automatisch bei allen Hinterschnitten oder Überhängen.

Gerade für sehr kleine Teile wie Schmuckstücke ist eine besondere Präzision erforderlich. Aus diesem Grund werden die folgenden Daten in Tab. 9.4 aufgeführt:

Tab. 9.4: Technische Daten des 3D-Druckers T76PLUS

Eigenschaft	
Auflösung in X und Y	5.000 dpi (dots per inch)
Auflösung in Z	0,013 bis 0,076 mm
Genauigkeit in X und Y	0,025 mm
Kleinste herstellbare Detailgröße	0,25 mm
Bauraum	152 x 152 x 101 mm³
Stellfläche	55 x 49 x 41 cm³ (Breite x Höhe x Tiefe)
Gewicht	34 kg
Stromanschluss	230 V/50 HZ, 10 Ampere
Umgebungstemperatur	16 bis 27 Grad Celsius bei einer Luftfeuchtigkeit von 40 bis 70%
Vorbereitete Netzwerkanbindung	ja
USB-Anschluss	integrierter USB2.0-Anschluss
Zertifizierung	CE-zertifiziert, FCC-Kategorie A, TÜV-geprüft, EN 60950 und RoHS zugelassen

Materialien

Nach Herstellerangaben handelt es sich bei dem Material Indura®Cast um ein ungiftiges thermoplastisches Material, das sich durch eine ausgezeichnete Verbrennbarkeit kennzeichnet.

Im Gegensatz zu manchen anderen Verfahren entsteht keine Restasche oder thermisch bedingte Ausdehnung der Bauteile beim Ausbrennen, durch welche das Gussergebnis verfälscht werden könnte. Die für den Druck erforderlichen Stützstrukturen werden chemisch aufgelöst.

Software

Die für den 3D-Drucker T76PLUS verwendete Software heißt Click-it 2.

In den T76PLUS können folgende Daten eingelesen werden: STL, SLC, DXF, SLF, OBJ.

Er bietet eine frei wählbare Schichtauflösung, welche individuell auf das entsprechende Modell angepasst werden kann. Der 3D-Drucker T76PLUS lässt sich mit jedem handelsüblichen PC betreiben (Windows XP oder 2000).

Verfahren

Die folgenden Abbildungen zeigen sehr deutlich das 3D-Druck-Verfahren mit einem Wachsdrucker: In Abb. 9.13 sind die Druckköpfe in Bewegung zu sehen. Bei den Modellen auf dem Foto ist das Blaue das Bau-Material, das Violettfarbene das Stützmaterial, welches nach dem Druck chemisch entfernt wird.

In Abb. 9.14 mit dem Drucker in der Seitenansicht ist zu erkennen, dass es zwei Druckerkartuschen mit den beiden unterschiedlichen Materialien gibt, die für den 3D-Druck benötigt werden (oben rechts im Bild: die Deckel der Kartuschen sind mit Blau für das Bau-Material gekennzeichnet, mit Violett für das Stützmaterial).

Einen guten Überblick verschafft noch einmal die Ansicht von oben in Abb. 9.15.

Werkstoffe: Wachs

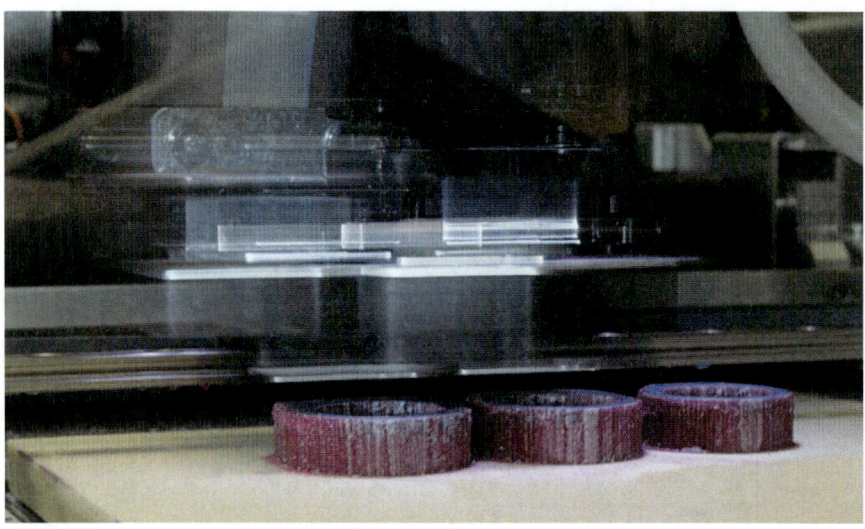

Abb. 9.13 Die Druckköpfe in Bewegung, Quelle: Solidscape

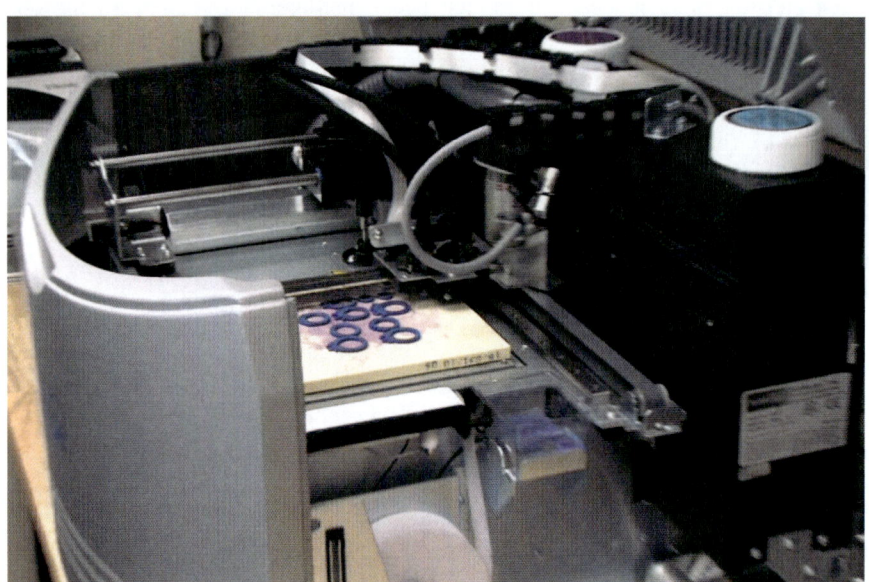

Abb. 9.14 Seitenansicht beim Druck, Quelle: Solidscape

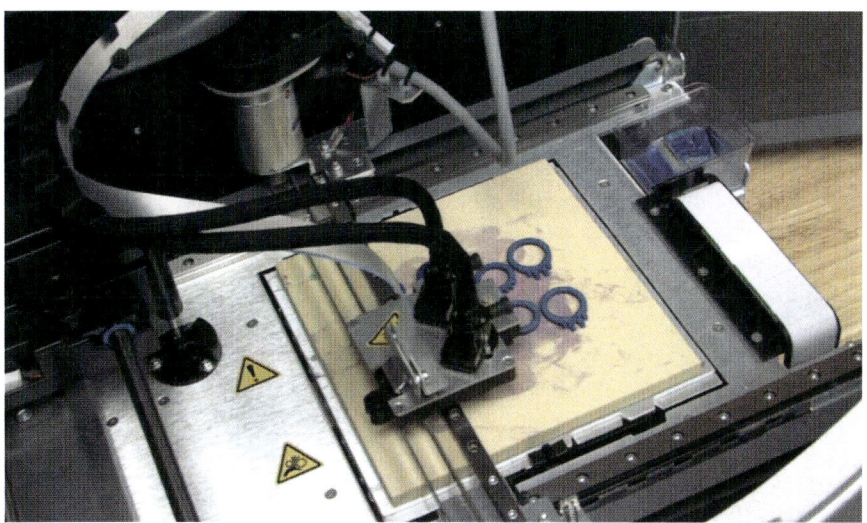

Abb. 9.15 Ansicht des Wachsdruckers von oben, Quelle: Solidscape

9.6   ZCorporation

Das Unternehmen ZCorporation wurde besonders durch die ZPrinter genannte Druckerbaureihe bekannt. Es stellt die ZPrinter 850, 650, 450, 350, 310 und 150/250 sowie den ZBuilderUltra her. Die ZPrinter 150/250 gelten als Einstiegsmodelle, der ZPrinter 250 bietet auch 64-Farben-Farbdruck.

9.6.1   Der ZPrinter150

Der ZPrinter150 ist der preisgünstigste Drucker, der gegenwärtig von der ZCorporation angeboten wird. Er arbeitet mit dem Pulverdruckverfahren nach dem Funktionsprinzip handelsüblicher Tintenstrahldrucker, verlangt keine komplexe Temperatursteuerung und keine besonderen räumlichen Gegebenheiten.

Der ZPrinter150 arbeitet mit Gipspulver, wie es auch in vielen anderen industriellen Anwendungen eingesetzt wird. Es wird kein Bau-Material benötigt, um das Modell während der Produktion zu stützen, da das Bauteil bis zur Aushärtung auf einem Bett aus losem Pulver ruht. Alle beim Bau des Modells nicht verbrauchten Pulverreste werden automatisch recycelt und zur Verwendung in späteren Produktionsläufen wieder in den Trichter zurückgeleitet.

Es sind verschiedene Infiltrationslösungen für unterschiedliche Anwendungsbereiche möglich. Die kostengünstigste ist die für das Wasserhärtungsverfahren, bei welchem lediglich ein Bittersalz benötigt wird. Das Bittersalz wird in Leitungswasser aufgelöst und auf die Oberfläche eines mit dem ZPrinter150 erzeugten Teils aufgespritzt. Bei der Wasserhärtung kommen nur ungiftige Materialien zum Einsatz, sodass auf teure Schutzbehälter, Belüftungseinrichtungen und Entsorgungsverfahren verzichtet werden kann.

Der ZPrinter150 lässt sich in eine Büroumgebung integrieren, eine umfangreiche Schulung zur Bedienung ist nicht erforderlich. Während des Druckvorgangs muss der Drucker nicht beaufsichtigt werden.

Viele der erforderlichen Arbeitsschritte führt der ZPrinter150 automatisch aus: so zum Beispiel die Einrichtung, das Laden des Pulvers, die Selbstüberwachung des Material- und Druckstatus sowie das Entfernen und Recycling des losen Pulvers. Er ist geräuscharm, produziert keine überflüssigen Abfälle und sorgt mit Unterdruck und Filtern dafür, dass keine Staubpartikel nach außen dringen.

Die Präzision des Druckprozesses entspricht in etwa der des einfachen Spritzgussverfahrens. Der Druckkopf bewegt sich mit wenigen Millimetern Abstand zum Pulver in der Baukammer und trägt Bindemittel – und bei größeren Modellen auch Farbe – an den von der ZPrint-Software bezeichneten Stellen auf. Details ab 0,2 mm und Strukturwände ab 0,5 mm können so erzeugt werden.

9.6.2   Der ZPrinter250

Der ZPrinter250, die etwas teurere Variante, kann auch in Farbe drucken: Er verwendet für die Zusammenstellung von Farben eine ähnliche Technologie wie ein Dokumentdrucker. Er wandelt die Farben der auf dem PC verwendeten RGB-Palette (Rot, Grün, Blau) in die entsprechenden CMYK-Farbwerte (Cyan, Magenta, Gelb und Schwarz) um.

Anschließend stellt er für jeden Bereich der zu bedruckenden Fläche die richtige Kombination von CMYK-Tröpfchen zusammen und mischt anhand von Dithermustern die gewünschten Farbtöne. Hierbei ist jedoch darauf zu achten, dass das sehr gängige STL-Format keine Farbe unterstützt. Akzeptiert werden die Dateiformate .3DS, .WRL (VRML), .PLY, ZPR und andere Formate, welche Farbinformationen enthalten.

In Tab. 9.5 sind einige Daten, die sowohl auf den ZPrinter150 wie auch den ZPrinter250 zutreffen, aufgelistet.

Materialien
Gipspulver (Hochleistungsverbundwerkstoff)

Software
Die ZPrint-Software ermöglicht es, die Füllstände von Pulver, Bindemittel und Tinte und die LCD-Anzeige des Geräts auf den Bildschirm zu übertragen.

Verfahren
Die ZCorporation hat in ihrem Whitepaper zur Funktionsweise des 3D-Drucks selbst sehr übersichtlich das Druckverfahren dargestellt, das hier in Abb. 9.16 gezeigt wird.

Tab. 9.5: Technische Daten ZPrinter150 und 250

Eigenschaft	
Auflösung in X und Y	300 dpi (dots per inch)
Auflösung in Z	450 dpi
Kleinste herstellbare Detailgröße	0,2 mm
Bauraum	236 x 185 x 127 mm^3
Stellfläche	74 x 79 x 140 cm^3 (Breite x Höhe x Tiefe)
Gewicht	165 kg
Stromanschluss	230 V/50 HZ, 10 Ampere
Netzwerkanbindung	ja
Kompatibilität	Windows 7, Windows XP Professional, Windows Vista

9.7   Entscheidungshilfe für ein Rapid-Prototyping-Verfahren

Vielleicht haben Sie sich schon längst entschieden, welchen 3D-Drucker Sie kaufen möchten. Wenn Sie noch unschlüssig sind: Zur Übersicht und als Entscheidungshilfe an dieser Stelle die Tab. 9.6, welche die Vor- und Nachteile der unterschiedlichen Verfahren noch einmal übersichtlich und auf einen Blick darstellt. Genannt sind hier nur die Verfahren, mit denen zurzeit auch bürotaugliche Maschinen arbeiten. Die Einschätzung basiert auf meinen eigenen Erfahrungen und den Angaben der Hersteller. Die Eigenschaften können sich durch die spätere Verwendung, Lackierung und die Umwelt verändern.

Abbildung 3. 3D-Druckzyklus

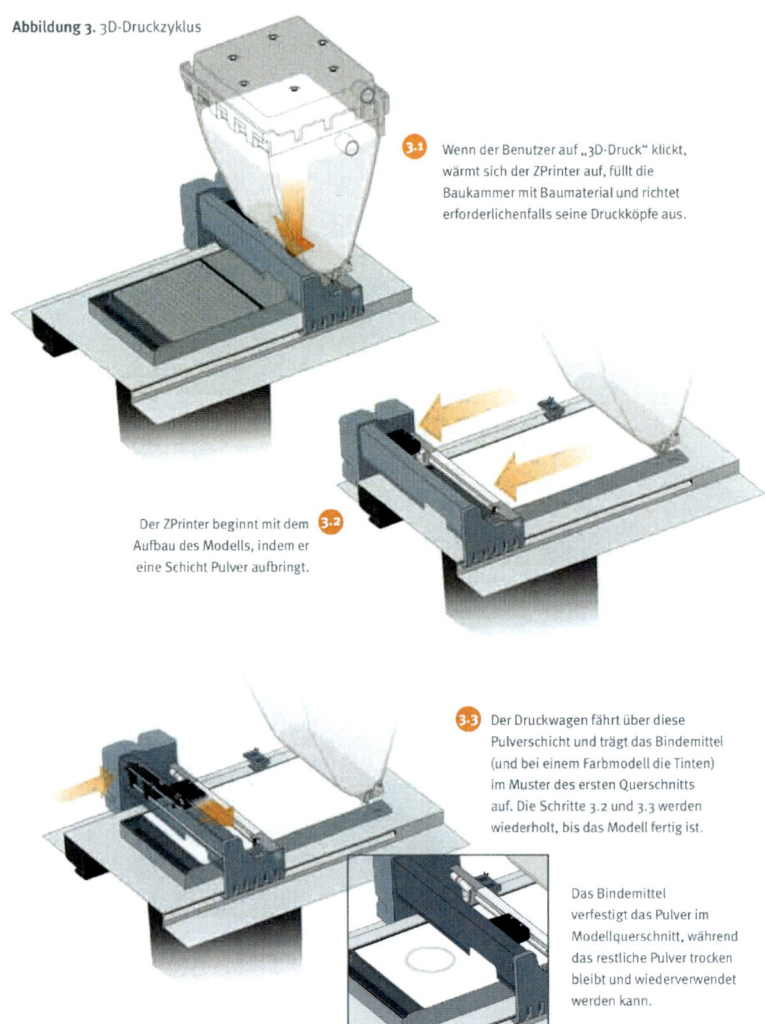

3.1 Wenn der Benutzer auf „3D-Druck" klickt, wärmt sich der ZPrinter auf, füllt die Baukammer mit Baumaterial und richtet erforderlichenfalls seine Druckköpfe aus.

Der ZPrinter beginnt mit dem **3.2** Aufbau des Modells, indem er eine Schicht Pulver aufbringt.

3.3 Der Druckwagen fährt über diese Pulverschicht und trägt das Bindemittel (und bei einem Farbmodell die Tinten) im Muster des ersten Querschnitts auf. Die Schritte 3.2 und 3.3 werden wiederholt, bis das Modell fertig ist.

Das Bindemittel verfestigt das Pulver im Modellquerschnitt, während das restliche Pulver trocken bleibt und wiederverwendet werden kann.

Abb. 9.16 3D-Druckzyklus, Quelle: ZCorporation

Tab. 9.6: Auswahlmatrix für 3D-Druckverfahren

Eigenschaft	FDM	Gipsdruck	Poly-Jet	Wachsdruck	SL	FTI	Lasersintern	MJM	LOM	DLP
Details	Weniger gut	Weniger gut	Gut bis sehr gut	Sehr gut	Gut bis sehr gut	Gut bis sehr gut	Weniger gut	Gut bis sehr gut	Weniger gut	Gut
Fertigung von Endprodukten	Ja	Teilweise	Ja	Nein	Ja	Ja	Ja	Ja	Teilweise	Ja
Glatte Oberfläche	Nein	Nein	Ja	Ja	Ja	Ja	Nein	Ja	Nein	Ja
Finishing nötig	Ja	Ja	Nein	Ja	Nein	Nein	Ja	Nein	Nein	Nein
Bürotauglich	Ja	Teilweise	Ja	Ja	Nein	Ja	Nein	Ja	Ja	Ja
Kostengünstig	Ja	Ja	Nein	Nein	Nein	Ja	Ja	Nein	Ja	Nein
Hohe Belastbarkeit	Ja	Nein	Nein	Nein	Nein	Nein	Ja	Nein	Ja	Ja
Haltbarkeit	Sehr gut	Begrenzt	Gut	Begrenzt	Sehr gut	Gut	Sehr gut	Gut	Begrenzt	Gut
Farbe	Wenige	Vollfarbe	Graustufen	Nein	Nein	Nein	Nein	Nein	Wenige	Nein
Preis Drucker	Sehr günstig	Mittel	Mittel	Hoch	Hoch		Sehr hoch	Mittel	Günstig	Hoch
Preis Drucke	Sehr günstig	Mittel	Hoch	Mittel	Mittel		Günstig	Hoch	Günstig	Hoch

SL: Stereolithographie
FTI: Film Transfer Imaging
MJM: Multi-Jet Modeling
LOM: Laminated Object Modeling
DLP: Digital Light Processing

Rapid-Prototyping-Maschinen: Herstellerverzeichnis

10

Diese Herstellerliste wurde in alphabetischer Reihenfolge nach bestem Wissen zusammengestellt. Für die Aktualität aller Angaben übernehme ich wegen des sich rasch verändernden Marktes keine Haftung.

Bei der rasanten Entwicklung im Bereich Rapid Prototyping ist nicht auszuschließen, dass Informationen schnell veralten. Deshalb kann diese Herstellerliste keinen Anspruch auf Vollständigkeit erheben. Haben Sie Ergänzungen, sollte Ihnen ein Fehler auffallen oder sollte sich die Adresse einer Webseite verändert haben, bitte ich Sie darum, mich zu benachrichtigen: Buch@fasterpoly.de

Die Angaben stammen zum Teil von der Webseite *3Druck.com – Das Magazin für 3D Drucktechnologien* oder von den Webseiten der Hersteller. Einige Hersteller hatten nur englische Webseiten, von denen ich die Angaben ins Deutsche übersetzt habe. Ich habe die Webadressen der Hersteller für Sie aufgeführt. Wenn ich sowohl eine Webseite in deutscher als auch in englischer Sprache gefunden habe, habe ich die deutsche Adresse bevorzugt. Für tagesaktuelle Informationen besuchen Sie am besten die hier genannten Webseiten der Hersteller.

Die Hersteller arbeiten teilweise mit unterschiedlichen Verfahren und bieten Maschinen für verschiedene Zielgruppen an.

10.1 3D Systems Corporation

Das Unternehmen 3D Systems wurde 1986 von Chuck Hill, dem Erfinder der Stereolithographie, gegründet. Es hat seinen Hauptsitz in Rock Hill, South Carolina, USA. 3D Systems ist ein internationaler Hersteller von 3D-Druck-Systemen.

3D Systems bietet seine Solid-Imaging-Lösungen weltweit an: Dazu gehören die 3D-Drucker-Produktlinie, die SLA-Produktlinie (Stereolithographie), die SLS-Produktlinie (Selektives Lasersintern) sowie die entsprechenden Materialien. In Deutschland gibt es eine Niederlassung (3D Systems GmbH) in Darmstadt, die über 60 Mitarbeiter beschäftigt und damit die größte Vertretung des Unternehmens in Europa ist.

In dieser Niederlassung befindet sich auch das Europäische Technologie-Zentrum (ICE). Darin werden die neuesten Maschinen für Stereolithographie, Selektives

P. Fastermann, *3D-Druck/Rapid Prototyping*, X.media.press,
DOI 10.1007/978-3-642-29225-5_10, © Springer-Verlag Berlin Heidelberg 2012

Lasersintern und 3D-Druck ausgestellt sowie Tests mit neuen Materialien und Entwicklungen von Parametern durchgeführt.

Unter anderem bedient 3D Systems Kunden aus Industriebereichen wie Automobil, Elektronik, Luft- und Raumfahrt, Medizin und Schmuck. Mit dem Hauptsitz in den USA und weiteren Niederlassungen in England, Frankreich, Italien, Hongkong und Japan hat 3D Systems eine weltweite Präsenz. Insgesamt werden mehr als 400 Mitarbeiter beschäftigt.

Webseite: www.3dsystems.com

10.2   AAROFLEX Inc.

Das US-amerikanische Unternehmen AAROFLEX Inc. mit Sitz in Fairfax, Virginia, ist Teil der internationalen AAROTEC Group. Mit dem AAROFLEX Solid Imager vertreibt es Rapid-Prototyping-Maschinen, die mit dem Stereolitographie-Verfahren Modelle produzieren.

Webseite: www.aaroflex.com

10.3   Arcam

Das Unternehmen Arcam mit Hauptgeschäftssitz in Göteborg, Schweden, wurde 1997 gegründet. Jedoch wurden (s. Michael F. Zäh, Wirtschaftliche Fertigung mit Rapid-Technologien) schon vorher in Zusammenarbeit mit der Chalmers University of Technology in Göteborg, Schweden, Grundlagen für das schichtweise Aufbringen von Metallpulver und das Aufschmelzen mittels Elektronenstrahls entwickelt.

Arcam bietet eine Additive-Manufacturing-Technologie zur Produktion von vollkommen dichten Bauteilen: Electron Beam Melting (EBM). Die EBM-Technologie baut Teile Schicht für Schicht aus Metallpulver auf – mit Hilfe eines starken Elektronenstrahls. Der EBM-Arbeitsvorgang wird bei erhöhten Temperaturen in einem Vakuum durchgeführt.

Gegenwärtig hat Arcam rund 70 Niederlassungen weltweit.

Arcam bietet ein komplettes Portfolio von EBM-Maschinen, unterstützender Ausrüstung, Software, Pulvermetallen, Service und Training.

Überwiegend werden die Systeme für Anwendungen in der Luft- und Raumfahrt und der Implantationstechnik genutzt. Neben den industriellen Anwendungen ist die EBM-Technologie auch eine Plattform, die für aktive akademische Recherche genutzt wird. Die EBM-Technologie ist in 24 Ländern – einschließlich Schwedens – patentgeschützt.

Webseite: www.arcam.com

10.4   BitsFromBytes (3D Systems)

Das Unternehmen BitsFromBytes (Großbritannien) gehört zu 3D Systems und vertreibt eine kommerzielle Variante der Open-Source-Hardware RepRap Darwin. Der 3D-Drucker-Hersteller 3D Systems vertreibt den RepRap allein über das Internet über BitsFromBytes. Zurzeit werden sowohl der RapMan 3.2 (als preisgünstigeres Baukasten-System) als auch der 3D Touch, eine schon fertig zusammengebaute 3D-Drucker-Variante, angeboten.
     Webseite: www.bitsfrombytes.com

10.5   Concept Laser GmbH (Hoffmann Innovation Group)

Das Unternehmen Concept Laser GmbH ist der weltweit führende Hersteller von Industrielaseranlagen zur Fertigung von Bauteilen aus Metallpulver nach dem Schichtbauverfahren LaserCUSING.
     Der Begriff LaserCUSING, zusammengesetzt aus dem C von CONCEPT Laser und dem englischen FUSING (vollständig aufschmelzen) beschreibt die Technologie: Das Schmelzverfahren generiert Schicht für Schicht Bauteile unter Verwendung von 3D-CAD-Daten.
     Die Besonderheit der LaserCUSING-Anlagen ist die stochastische Belichtungsstrategie nach dem „Island-Prinzip". Die Segmente jeder einzelnen Schicht – sogenannte „Islands" – werden dabei sukzessive abgearbeitet. Das patentierte Verfahren sorgt für eine signifikante Reduktion von Spannungen im Bauteil, was verzugarmes Generieren von massiven und großvolumigen Bauteilen ermöglicht.
     Mit dem LaserCUSING-Schichtbauverfahren können sowohl Werkzeugeinsätze mit konturnaher Kühlung als auch Direktbauteile für die Branchen Schmuck, Medizin, Dental, Automotive, Luft- und Raumfahrt gefertigt werden. Dies gilt für Prototypen und Serienteile.
     Webseite: www.concept-laser.de

10.6   Delta Micro Factory Corp. (PP3DP)

Das US-amerikanische Unternehmen PP3DP (gegründet von der Delta Micro Factory Corporation) spezialisiert sich auf Forschung und Entwicklung, Produktion und Verkauf von „Personal Portable 3D Printers" (daher die Abkürzung PP3DP).
     Ziel des Unternehmens ist es, preisgünstige 3D-Drucker für Firmen, Laboratorien und Privatpersonen zu vertreiben, damit diese sich – wo auch immer sie das wünschen – mit einem preisgünstigen tragbaren Drucker eine Art eigener 3D-Mikrofabrik schaffen können. Das Unternehmen PP3DP vertreibt seine Produkte weltweit.
     Webseite: www.pp3dp.com

10.7 Dimension (Stratasys)

Dimension ist eine Geschäftseinheit von Stratasys, Inc., einem führenden Hersteller auf dem Gebiet von 3D-Druck, Rapid Prototyping und direkt digitalen Fertigungssystemen für Originalhersteller in der Automobil-, Luft- und Raumfahrt-, Industrie-, Freizeit-, Elektronik-, Pharmazie- und Verbraucherindustriebranche.

Dimension spezialisiert sich auf preisgünstige 3D-Drucker in Desktop-Größe. Die Dimension-3D-Drucker verwenden sowohl die von Stratasys patentierte Fused-Deposition-Modeling- als auch die Injection-Molding-Technologie.

Webseite: www.dimensionprinting.com

10.8 DWS

Das italienische Unternehmen DWS spezialisiert sich mit dem Additive-Manufacturing-Verfahren auf die Bereiche Schmuck, Design und medizinische Industrie (insbesondere Zahntechnik).

Im Jahr 2008 beschloss das damals noch kleine Unternehmen, mit seiner Technik den Prozess in der Schmuckherstellung innovativer zu machen, die Produktion zu beschleunigen und flexibler zu gestalten: Das DWS-Digital-Wax-System wurde entwickelt und erreichte innerhalb von nur zwei Jahren 30 Länder. Das Digital-Wax-System ist ein Stereolithographie-Verfahren. Um es effizient zu gestalten, hat DWS neue Additive-Manufacturing-Technologien entwickelt, welche geometrische Einschränkungen überwinden und die Produktionskosten erheblich verringern.

Webseite: www.dwssystems.com

10.9 EnvisionTEC

EnvisionTEC entwickelt, produziert und vertreibt Maschinen und Materialien inklusive der zugehörigen Software zur Herstellung von dreidimensionalen Modellen (Computer Aided Modeling Devices). Das Unternehmen bietet innovative Lösungen im Bereich Rapid Prototyping und Rapid Manufacturing für den Endverbraucher.

Das EnvisionTEC-Perfactory-System wird gern für verschiedene Produktionsprozesse in der Schmuck-Industrie verwendet. Die produzierten Bauteile sind – abhängig vom gewählten Material – sehr stabil und temperaturbeständig. Und das bei gleichzeitig höchster Fertigungsgenauigkeit. Feinste Details werden mit nur geringem Konfigurationsaufwand erreicht. Die erzielte Präzision übertrifft dabei mit einer Auflösung von 15 μm die von Laser-Systemen oder alternativen Verfahren bekannte Genauigkeit. Die gedruckten Objekte eignen sich gut als stabile Proportionsmodelle oder zur Abformung und anschließenden Weiterverarbeitung im Guss.

Webseite: www.envisiontec.de

10.10   EOS

Das Unternehmen EOS gilt gegenwärtig als Weltmarktführer im Bereich Lasersintern. Sein Hauptsitz befindet sich in Kralling (in der Nähe von München), wo 250 Mitarbeiter beschäftigt werden.

EOS verkauft seine Systeme in mehr als 32 Länder, beschäftigt weltweit etwa 300 Mitarbeiter und hat sein Geschäftsjahr 2009/2010 mit einem Umsatz von 64 Mio. EUR abgeschlossen.

Die Kunden von EOS kommen aus Branchen wie zum Beispiel der Automobilindustrie, der Elektronik, der Luft- und Raumfahrt, der Medizintechnik sowie der Haushaltswaren- und Konsumgüterindustrie.

Webseite: www.eos.info

10.11   Evil Mad Scientist Laboratories

Dieses US-amerikanische Unternehmen mit Sitz in Kalifornien verfügt über eine 3D-Druck-Maschine, die mit Lebensmitteln arbeitet und somit eine Art „Candy-Fabber" ist. Bei dem Verfahren wird Zucker wird mit einem heißen Luftzug geschmolzen, bevor das dreidimensionale Objekt entsteht. Evil Mad Scientist Laboratories beschreibt den Prozess als eine Art preiswerter Version von selektivem Lasersintern oder auch selektivem Laserschmelzen.

Das Unternehmen wurde 2007 gegründet, um Do-it-Yourself- und Open-Source-Hardware-Designs zur Verfügung zu stellen. Inzwischen produzieren die Evil Mad Scientist Laboratories eine Reihe von Komponenten und Bausätzen, um Kunst und Bildung zu unterstützen.

Webseite: www.evilmadscientist.com

10.12   Ex One

Das US-amerikanische Unternehmen Ex One hat sich auf Additive-Manufacturing-Innovationen und hoch entwickelte Mikrobearbeitung für ein weltweites Netzwerk an Partnern spezialisiert.

Ex One setzt neue Ideen effizient in Komplettlösungen für Produkte und Services um. Das Unternehmen betreibt Produktions- und Support-Zentren in den USA, Europa und Japan.

Webseite: www.exone.com

10.13   Fab@Home

Das US-amerikanische Fab@Home Project ist ein Open-Source-Projekt, mit dem zur Massenzusammenarbeit eingeladen wird. Ziel ist es, jedem ein personalisiertes dreidimensionales Herstellen möglich zu machen. Das studentische Fab@

Home-Projektteam an der Cornell-Universität fokussiert sich darauf, die Entwicklung der Fab@Home-Plattform zu unterstützen. Die Teammitglieder arbeiten daran, neue Abscheidungswerkzeuge, Software-Plattformen, nützliche Anwendungen und vieles mehr zu entwickeln.

Fab@Home bietet einen Open-Source-3D-Drucker, der mit verschiedenen dickflüssigen Bau-Materialien gefüllt werden kann, so zum Beispiel Ton, Silikonen, Harzen und sogar Lebensmitteln.

Hod Lipson und Evan Malone vom Computational Synthesis Laboratory der Cornell University in den USA starteten das Fab@Home Project im Jahr 2006. Innerhalb nur eines Jahres erzielte die Fab@Home-Webseite 17.000.000 Hits und das Projekt wurde mit einem Popular Mechanics Breakthrough Award ausgezeichnet. Geworben wird mit On-Demand-Herstellung, Demokratisierung der Innovation und Mass Customization.

Webseite: www.fabathome.org

10.14   FIT (Fruth Innovative Technologien GmbH)

FIT gibt es seit 1995. Es ist ein deutsches Unternehmen mit Sitz in Parsberg, dessen Tätigkeitsbereich auf das Rapid Protoyping von Prototypen und Vorserienmodellen fokussiert ist (Design- und Anschauungsobjekte, technische Prototypen, Prototypenwerkzeuge und -spritzguss).

Innovative Fertigungsverfahren ermöglichen FIT die schnelle Herstellung von beliebig geformten Körpern in kürzester Zeit – unabhängig von der Komplexität des zu erzeugenden Bauteils. Neben verschiedenen Rapid-Prototyping-Verfahren bietet FIT auch verschiedene Folgetechniken an, um Prototypen, Kleinserien oder Serienbauteile professionell herzustellen.

Ein Tochterunternehmen von FIT ist die netfabb GmbH, welche die Software netfabb entwickelt und vertreibt.

Webseite: www.pro-fit.de

10.15   Fortus (Stratasys)

Fortus ist eine Marke des US-amerikanischen Unternehmens Stratasys und vertreibt Rapid-Prototyping-Maschinen, die auf der Fused-Deposition-Modeling (FDM)-Technologie basieren. Die Maschinen von Fortus sind für den industriellen Einsatz zur Produktion von großen Bauteilen zur Endnutzeranwendung geeignet.

Laut Hersteller können die Bauteile bis zu 300 % stabiler sein als solche, die mit herkömmlichen 3D-Druckern hergestellt wurden – selbst wenn das gleiche Material zum Einsatz kommt.

Webseite: www.fortus.com

10.16 Hewlett-Packard

Das US-amerikanische Unternehmen Hewlett-Packard begann im Jahr 2010, 3D-Drucker des Unternehmens Stratasys unter eigenem Namen zu vertreiben. Unter dem Namen HP Designjet 3D bietet Hewlett-Packard einen Stratasys-uPrint-3D-Drucker an. Hewlett-Packard war schon immer für seine Drucker bekannt – jetzt vertreibt das Unternehmen außerdem 3D-Drucker und kann sicherlich dabei auch durch die Bekanntheit seiner Marke profitieren.

Webseite: www.hp.com

10.17 Huntsman

Das US-amerikanische Chemie-Unternehmen Huntsman hat etwa 12.000 Mitarbeiter und operiert weltweit. Seine operativen Gesellschaften stellen in mehreren weltweiten Niederlassungen Ausgangsprodukte für verschiedene Industrien her: für die Chemie-, Kunststoff-, Automobil-, Luftfahrt-, Textil-, Schuh-, Farben- und Beschichtungs-, Pharma- sowie die Bauindustrie, die Landwirtschaft, für die Herstellung von Waschmitteln, Körperpflegeprodukten, Möbeln, Haushaltsgeräten und Verpackungen.

Im November 2011 wurde bekannt, dass 3D Systems die Stereolithographie-Produktlinie von Huntsman gekauft hat: RenShape und Digitalis Rapid Manufacturing 3D Printer wurden von 3D Systems übernommen. Die Materialien für 3D-Druck und die entwickelten Maschinen werden in Zukunft via 3D Systems vertrieben.

Webseite: www.huntsman.com

10.18 MakerBot Industries

Das 2009 von Bre Pettis, Adam Mayer und Zach Smith gegründete US-amerikanische Unternehmen MakerBot Industries ist der Hersteller der Open-Source-3D-Drucker Thing-O-Matic und Cupcake CNC. Diesen beiden als Bausatz erhältlichen 3D-Druckern liegt die Open-Source-Idee des RepRap-Projekts zu Grunde: 3D-Drucker möglichst vielen potenziellen Anwendern bezahlbar und zugänglich zu machen.

Anfang 2012 wurde das Portfolio um den MakerBot Replicator ergänzt, der über einen größeren Bauraum als die Vorgänger-Drucker verfügt – nach Angaben des Herstellers kann man sich den Bauraum am besten mit der Größe eines Laibs Brot bildlich vorstellen. Der MakerBot Replicator ist in der Lage, mit zwei Farben gleichzeitig zu drucken, die Materialien ABS oder PLA (Polylactide) zu verarbeiten und wird außerdem bereits zusammengebaut geliefert.

Obwohl auch bei diesem 3D-Drucker der Open-Source-Gedanke und der Wunsch nach Erschwinglichkeit für möglichst viele Nutzer zu Grunde liegt, liegt er preislich über den als Bausätze vertriebenen Druckern.

Zudem betreibt MakerBot Industries die früher schon erwähnte Online-Plattform Thingiverse, auf welcher Nutzer ihre eigenen 3D-Daten veröffentlichen und austauschen können.

Webseite: www.makerbot.com

10.19 Materialise

Die Materialise-Gruppe ist weltweit bekannt für ihre Aktivitäten im Bereich Rapid Prototyping. Mit dem Hauptsitz in Leuven, Belgien und den Standorten in Europa, Asien und den USA ist Materialise ein Partner, um weltweit zu agieren.

Materialise hat sich seit seiner Gründung 1990 sowohl einen Ruf als Anbieter von innovativer Software gesichert als auch eine große Kapazität von Rapid-Prototyping-Anlagen aufgebaut. So hat sich Materialise die Position des Marktführers für 3D-Druck und damit in Zusammenhang stehender CAD-Software gesichert.

Zudem ist das Unternehmen als einer der Hauptakteure im Bereich medizinischer und dentaler Bildbearbeitung sowie im Bereich Operationssimulierung tätig. Darüber hinaus ermöglicht das .MGX Departement für Design-Produkte Materialise, den Markt für kundenspezifisches Rapid Manufacturing zu öffnen. Das Kundenspektrum umfasst Automobilfirmen, die Branchen für Unterhaltungs- und Haushaltselektronik und die Verbraucherbranche.

Die medizinischen und dentalen Produkte von Materialise werden weltweit in Krankenhäusern, Forschungsinstituten und Kliniken eingesetzt. Die Materialise-Gruppe hat zahlreiche Standorte in Europa, Asien und den USA und beschäftigt weltweit über 800 Mitarbeiter in ihren vier Abteilungen.

Webseite: www.materialise.com

10.20 Mcor Technologies

Auf seiner Webseite wirbt das irische Unternehmen Mcor Technologies mit dem Claim „unfettered innovation" (uneingeschränkte Innovation). Mcor Technologies wurde von den Brüdern Dr. Conor MacCormack und Fintan MacCormack aufgebaut. Ihr Ziel war, „Innovation" zu demokratisieren – und zwar, indem sie nach eigener Aussage zugängliche Werkzeuge schaffen wollten, welche die Freiheit schaffen würden, uneingeschränkt innovativ zu sein.

Gegründet wurde das Unternehmen im Jahr 2005 mit der Zukunftsvision, dass jeder seine Ideen als preisgünstige, umweltfreundliche 3D-Objekte umsetzen könnte. Ziel des Unternehmens ist es jetzt, eine Technologie, welche vor nicht allzu langer Zeit noch eine Nischentechnologie war, den Massen zugänglich zu machen. Das Ergebnis dieser Vision ist das Angebot an Matrix-3D-Druckern: Diese drucken mit Papier statt mit einem Kunststoff oder Gips – und so soll 3D-Druck genauso leicht gemacht werden wie das Drucken auf Papier.

Webseite: www.mcortechnologies.com

10.21 Objet Geometries Ltd.

Das israelische Unternehmen Objet Geometries Ltd. wurde 1998 gegründet. Es ist auf die Herstellung von 3D-Desktop-Druckern spezialisiert und hält zahlreiche Patente. Das Unternehmen Objet vertreibt Zwei- oder Mehrkomponenten-3D-Drucker.

Objet betreut seinen weltweiten Kundenstamm über Niederlassungen in den USA, Deutschland, Mexiko, Europa, Japan, China und Hongkong sowie über ein globales Händlernetz.

Die Lösungen von Objet sind in vielen Branchen im Einsatz; unter anderem im Bildungswesen, in der Medizin- und Zahntechnik, in der Elektronik-, Automobil-, Spielwaren-, Konsumgüter- und Schuhindustrie.

Unter den Markennamen Connex und Eden bietet Objet 3D-Drucker an, die äußerst dünne Schichten aus Polymer drucken können. Die Technologie hat sich Objet unter den Markennamen PolyJet und PolyJet Matrix patentieren lassen.

Im April 2012 wurde die Fusion von Objet und Stratasys unter dem Namen Stratasys Inc. angekündigt.

Webseite: www.objet.de

10.22 OPTOMEC

Das US-amerikanische Unternehmen OPTOMEC hat seinen Sitz in Albuquerque, New Mexico. Seit 1997 produziert und vertreibt OPTOMEC Additive-Manufacturing-Systeme an internationale Kunden aus den Branchen Industrie, Forschung und Bildung und an staatliche Einrichtungen wie die NASA, die US Army und die US Navy.

Mit dem Laser-Sintering-Verfahren (LENS-System) verarbeiten die Maschinen von OPTOMEC Metalle wie Stahlpulver oder Titan. Aus diesem Grund ist das Unternehmen vor allem in der Elektronik-, Luftfahrt- und Verteidigungsindustrie präsent.

Zusätzlich zum LENS-System bietet OPTOMEC das Aerosol-Jet-System als Additive-Manufacturing-Lösung für die Elektronik-Produktion (zur Herstellung von mikroelektronischen Bauteilen) an.

Webseite: www.optomec.com

10.23 Phenix Systems

Das französische Unternehmen Phenix Systems wurde im Jahr 2000 gegründet. Hier wird Pulverbett-basiertes Additive-Manufacturing-Equipment (Lasersintern) entworfen, hergestellt und vermarktet.

Jeder einzelne Bauabschnitt eines Objekts wird in der festen Phase mit oder ohne sofortige Verschmelzung der Pulverkörner am Schmelzpunkt hergestellt – ganz davon abhängig, welches Material benutzt wird.

Diese innovative Produktionstechnologie wurde ursprünglich von der Groupe d'Etude des Matériaux Hétérogènes (Heterogeneous Materials Research Group) entwickelt, einem Labor in der Ecole Nationale Supérieure de Céramique Industrielle.
Webseite: www.phenix-systems.com

10.24 POM (Precision Optical Manufacturing)

Die US-amerikanische POM Group, Inc., ist ein Komplett-Service-Anbieter für Technologien und Services für Rapid Product Development.

POM ist der Erfinder einer State-of-the-Art-Laser-basierten Technologie für Metallsynthese und Komponentenherstellung mit dem Namen Direct Metal Deposition (DMD).

DMD ist eine Technologie, mit der sich vollkommen dichte funktionale Metallprodukte herstellen lassen. Dabei werden ein Pulvermetall und ein fokussierter Laserstrahl genutzt. Zudem wird durch POMs sogenanntes Closed-Loop-System konstant der DMD-Prozess überwacht – dadurch wird laut Hersteller das Niveau von Additive Manufacturing immer höher.
Webseite: www.pomgroup.com

10.25 ProMetal RCT (Ex One)

Der US-amerikanische Hersteller ProMetal gehört zur Unternehmensgruppe Ex One und ist auf die Produktion von Sandgussformen und -kernen spezialisiert. Zu den Spezialgebieten von ProMetal RCT gehört die Konstruktion von Werkzeugmaschinen. ProMetal RCT bietet auch Rapid-Manufacturing-Maschinen zur Metallproduktion an. Standorte neben den USA gibt es in Deutschland (Pro Metal RCT – Deutschland) und Japan.

Die Kunden von ProMetal RCT kommen unter anderem aus den Branchen Automobil- und Luft- und Raumfahrt-Industrie.

Außerdem gehört der 3D-Metalldruck-Dienstleister „Metaltec Innovations" zur Gruppe Ex One.
Webseite: www.prometal-rct.de
Webseite Metaltec Innovations: www.3dmetalltec.com

10.26 ReaLizer

Im Jahr 1990 gründeten die Physiker Dr. Matthias Fockele und Dr. Dieter Schwarze das Unternehmen F&S. Als Pioniere des Rapid Prototyping gehörten sie international zu den ersten, die Stereolithographie-Maschinen für die Herstellung von Prototypen aus Kunststoff entwickelten und produzierten.

1995 begann das Unternehmen als Kooperationspartner des Instituts für Lasertechnik (ILT Aachen) mit der Entwicklung der SLM-Technologie (Selective Laser

Melting – SLM) zur Herstellung von Bauteilen aus metallischen Werkstoffen. Bereits 1997 wurden erste SLM-Patente angemeldet. 1999 lieferte das Unternehmen die weltweit erste SLM-Maschine für Metalle an das Forschungszentrum Karlsruhe.

Im Jahr 2004 gründete Dr. Matthias Fockele mit der ReaLizer GmbH ein weiteres Unternehmen, das sich auf die Weiterentwicklung und Produktion von SLM-Maschinen zur Herstellung von Werkstücken aus Metall konzentriert.

Webseite: www.realizer.com

10.27   Renishaw GmbH

Renishaw ist weltweit führender Hersteller von Produkten für industrielle Messtechnik und Rapid Prototyping.

Weltweit hat Renishaw 2011 über 2.700 Mitarbeiter. Die Renishaw GmbH hat in Deutschland ihren Sitz in Pliezhausen.

Renishaw ist auf selektive Laserschmelzsysteme spezialisiert. Die Technologie wird bereits verbreitet zur Herstellung von spezialangefertigten medizinischen Implantaten, Leichtbauteilen für Luftfahrt und Motorsport, leistungsfähigen Wärmetauschern, Spritzgusseinsätzen mit konformen Kühlkanälen sowie Zahnkappen und Kronen eingesetzt.

Als wichtige Neuerungen der Maschinen im Vergleich zu ihren Vorgängern nennt Renishaw eine variable Metallpulverdosierung, einen sauerstoffarmen Konstruktionsraum und ein noch sichereres Filterwechselsystem, durch das der Bedienerkontakt mit Werkstoffen auf das Mindestmaß beschränkt ist. Die Möglichkeit, auch reaktive Werkstoffe wie Titan und Aluminium sicher zu verarbeiten, gehört zum Standard der Maschinen.

Das Unternehmen Renishaw vertreibt neben SLM-Maschinen auch die Dienstleistungen, das Bau-Material und die Ersatzteile dafür.

Webseite: www.renishaw.de

10.28   RepRapSource (GLI Concept GmbH)

Das deutsche Unternehmen GLI Concept GmbH vertreibt über das Internet unter dem Stichwort "reprapsource – open source technologies" den 3D-Drucker Shapercube. Der Shapercube ist ein RepRap-Open-Source-Drucker. Damit ist das Unternehmen kommerzieller Anbieter von Open-Source-Hardware wie auch der US-amerikanische Hersteller MakerBot oder der niederländische Hersteller Ultimaking. Wie auch die 3D-Drucker dieser Unternehmen, muss der Shapercube, der als Bausatz geliefert wird, selbst zusammengesetzt werden.

Webseite: www.shapercube.com

10.29 Sintermask GmbH

Das deutsche Unternehmen Sintermask GmbH wurde im Februar 2009 gegründet, ursprünglich von der FIT GmbH gestartet.

Sintermask© steht für die sehr schnelle Herstellung von Modellen aus Kunststoffen mit Additive Fabrication. Im Gegensatz zu den meisten Rapid-Prototyping- und FreeFormFabrication-Technologien ist die Geschwindigkeit unabhängig von der Anzahl der Modelle, wodurch eine ideale Lösung für die Massenproduktion von Modellen geschaffen wurde. Somit eignet sich dieses System insbesondere für die Herstellung von Kleinserien, als das „Rapid Manufacturing" bezeichnet. Das Material basiert auf einem Polyamid und ist temperaturfest bis etwa 160°C.

Anfang 2012 wurde von Sintermask als Bausatz der für den Massenmarkt bestimmte 3D-Drucker mit dem Namen „Fabbster" angekündigt, der in Konkurrenz zu den auf dem Markt bereits erhältlichen, auf dem RepRap basierenden 3D-Druckern, treten könnte.

Webseite: www.sintermask.com

10.30 SLM Solutions GmbH

Die SLM Solutions GmbH gehört zu den Marktführern in den Bereichen Vakuumgießen, Metallgießen und Additive-Manufacturing-Technologien. Die Maschinen wurden für die Herstellung von Prototypen und Kleinserien entwickelt. Sie arbeiten mit dem Selective-Laser-Melting-Verfahren.

Das Unternehmen war nach eigener Aussage das erste, welches reaktives Pulver (Aluminium) verarbeiten konnte und als erstes Unternehmen Titan-Implantate im SLM-Verfahren herstellte.

Webseite: www.slm-solutions.com

10.31 Solidica

Das US-amerikanische Technologie-Unternehmen Solidica hat seinen Sitz in Ann Arbor, Michigan.

Solidica bietet Lösungen für moderne Werkstoffe, Elektronik und Festkörperherstellung (solid state fabrication).

Die geschützte Ultrasonic-Consolidation-Technologie des Unternehmens kombiniert die Fähigkeit, dichte Metallteile sowie auch neuartige Materialien und Spritzgusswerkzeuge (Injection Tools) schnell entstehen zu lassen – und bietet die Möglichkeit, Faserstoffe und hochentwickelte kabellose Elektronik einzubetten. Solidica agiert auf Gebieten wie Luft- und Raumfahrt, Automobil- und Medizinindustrie, Rapid Prototyping/Tooling, Elektronik und Militär.

Webseite: www.solidica.com

10.32 Solidscape, Inc. (Stratasys)

Das 1994 gegründete US-amerikanische Unternehmen Solidscape hat seinen Sitz in Merrimack, New Hampshire. Obwohl bereits von Stratasys übernommen (2011), tritt Solidscape noch als eigenes Unternehmen auf.

Solidscape produziert 3D-Drucker für den Modell- und Prototypenbau – mit einer Spezialisierung auf Wachsdrucker. Bei allen Solidscape-Systemen wird ein spezielles Wachs zur Herstellung der Prototypen angewendet, das für alle Gussanwendungen eingesetzt werden kann.

Dieses Wachs kann sofort dem Gussprozess (Wachsausschmelzverfahren) zugeführt werden und verbrennt ohne Expansion oder Restasche – bzw. kann direkt in Silikon (RTV, 2 Komponenten) abgeformt werden. Da die Stützstrukturen zu 100 % chemisch aufgelöst werden, ist keine manuelle Nacharbeit erforderlich.

Solidscape hat gegenwärtig weltweit mehr als 4.000 seiner Systeme in mehr als 65 Ländern. Diese werden unter anderem in den Bereichen Konsumentenelektronik, biomedizinische Produkte, Orthopädie, Dental, Schmuck, Spielwaren, Automobil, Elektronik und Industrieguss (zum Beispiel Turbinenschaufeln und Turbolader) eingesetzt.

Außer den 3D-Druckern entwickelt Solidscape auch noch Software und Materialien für 3D-Drucker.

In Deutschland, Österreich und in der Schweiz vertreibt die Horbach GmbH die Produkte von Solidscape.

Webseite: www.solid-scape.com

10.33 Stratasys, Inc.

Das US-amerikanische Unternehmen Stratasys, Inc., hat seinen Sitz in Minneapolis, Minnesota. Seine Digital-Manufacturing- und Rapid-Prototyping-Systeme werden für den Bau von Prototypen, die auch als Endprodukte eingesetzt werden können, verwendet.

Im Jahr 1988 erfand Stratasys seine inzwischen längst patentierte FDM (Fused Deposition Modeling)-Technologie.

Diese Technologie kommt sowohl bei den Dimension-3D-Printer- als auch den Fortus-3D-Production-Systemen zum Einsatz. Außerdem verfügt Stratasys über den Digital Manufacturing Service mit dem Namen RedEye On Demand. Wie der Name „on Demand" schon suggeriert, produziert dieser Service Auftragsarbeiten und ist dafür vorgesehen, dass Firmen den Druck ihrer 3D-Bauteile zu RedEye On Demand outsourcen.

Stratasys hält weltweit 180 Patente (einige davon sind angemeldete Patente) mit Bezug zu additiver Herstellung.

Die Systeme von Stratasys werden in vielen unterschiedlichen Bereichen eingesetzt, unter anderem in der Luft- und Raumfahrt, der Automobilindustrie und der Medizintechnik sowie auch im Bildungsbereich.

Webseite: www.stratasys.com

10.34 Tiertime

Das chinesische Unternehmen Beijing Tiertime Technology Co., Ltd. ist nach eigener Auskunft in China führend auf dem Gebiet Rapid Prototyping und 3D-Druck. Die 3D-Drucker mit dem Namen Inspire arbeiten mit dem MEM (Melted Extrusion Modeling)-Verfahren und ABS-Materialien.

Tiertime vertreibt sowohl die Maschinen als auch die Materialien. 2011 war das Unternehmen zum ersten Mal auf der EuroMold in Frankfurt vertreten. Zurzeit vertreibt Beijing Tiertime Technology Co., Ltd. in Europa in den Benelux-Ländern, Polen, Italien und der Türkei seine Maschinen.

Webseite: www.tiertime.com

10.35 Ultimaking Ltd.

Das niederländische Unternehmen Ultimaking Ltd. wurde von Martijn Elserman, Erik de Bruijn und Siert Wijnia gegründet. Wie auch MakerBot Industries, vertreibt Ultimaking Ltd. aus dem RepRap-Projekt entstandene Open-Source-Hardware. Im Mai 2011 lieferte Ultimaking Ltd. zum ersten Mal seinen 3D-Drucker namens Ultimaker aus.

Schaut man nur auf sein Gehäuse, sieht der Ultimaker dem MakerBot-3D-Drucker recht ähnlich. Im Gegensatz zum MakerBot-Drucker jedoch hat der Ultimaker drei Achsen, dafür aber keine bewegliche Plattform. Stattdessen gibt es eine feste Arbeitsplattform und einen Extruder-Kopf, der in drei Achsen beweglich ist. Durch die Beweglichkeit des Extruder-Kopfes wird ein höheres Drucktempo erzielt.

Der Ultimaker-Wiki hilft beim Zusammenbau – denn genau wie beim Projekt RepRap gibt es für den Ultimaker lizenzfreie Hardware. Alle Baupläne und sonstigen Anleitungen sind kostenlos verfügbar und dürfen verbreitet werden.

Webseite: www.ultimaker.com

10.36 Voxeljet Technology GmbH

Der deutsche 3D-Drucker-Hersteller Voxeljet aus Augsburg (Gründungsjahr 1999) fokussiert sich auf die werkzeuglose und automatische Herstellung von Gussformen aus Sand oder Kunststoffteilen nach Kundenspezifikation. Voxeljet ist auf zwei Geschäftsfeldern aktiv: dem Dienstleistungssektor und der Herstellung von 3D-Druck-Systemen.

Voxeljet betreibt außerdem eines der führenden Dienstleistungscenter für die On-Demand-Fertigung von Sandformen für den Metallguss. Zudem werden im Kundenauftrag Kunststoffformen und Funktionsmodelle aus Kunststoff für unterschiedlichste Branchen gefertigt – von der Automobilindustrie bis zur Medizintechnik.

Einen weiteren Geschäftsbereich macht der Maschinenbau aus: die Entwicklung, Herstellung und der Vertrieb von industriellen 3D-Druck-Systemen zur Herstellung von Bauteilen aus Partikelmaterial.

Das erste technologische Highlight des Unternehmens war die Entwicklung der weltweit größten kommerziell einsetzbaren 3D-Druck-Systeme für die werkzeuglose, vollautomatische Herstellung von Sandgussformen nach CAD-Daten. Diese Anlagen werden nach Angaben von Voxeljet erfolgreich bei Firmen wie der BMW AG und der Daimler AG eingesetzt.

Auch die 3D-Druck-Systeme VX500 und VX800 und VX1000 zählen gegenwärtig zu den leistungsfähigsten Maschinen am Markt. Der VX1000 hat ein beeindruckend großes Baufeld: 1060 x 600 x 500 Kubikmillimeter.

Webseite: www.voxeljet.com

10.37 ZCorporation

Das Unternehmen ZCorporation wurde 1994 in Burlington, Massachusetts, USA, gegründet, wo sich immer noch sein Hauptsitz befindet. Außerdem verfügt es über Niederlassungen in Dänemark und Japan. Die ZCorporation vertreibt ihre Produkte in 61 Ländern und beschäftigt mehr als 130 Mitarbeiter. Zusätzlich zu 3D-Druckern und Rapid-Prototyping-Systemen produziert das Unternehmen auch 3D-Laser-Scanner.

Besonders bekannt ist die ZCorporation für ihre ZPrinter, welche mit dem Pulverdruckverfahren arbeiten.

Die Märkte der ZCorporation: Herstellung, Architektur, Bildung, Unterhaltung, Gesundheitswesen, Kunst, Denkmalpflege und Geo-Informationssysteme.

Das „Z" im Firmennamen „ZCorporation" bezieht sich laut Unternehmensauskunft auf die dritte Dimension im kartesischen Koordinatensystem. Die häufig übersehene dritte Achse, welche Tiefe widerspiegele, ist die Z-Achse. So wie die Z-Achse einer geometrischen Figur Tiefe verleihe, ergänze die ZCorporation den Druckvorgang um diese wichtige dritte Dimension.

Im November 2011 wurde die Übernahme der ZCorporation durch 3D Systems bekannt.

Webseite: www.zcorp.com

Glossar

Additive Manufacturing Beim Additive-Layer-Manufacturing-Verfahren wird das Bauteil durch sukzessives Hinzufügen oder Ablagern von Material erzeugt. Dabei wird das Bau-Material mit der darunter liegenden Schicht verbunden, beispielsweise durch Polymerisieren, Sintern, Schmelzen oder Kleben. Die Additive-Layer-Manufacturing-Technik ermöglicht es, mehrere Bauteile mit beliebiger Geometrie in einem Vorgang zu produzieren.

Bauteil/Objekt (in der Verwendung in diesem Buch) fertiges Produkt

CAD Die Abkürzung CAD kommt aus dem Englischen und steht für Computer-Aided Design. Auf Deutsch würde man von einem rechnergestützten Entwurf sprechen. Ursprünglich wurde damit die Verwendung eines Computers als Hilfsmittel beim technischen Zeichnen zweidimensionaler Dokumentationen beschrieben. Inzwischen ermöglichen nahezu alle CAD-Systeme das Erstellen dreidimensionaler Modelle. Beim 3D-Druck ist immer eine CAD-Zeichnung als dreidimensionales Volumenmodell Grundlage für den Druck.

Daten (in der Verwendung in diesem Buch) Struktur der Speicherung

Extrudieren In der Geometrie wird mit Extrudieren das Erhöhen eines Elementes um eine Dimension durch paralleles Verschieben im Raum bezeichnet. Extrudiert man zum Beispiel eine Kurve, ergibt sich daraus eine Fläche. Extrudiert man wiederum diese Fläche, ergibt sich daraus ein Körper bzw. ein Volumenmodell. Um Volumenmodelle aus Flächen zu erzeugen, ist das Extrudieren bei CAD-Programmen von hoher Bedeutung.

Extrusionsverfahren Beim Extrusionsverfahren bringen eine oder mehrere Düsen flüssiges oder aufgeweichtes Material auf die Bauplattform auf. Durch das anschließende Erkalten des Materials erlangt das Bauteil seine Festigkeit. Das bekannteste und zurzeit am häufigsten genutzte Extrusionsverfahren ist Fused Deposition Modeling (FDM).

P. Fastermann, *3D-Druck/Rapid Prototyping*, X.media.press,
DOI 10.1007/978-3-642-29225-5_, © Springer-Verlag Berlin Heidelberg 2012

Fabber (= 3D-Drucker) Entstanden aus dem Wort Digital Fabricator. Maschine, die dreidimensionale Objekte aus auf Computern gespeicherten CAD-Dateien erzeugt.

Farbtiefe Die maximal mögliche Menge an (Farb-)Abstufungen wird in bit angegeben und benennt damit die Farbtiefe eines Bildes. Diese Abstufungen stellen eine Skala dar, auf der die eigentliche Farbinformation gespeichert wird. Die Farbtiefe ist also die mathematische Basis der tatsächlichen Farbinformation. In der Praxis besitzt ein Bild niemals die Menge an Farben, die der Umfang dieser Skala (Farbtiefe) zur Verfügung stellt. Eine Farbtiefe von 1 bit würde bedeuten, dass in jeweils einem Farbkanal (am Computer-Bildschirm meist rot, grün und blau) genau zwei Zustände möglich wären. Als Beispiel wären das für den Farbkanal rot dann schwarz und rot, insgesamt sind so 8 Farben inklusive weiß und schwarz möglich. Bei einer Farbtiefe von 2 bit wären 4 Zustände möglich, also beispielsweise schwarz, dunkelrot, mittleres rot und hellrot. Bei der gebräuchlichen Farbtiefe von 8 bit sind 2 hoch 8 = 256 Zustände und damit ebenso viele einzelne Rot-Töne möglich. Am gebräuchlichsten ist der RGB-Farbraum mit 8 bit pro Kanal entsprechend (2 hoch 8) hoch 3 = 16.777.216 (ca. 16,7 Mio.) theoretisch möglichen Farben. Bei 16 bit (pro Kanal) resultieren daraus 281.474.976.710.656 (281 Billionen) Farbmöglichkeiten. Digitalfotos besitzen üblicherweise eine Farbtiefe von 24 bit. Quelle der Definition: Wikipedia

Infiltration (beim 3D-Druck) Infiltration beschreibt die Nachbearbeitung durch Tränken eines gedruckten Objekts, beispielsweise mit Epoxidharz oder Isozynat, aber auch mit Klebstoff oder Wasser, damit das Objekt ausgehärtet und gefestigt wird. Die Infiltrationslösung wird normalerweise auf die Modelloberfläche aufgesprüht oder aufgepinselt oder das Bauteil wird in die Lösung getaucht. Sie dringt in die kleinen Poren ein. Dadurch werden beim Aushärten des Modells seine Oberflächen versiegelt, die Farben verstärkt und seine mechanischen Eigenschaften verbessert. Ein Bauteil muss nicht unbedingt infiltriert werden, jedoch ist das Infiltrieren bei Pulverdruckverfahren zwecks höherer Stabilität und Dauerhaftigkeit zumeist empfehlenswert.

Normale In der Geometrie ist ein Normalenvektor, auch Normalvektor, ein Vektor, der senkrecht/orthogonal auf einer Geraden, Kurve, Ebene, (gekrümmten) Fläche steht. In der Computergrafik werden Normalenvektoren unter anderem genutzt, um festzustellen, ob eine Fläche dem Benutzer zugewandt ist oder nicht. Beim 3D-Druck wird anhand der Normalen festgestellt, wo sich die Innenseite und die Außenseite eines Objekts befinden, um zu entscheiden, wo das Bau-Material gedruckt werden muss. Quelle der Definition: Wikipedia

NURBS (Abkürzung für Non-Uniform Rational B-Splines) Als NURBS werden Kurven oder Flächen bezeichnet, welche durch mathematische Funktionen beschrieben werden. Mit Hilfe von NURBS lassen sich alle denkbaren Formen modellieren und ohne Qualitätsverlust vergrößern. Einige CAD-Programme, so zum Beispiel Rhino, arbeiten mit diesen NURBS.

Modell (in der Verwendung in diesem Buch) Beschreibung im Computer

Photopolymer Bei einem Photopolymer handelt es sich um ein Polymer, das seine Eigenschaften verändert, wenn es Licht (zum Beispiel UV-Licht) ausgesetzt wird. Meist erfolgt bei der Belichtung eine Aushärtung durch Polymerisation.

Polymer Ein Polymer ist eine chemische Verbindung aus Molekülketten. Diese wiederum bestehen aus gleichartigen Einheiten, den Monomeren. Kunststoffe sind meist synthetische Polymere.

Polymerisation In einem Makromolekül sind viele kleinere Molekülbausteine, sogenannte Monomere, zu sehr großen Molekülen, den Polymeren, verknüpft. Die Polymerisation ist ein Zusammenschluss vieler gleicher und gleichartiger Moleküle in einer chemischen Verbindung.

Punktwolke Als Punktwolke wird in der 3D-Computergrafik eine geordnete Datenaufnahme von 3D-Koordinaten bezeichnet. Dies sind normalerweise die X-, Y- und Z-Koordinaten, welche die Oberfläche eines Objekts darstellen. Punktwolken können sowohl durch 3D-Modellierungswerkzeuge als auch durch das Abtasten von Objekten mit einem 3D-Scanner erzeugt werden.

Rapid Tooling Schnelle Herstellung von Werkzeugen für die Fertigung von Serienteilen. Dabei werden generative Verfahren statt des klassischen Formenbaus angewendet.

Reverse Engineering Übersetzt könnte man auch sagen „umgekehrt entwickeln" oder „rekonstruieren". Gemeint ist mit Reverse Engineering zumeist das Nachbauen von einem schon fertigen, meist industriell gefertigten Produkt. Dazu wird das Produkt in seinem Aufbau und seiner Funktion untersucht, um ein möglichst gleiches Aussehen und eine gleiche Funktion der Rekonstruktion zu ermöglichen.

Shore-Härte Als Härte wird im Allgemeinen der mechanische Widerstand bezeichnet, welchen ein Werkstoff dem mechanischen Eindringen eines härteren Prüfkörpers entgegensetzen kann. Die Shore-Härte wurde 1915 vom US-Amerikaner Albert Shore entwickelt. Sie bezeichnet einen Werkstoffkennwert für Elastomere und Kunststoffe. Prüfgerät für die Shore-Härte ist ein federbelasteter Stift aus gehärtetem Stahl. Die Tiefe des Eindringens mit diesem Stift in das zu prüfende Material ergibt das Maß für die Shore-Härte. Diese wird auf einer Skala von 0 (2,5 Millimeter Eindringtiefe) bis 100 (0 Millimeter Eindringtiefe) gemessen. Ein niedriger Wert bedeutet eine geringe, ein hoher Wert eine große Härte des Materials. Es wird unterschieden zwischen Shore-A-Härten bei Weich-Elastomeren und Shore-D-Härten bei Zäh-Elastomeren.

Sintern Sintern ist ein Verfahren zur Herstellung von Werkstoffen. Dabei werden feinkörnige Pulver (zum Beispiel keramische oder metallische Stoffe) – meist unter erhöhtem Druck – auf Temperaturen knapp unterhalb deren Schmelztemperaturen erhitzt und die einzelnen Körner am Rand miteinander verschmolzen. Das dabei entstehende Material besitzt mehr oder weniger feine Poren.

Slicing (Schichterzeugung) Der 3D-Drucker arbeitet schichtweise. Dabei wird das Modell in einzelne Schichten zerlegt. Dieses Verfahren wird Slicing genannt. Je größer die Schichtdicke ist, desto geringer ist die Oberflächenqualität. Das liegt daran, dass eine große Schichtdicke einen großen Stufeneffekt auf geneigten Oberflächen erzeugt.

Triangulation Versuch einer möglichst genauen Annäherung der Geometrieaußenfläche durch Dreiecke (wichtig im Zusammenhang mit STL-Dateien). In der Computergrafik oder der CAD-Konstruktion bilden untereinander mit Punkten verbundene Kanten ein Polygonnetz. Das Dreiecksnetz ist eine weit verbreitete Form des Polygonnetzes. Polygonnetze lassen sich nicht ohne Qualitätsveränderung skalieren.

Quellen

Ich habe in der folgenden Übersicht für Sie zusammengestellt, auf welchen Recherchen die Informationen in diesem Buch basieren.

Besonders empfehlen möchte ich Ihnen – über dieses Buch hinaus – die Webseite des unabhängigen deutschsprachigen Magazins für 3D-Drucktechnologie: www.3Druck.com. Dieses gegenwärtig kostenlos zu lesende Online-Magazin hält ständig und übersichtlich über die aktuellen Entwicklungen am 3D-Druck-Markt informiert und hat auch mir beim Schreiben dieses Buchs sehr viele Informationen verschafft.

- „The Economist" (Ausgabe: 21.–27. April 2012) "The third industrial revolution"
- „The Economist" (Ausgabe: 12.–18. Februar 2011) "Print me a stradivarius"
- „The Economist" (Ausgabe: 03.–09. Dezember 2011) "Technology Quaterly: More than just digital quilting"
- CNN-Interview Dana Rosenblatt mit Dr. Anthony Atala, 19. Februar 2011
- CNET-TV-Interview Rafe Needleman mit Cathy Lewis und Bre Pettis, 18. Januar 2012
- Schmieder, F.: Nachbauer und Markenphlegmatiker: Rechtliche Untiefen im Zusammenhang mit 3D-Druck. c't – Magazin für Computertechnik. 15/2011, S. 102-105 (2011)
- Heise online, Technology Review: 3D-Design für alle, von Stephen Cass, 30. August 2011
- Hod Lipson und Melba Kurman in einem vom US Office of Science and Technology Policy in Auftrag gegebenen Wissenschaftsbericht „Factory @ Home: The Emerging Economy of Personal Fabrication, Overview and Recommendations ", Dezember 2010
- Informationsbroschüre Innovation MediTech, 2011
- Webseite 3Druck.com – Das Magazin für 3D Drucktechnologien, www.3druck. com, jeden Monat abgerufen
- Webseite der Rapid.Tech, www.rapidtech.de, abgerufen im November 2011
- Webseite der EuroMold, www.euromold.com, abgerufen im Dezember 2011
- Webseite essentialdynamics.net, abgerufen im Januar 2012
- Webseite EOS, www.eos.info, abgerufen im August 2011

P. Fastermann, *3D-Druck/Rapid Prototyping*, X.media.press,
DOI 10.1007/978-3-642-29225-5_, © Springer-Verlag Berlin Heidelberg 2012

- Webseite www.foxnews.com, Artikel von Meaghan Murphy vom 21.01.2012: Tech and the movies: 3D printing brings new angle to animation
- Webseite Fraunhofer Institut, www.fraunhofer.de, abgerufen im November 2011 und im Januar 2012
- Webseite CloneFactory, Inc., www.clonefactory.co.jp, abgerufen im August 2011
- Webseite Firma Wohlers Associates, abgerufen im August 2011
- Webseite „Time Compression", Online-Artikel vom 22.06.2011
- Webseite Technische Universität Berlin, abgerufen im August 2011
- Webseite der Tageszeitung „Welt", Online-Artikel vom 19.06.2010, Autor: Clemens Gleich
- Webseite www.3d-model.ch, abgerufen im November 2011
- Webseite www.autodesk.de, abgerufen im Februar 2012
- Webseite www.coburg-designlab.de; Professor Peter Raab, coburg-designlab, Januar 2012
- Webseite innovationsreport, Forum für Wissenschaft, Industrie und Technik, „Der kleinste 3D-Drucker der Welt", www.innovations-report.de, 17.05.2011
- Webseite www.bespokeinnovations.com, abgerufen im November 2011
- Webseite www.cubify.com, abgerufen im Januar 2012
- Webseite http://fab.ca.mit.edu, abgerufen im Oktober 2011
- Webseite www.geomagic.com, abgerufen im Januar 2012
- Webseite der GermanRepRap Foundation www.grrf.de, abgerufen im Dezember 2011
- Webseite www.imaterialise.com, abgerufen im November 2011
- Webseite www.keep-art.co.uk (des Künstlers Jonathan Keep), abgerufen im Januar 2012
- Webseite www.kickstarter.com, abgerufen im Januar 2012
- Webseite www.kisters.de, abgerufen im Februar 2012
- Webseite www.konstruktionspraxis.de, abgerufen im Oktober 2011
- Webseite www.local-motors.com, abgerufen im Januar 2012, Mail von Aurélien François, Community Liaison & Design, Local Motors, vom Januar 2012
- Webseite www.golem.de, abgerufen im Oktober und November 2011, Februar 2012
- Webseite www.makible.com, abgerufen im Januar 2012
- Webseite www.makerfaire.com, abgerufen im Dezember 2011
- Webseite www.manager-magazin.de, Artikel von Tom Hillenbrand, 31.05.2010
- Webseite www.mcgill.ca (McGill-Universität, Montreal, Kanada), abgerufen im Januar 2012
- Webseite www.nek-kl.de, abgerufen im Januar 2012
- Webseite www.n-spur-blaulicht.de, abgerufen im Januar 2012
- Webseite www.origo3dprinting.com, abgerufen im November 2011
- Webseite www.sculpteo.com, abgerufen im Januar 2012
- Webseite www.thecreatorsproject.com, Artikel von Joong Han Lee: Merging Craftsmanship And Computerized Technology with Haptic Intelligentsia, 23.12.2011
- Webseite www.da-bin-ich.com, abgerufen im Dezember 2011
- Webseite www.fablabhouse.com, abgerufen im Februar 2012

- Webseite www.trendsderzukunft.de, 31.07.2011
- Webseite www.internetworld.de, Artikel von Daniela Zimmer: Das Eigenheim aus dem Drucker, 14.09.2011
- Webseite www.vorwaertz.com, abgerufen im Januar 2012
- Webseite www.withinlabs.com, abgerufen im November 2011
- Webseite www.uni-rostock.de, abgerufen im Oktober 2011
- Webseite www.engr.wisc.edu (University of Wisconsin-Madison, USA), abgerufen im Februar 2012
- Webseite www.urbee.net, abgerufen im Februar 2012
- Webseite Ministerium für Innovation, Wissenschaft und Forschung des Landes Nordrhein-Westfalen, www.wissenschaft.nrw.de, abgerufen im November 2011
- Webseite www.your3dprint.se, abgerufen im Februar 2012
- Webseite www.businessweek.com, Artikel von Alexandra Dean: The DYI ‚Maker Movement' Meets the VCs: An open-source ethos may spell a culture clash with investors, 16.02.2012
- Ondraschek, Kai, Universität Stuttgart, ArachNOphobia (Text zum Spinnen-Laufroboter des Fraunhofer Instituts, 2011)
- Pressemitteilung zu K20 (Ausstellung Karin Sander), 2010
- Gebhardt, A.: Rapid Prototyping für metallische Werkstücke: Direkte und indirekte Verfahren. Rtejournal. Ausgabe 2, 2 (2005)
- Shapes in Play (Johanna Spath, Johannes Tsopanides), www.shapesinplay.com, 2012
- Slivinski, Jack, Kor Ecologic Inc. (Text zum Plugin-Hybridauto „Urbee", 2012)
- Technology Review, published by MIT: technologyreview.com, abgerufen im August 2011
- Text Voxeljet Technology GmbH, Juni 2011
- Wikipedia

Außerdem dienten mir als Quellen: die Webseiten der einzelnen Hersteller von Rapid-Prototyping-Maschinen.

Da ich diese hauptsächlich zur Beschreibung der Unternehmen genutzt habe, habe ich sie im Kapitel „Rapid-Prototyping-Maschinen: Herstellerverzeichnis" unter dem jeweils beschriebenen Unternehmen aufgeführt.

So ist es für die Leser und Leserinnen dieses Buches am einfachsten, bei weiterem Informationsbedarf zu einem 3D-Drucker-Hersteller direkt den Weg zu dessen Internetpräsenz zu finden.

Literaturempfehlungen

Je schneller 3D-Druck von einem Massenmarkt angenommen wird, desto mehr Literatur wird es zu diesem Thema geben.

Ich beschränke mich hier bewusst auf eine sehr kleine Auswahl von Lese-Empfehlungen, die Ihnen in manchen Bereichen einen vertiefenden Einblick oder auch einen anderen Betrachtungsansatz als dieses Buch bieten. Denn ich hoffe natürlich sehr, dass mein Buch in Ihnen das Interesse geweckt hat, sich noch intensiver mit 3D-Druck zu beschäftigen.

Als weitergehende wissenschaftlichere und technisch fundierte Lektüre habe ich Ihnen schon am Anfang dieses Buches zwei Werke vorgeschlagen, die ich hier im Gesamtüberblick noch einmal nenne und um ein drittes ergänze:

Gebhard, A.: Generative Fertigungsverfahren: Rapid Prototyping – Rapid Tooling – Rapid Manufacturing, Carl Hanser Verlag, München, 2008

Bertsche, B., Bullinger, H.-J. (Hrsg): Entwicklung und Erprobung innovativer Produkte – Rapid Prototyping: Grundlagen, Rahmenbedingungen und Realisierung, Springer, Berlin Heidelberg, 2007

Zäh, M.F.: Wirtschaftliche Fertigung mit Rapid-Technologien: Anwender-Leitfaden zur Auswahl geeigneter Verfahren. Carl Hanser Verlag, München, Wien, 2006

Wenn Sie Lust darauf bekommen haben, sich mit MakerBot oder RepRap zu beschäftigen oder mit dem Gedanken spielen, sich Ihren eigenen Drucker zu bauen, können Ihnen die folgenden Bücher, die es meiner Kenntnis nach gegenwärtig nur auf Englisch gibt, dabei helfen:

Pettis, B.: Getting Started with MakerBot. O'Reilly Media, USA (2012)

Rap Project: Self-Replicating Machine, Rapid Prototyping, Rapid Manufacturing, 3D Printing, MakerBot Industries, Disruptive Technology, Von Neumann Machine, Robot, Open Design. Lambert M., Surhone, M., Timpledon, T., Marseken, S.F. (Hrsg), Verlag Betascript Publishing, Mauritius, 2010

Kelly, J.F., Hood-Daniel, P.: Printing in Plastic: Build Your Own 3D Printer (Technology in Action), Apress, New York 2011

P. Fastermann, *3D-Druck/Rapid Prototyping*, X.media.press,
DOI 10.1007/978-3-642-29225-5_, © Springer-Verlag Berlin Heidelberg 2012

Index

P. Fastermann, *3D-Druck/Rapid Prototyping*, X.media.press,
DOI 10.1007/978-3-642-29225-5_, © Springer-Verlag Berlin Heidelberg 2012

Die Autorin

Petra Fastermann gründete 2010 in Düsseldorf die Firma Fasterpoly GmbH. Die Fasterpoly GmbH bietet Firmen- und Privatkunden 3D-Druck als Dienstleistung an und vertreibt unter dem Markennamen Fasterpoly eigene Produkte.

Die Autorin hält regelmäßig Vorträge über 3D-Druck als Zukunftstechnologie.

Im November 2011 wurde Petra Fastermann mit dem Unternehmerinnenbrief NRW ausgezeichnet.

P. Fastermann, *3D-Druck/Rapid Prototyping*, X.media.press,
DOI 10.1007/978-3-642-29225-5_, © Springer-Verlag Berlin Heidelberg 2012

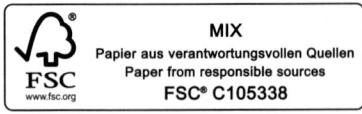